FOU DE Patisserie

瘋甜點自學全書

法國超人氣
甜點雜誌精選

頂尖主廚

40

無私傳授 85 道名店級配方 & 職人技巧，
打造出地表最強法式甜點工具書

銘謝

首先，我們要向所有甜點師致上最高的謝意。感謝所有參與此書的甜點大師，一開始就如此信任我們，使我們能完成這趟美妙的冒險。他們陪伴我們走過這趟精彩旅程當中的每一段日子，給予我們題材寫作，讓我們能夠懷有夢想，並且得以分享、傳播出去。你們提供的不僅是飲食，而是給予我們對於生命的渴求，如同生命中的調味劑。我們是如此幸運。特此感謝對於本書貢獻良多的甜點師們，如此信任地將他們的甜點與食譜交付給我們：

青木定治／克里斯多夫・阿貝爾／尼可拉・巴希赫／米凱爾・巴托伽提／艾迪・班葛南／尼可拉・貝爾拿帖／艾爾溫・布蘭許／約拿坦・布洛／阿德利安・伯佐洛／塞巴斯蒂昂・布魯諾／帕斯卡・卡費／傑佛瑞・卡涅／博奴瓦・卡斯特爾／揚・庫佛／方思瓦・多比涅／塞巴斯蒂昂・德賈丁／羅宏・杜榭尼／尚・方思瓦・富歇／馬克辛・費德希克／塞巴斯蒂昂・高達／賽提克・葛雷／亨利・吉特／尼可拉・哈勒維／奧利維・奧斯泰特／克蕾兒・艾茲蕾兒／皮耶・艾爾梅／凱文・拉寇特／威廉・拉曼尼爾／吉爾・瑪夏爾／卡爾・馬列提／妮娜・梅塔耶／克里斯多夫・米榭拉克／安傑羅・慕沙／尼可拉・帕希洛／方思瓦・佩黑／于格・普傑／喬安娜・霍克／傑賀米・許內爾／艾曼紐・希翁／吉田守秀

最後，還要感謝伊莉沙白・黛瑞・蕭蕭，以及艾曼紐・勒瓦盧瓦。感謝你們的熱情、信任，以及難得可貴的陪伴。當然也非常感謝 Marabout 出版社的整個團隊，特別是芬妮・艾可夏爾。

FOU DE Patisserie

瘋甜點自學全書

茱莉・馬修 JULIE MATHIEU ＆穆希愛爾・塔隆蒂爾 MURIEL TALLANDIER
與他們瘋狂的團隊

作者 // 克萊兒・比瓊 CLAIRE PICHON
棚拍攝影師 // 托瑪・戴樂門 THOMAS DHELLEMMES
實境與人像攝影師 // 瓦樂希・蓋德 VALERY GUEDES
美術指導 // 阿蘭・賈克比－克阿利 ALAIN JACOBY-KOALY
風格設計 // 賈洛妮・巴戴爾 GARLONE BARDEL
插畫師 // 凱琳娜・布朗柯維茲 CARINE BRANCOWITZ

「瘋甜點」的精彩旅程始於 5 年前。我們秉持著分享甜點的熱情，以及想要呈現法國甜點大師偉大創作的瘋狂渴望而踏上路途。一切都從「Fou de Pâtisserie」開始；當時我們興起一個瘋狂的念頭，想讓一件不可能的任務化為可能──在雜誌裡呈現最偉大甜點工匠的創作。這個夢想很快就實現了，且每天都有進展。感謝大師們精彩的創作，也感謝各位。你們這群甜點愛好者就宛如一個共同體，如此獨特、熱情、嚴謹且投入。我們每期出版的雜誌，各位都是那上萬名閱讀我們分享的食譜的讀者之一。

同時，你們也是在我們的社群網路上，追蹤著甜點世界現況的數十萬名觀眾之一。透過畫面猶如一扇扇敞開的窗，共享甜點人源源不絕的創作。不過，即使我們得以藉由印刷品或網路，透過影像與文字的各種連結盡情談論甜點與甜品創作，卻總會在某個時刻激起另一種想要親自品嚐的渴望。這於是醞釀了兩年後另一個瘋狂的點子──第一間「瘋甜點實體甜點店」誕生了。這是一間如珠寶店般珍貴的甜點店，成為一個獨特的場域，集結法國所有豐饒多元的甜品創作，呈現在大眾眼前。

最後，才能成就現在在你們手上的這本書。這是一本多麼不同凡響的著作！其背後得歷經多少次的試吃、在工作室裡花上多少時間，並經過反覆校閱後才能完成？不僅如此，在這一年裡還要同時處理兩本雜誌的庶務，面對各種活動與奔波。這是另一種瘋狂，經過漫長而溫柔的熟成，以及長時間的反思；我們必須忠於自己，忠於你們所愛（總不能辜負你們），只為再度讓你們感到無比驚豔。為了完成這第一本作品，我們投入至高的熱情與承諾，當然還有我們對於甜點的愛。對於那些推動法式甜點，使之風靡全法國與全世界的男女甜點師們，我們抱持著無比的敬意。

我們挑選了 17 款具代表性、真正屬於「傳說」的法式甜點，由甜點師們呈現。他們在這幾年間帶動了甜點的創新。這本書裡網羅了當代最知名的甜點師，並展現他們豐沛的創意，因而才有了當代法式甜點中最具代表性的 40 位甜點大師所創作的 85 道食譜。他們特別分享這些最珍貴的食譜，以及個人的甜點故事與建議。在此，我們想對這些甜點工匠致上最高的敬意。

現在是時候了，讓我們盡情使用這本書，用我們的雙手去製作甜點。我們已經能想像，當你們實現這些甜點作品並與身邊親友分享時，會有多麼滿足。這些甜點創作者就好比肩負著傳承技藝的職責將食譜流傳下去，而食譜則像是有一條線聯繫著共同體的所有人──我們這群被同樣熱情所激發的人。一個甜點，最初不正是從無比的謙遜中誕生，最後才會如此富有人性光輝的嗎？

茱莉・馬修 & 穆希愛爾・塔隆蒂爾

目次

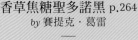

LES DIX

COMMANDEMENTS DU

PÂTISSIER

甜點師十誡

- 你將熟悉你的烤箱。

- 你將對千百種的甜點用具懷抱強烈熱情。

- 你將不再害怕添加奶油，大量的奶油，非常大量的奶油。

- 你將不再嘗試不用溫度計去製作義式蛋白霜。

- 你將不會在烘烤泡芙時打開烤箱。

- 你將知道 T45 麵粉和 T80 麵粉的區別。

- 你將不會裝作不知道你的奶餡已經油水分離。

- 你將知道分蛋以及澄清奶油的差異。

- 你將永遠不惜多繞一點路以追求美味的糕點。

- 你將熱衷於為你所愛的人製作甜點。

LE BABA AU RHUM
蘭姆巴巴

淘氣的巴巴在甜點當中有著頑童般的形象，它討喜的圓潤身形被濃稠的奶餡所圍繞，最具存在感的糖漿更是令人神魂顛倒。作為基底的布里歐許麵團十分飽滿（這代表麵粉與酵母的完美結合），並以薩瓦蘭蛋糕或圓柱造型呈現，然後完整地浸漬於糖漿中。巴巴無疑是冠軍級的美味甜點。

歷史

巴巴很可能是波蘭美食家國王斯坦尼斯瓦夫一世（Stanislas Leszczynski）還居住在今日法國的默爾特－摩塞爾省（Meurthe-et-Moselle）時所發明的。當時的天才甜點師史托赫（Stohrer）將原本偏乾的庫克洛夫（Kouglof）淋上利口酒，從此一炮而紅。巴巴蛋糕的名稱據說來自於波蘭語中的「老女人」（但如今比較可靠的說法，是國王特別喜歡「阿里巴巴的冒險」）。史托赫後來定居巴黎，讓這美妙的甜點舉世聞名。1900 年，甜點大師皮耶・拉岡（Pierre Lacam）在其著作《甜點的歷史與地理備忘錄》（*Mémorial historique et géographique de la pâtisserie*）中，不無挖苦地說道：「由於這個蛋糕，史托赫賺進了百萬法郎。」

巴巴與薩瓦蘭

薩瓦蘭蛋糕是巴巴的變化版，由朱力安兄弟（les frères Julien）發明，以此致敬美食家布里亞－薩瓦蘭（Brillat-Savarin）。這種新版本的巴巴以天然麵團製作（舊版本的巴巴通常使用含有葡萄乾與糖漬水果的庫克洛夫麵團），並做成皇冠的樣子，樣貌美麗，也因此能夠優雅地填進奶餡或水果，相當實用！

今日

巴巴在小餐館間蓬勃發展，我們可以看到各式各樣不同的醬汁搭配，足以證明巴巴一直有其忠實擁護者。臉頰通紅地吃上一份美好的巴巴，搭配濃郁的奶餡，並大口吞下蘭姆酒糖漿，這是多麼罪惡的享受啊（儘管如今也有很多美味且不含酒精的口味變化）！更何況巴巴不斷地現代化，最近不僅會浸泡柚子、莫希托或威士忌，上頭的奶餡也出現變化，例如以陀飛輪或金字塔型的擠花呈現；為了讓奶餡能更加挺立，甚至會加入馬斯卡彭乳酪。販售頂級巴巴的店家，總是讓饕客們趨之若鶩。

開朗的笑容搭配土魯斯的歡樂口音，都再再透露出尼可拉‧巴希赫是個積極正面的甜點師！資歷豐富的他從土魯斯指標性的甜點店 Maison Pillon 起步，又在西利爾‧里雅克（Cyril Lignac）的一星餐廳「Le Quinzième」歷經磨練，之後還遠征至美國奧蘭多。細數其職業生涯，可別忘了他在名店 Fauchon 的工作經驗，正好是由克里斯多夫‧亞當（Christophe Adams）與博奴瓦‧庫宏（Benoît Couvrand）帶領的「黃金團隊」時期。所有見證過他冒險經歷的人都知道，巴希赫以更加成熟的姿態回歸，以淬煉出的絕活以及充沛的精力作為武器。後來，他負責主掌甜點店「Un Dimanche à Paris」，這不僅是一處結合了甜點店面、餐廳、廚房與工作坊的美食聖地，還位於巴黎最美的廊道之一。他在這裡盡情發揮才能，包括盤式甜點、慕斯蛋糕、巧克力等等，展現出的現代甜點品味總是十分鮮明，其美味表現亦是相當簡單直率。

關於蘭姆巴巴的幾個問題

您至今品嚐過最美味的巴巴是？
（除了自己製作的以外）

是我爸爸做的。他曾經獲得法國冠軍、歐洲冠軍，以及世界麵包大賽亞軍。所以他的巴巴絕對是最好的！

好的巴巴應該有什麼條件？

好的巴巴應該要搭配恰好份量的糖漿與奶餡。餐廳裡的巴巴往往加入太多的蘭姆酒，多到彷彿我們快渴死了一樣（笑）。我也喜歡讓巴巴保持挺立的形狀，而不是在可怕的塑膠盒裡呈現。

你喜歡這個作品的哪一點？

傳統薩瓦蘭式的巴巴中間有個洞，品嚐的時候不太方便，無論大口吃或小口吃，奶餡常常不是太多就是太少！因此我喜歡使用楊‧布里斯（Yann Brys）發明的陀飛輪擠花。陀飛輪擠花非常美，尤其可以讓人均勻地享受其美好滋味，每口都能吃到恰到好處的奶餡。至於香氣的部分，這個香草巴巴是我們客人的最愛。沒錯，它是頂級的！但我得承認自己心中的最愛，其實是具有濃郁水果香的百香果風味巴巴。

LE BABA AU RHUM

LE BABA AU RHUM AMBRÉ ET VANILLE

香草蘭姆巴巴

BY NICOLAS BACHEYRE

Un Dimanche à Paris, Paris

份量	準備時間	烘烤時間	靜置時間
10-12 個	2 小時 45 分鐘	33 分鐘	6 小時

巴巴麵團

麵包酵母	33 公克
水	30 公克
麵粉	600 公克
鹽	2 公克
砂糖	60 公克
香草莢	2 根
全蛋	360 公克
奶油	180 公克

香草打發甘納許

鮮奶油（1）	250 公克
香草莢	20 公克
白巧克力	190 公克
吉利丁片	2.5 片
香草精	15 公克
鮮奶油（2）	500 公克

巴巴糖漿

水	1050 公克
砂糖	480 公克
橘子皮	10 公克
乾燥香草莢	24 公克
吉利丁片	12 片
琥珀蘭姆酒	240 公克
植物凝膠（Sosa®）	適量

完成・裝飾

乾燥香草粉	適量

巴巴麵團

在攪拌缸中混合酵母和水，再倒入麵粉與鹽。

接著加入砂糖與香草籽。

以勾狀頭慢速攪拌。慢慢地加入蛋，攪拌 5 分鐘。

攪拌均勻後，分次加入恢復至室溫且預先切塊的奶油。

以中速繼續攪打，直到麵團不再沾黏缸緣且滑順有光澤。

用保鮮膜包覆麵團，冷藏至少 2 小時。

靜置後取出，將麵團壓平讓空氣排出。

將麵團擀成 6 公釐厚，再以直徑 8 公分、高 5 公分的圈模切割成圓形。

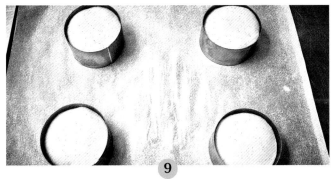

將分割好的圓形麵團放進內側事先塗好奶油的圈模，待麵團膨脹至塔圈 2/3 的高度。放進烤箱，以 150℃烤 25 分鐘。

將巴巴的上緣切除，使之成為平整的圓塊（請把切下的部分保留做其他用途，例如製作法式吐司）。再將巴巴放進 180℃的烤箱烤 12 分鐘，使其乾燥。

香草打發甘納許

11

在鍋裡加入鮮奶油（1）、刮下的香草籽與香草莢，一起煮滾。密封靜置 20 分鐘。

12

將步驟 11 靜置完成的鮮奶油再稍微加熱，然後過濾倒入盆裡，與白巧克力、泡水擠乾後的吉利丁片、香草精混合。

13

用打蛋器將濾網上的香草籽盡可能地過濾至奶餡裡。

14

用打蛋器攪拌製成甘納許。最後加入冷的鮮奶油（2）混合。

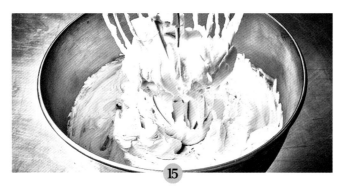

15

以均質機持續乳化後，冷藏至少 6 小時。最後再用攪拌機打發。

巴巴糖漿

16

將水、砂糖、橘子皮、乾燥香草莢放進鍋中，一起煮滾。

17

待煮滾後，取出過濾。

加入泡水瀝乾的吉利丁，最後加入琥珀蘭姆酒。

組裝與完成

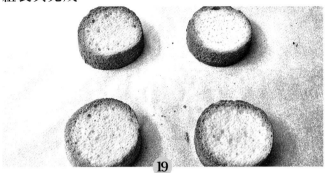

放涼後，將步驟 10 已經乾燥且呈現金黃色的巴巴集中排列。

將巴巴重新放進圈模，淋上糖漿。注意糖漿必須趁熱倒入，讓這些巴巴「喝下」糖漿。視情況可以多倒幾次，直到整體吸飽糖漿。接著翻面再重複一次。完成後將巴巴置於 -25℃冰凍至少 2 小時。

過濾剩餘的糖漿。取糖漿 10% 重量的植物凝膠，待糖漿加熱至 40℃ 後加入並均質。接著加熱混合好的糖漿但不要煮沸（大約 70℃）。使用竹籤將冷凍的巴巴浸入糖漿，形成保護層。

將巴巴放在轉盤上，以聖多諾黑花嘴將香草打發甘納許從中心朝邊緣擠成螺旋狀。

最後撒上自製乾燥香草粉。

主廚建議

- 我所製作的巴巴麵團比傳統的乾一些，主要是希望它能夠保持形狀。

- 此處加入的是恢復至室溫的軟化奶油。奶油太軟的話會讓麵團在攪打過程中升溫過快，太冰的話則不易與麵團融合。

- 可以將取出香草籽的香草莢風乾，然後集中浸泡在糖漿裡增添香氣，或是磨成粉當作帶出香氣的裝飾。

- 使用植物性凝膠來裹覆巴巴會凝固得比較快，省去等待的時間。

重點材料

適合製作美味巴巴的麵粉

在甜點的領域裡，麵粉的選擇至關重要。不要選全麥麵粉，最好選擇 T45 或 T55 的麵粉。法文中所謂的「強力（de force）」麵粉，代表筋性較強，在店舖購買時包裝上都會清楚標示。

巴巴麵團

巴巴麵團比一般布里歐許麵團密度高且緊實，才能承受得了浸泡而不會散開。因此與蛋糕體的麵團相反，巴巴麵團需要長時間且強力的揉麵，才能讓筋性成形，達到我們所追求的柔軟質地。也許你會擔心準備巴巴麵團的時間過長，但其實不用害怕，它沒有什麼特殊技巧：只需要一點點的組織能力，任何業餘人士都能夠成功的。

麵包酵母

千萬不要把麵包酵母粉與泡打粉搞混！酵母可使麵團發酵，改變麵團的味道、外觀與質地（與粉紅包裝的泡打粉不同，泡打粉只是產生氣體，讓蛋糕裡有空氣而已。）做麵包、布里歐許與維也納式麵包時用的都是酵母粉。它無法取代，但隨處可見，所以不用擔心。乾燥酵母可以在一般超市買到（烘焙材料區能夠找到小包裝的產品，有時稱作「Briochin」），在麵包店與有機店（或者某些超市）則找得到切塊的新鮮酵母。乾燥或新鮮酵母都可以互相取代，只是使用份量會有差異。

糖漿

糖漿是巴巴成功的關鍵，無論它是否含有酒精。請別忘了正是糖漿使巴巴這個甜點與眾不同！糖漿的味道必須單純而濃郁，足以撼動並襯托巴巴溫柔的奶油香味。請選擇高品質的原料（使用小超市賣的小瓶裝蘭姆酒不僅羞恥，還會被撻伐）以及當季的新鮮果汁，最重要的是，好好享受不同調味的可能性。

實用器具

攪拌機

要完全以人工製作巴巴或布里歐許當然可以，但還是把攪拌機與攪拌勾當作神兵利器吧。除此之外，事實上這些表面猶如跑車烤漆般的機器，是所有熱心的業餘甜點師的夢想。當廚房迎接攪拌機的到來，彷彿一個美好新世界朝你敞開大門，從此可以製作出完美的蛋白霜、充滿空氣感的海綿蛋糕，與星期天享用的布里歐許。

值得慶幸的是，雖然有時價格昂貴，我們還是可以找到許多特價品（請瀏覽特價網站）與二手貨。它們不時出現在交換網站或是私人特賣網站上，價格相對親民。這些機器很堅固，經得起長期使用；但請注意不要為了省錢選擇太低階的機型，需要夠堅固的機器才能好好地揉麵與打發。

薩瓦蘭蛋糕模與切模

甜點工具的愛好者，好消息來了！你可以把握製作巴巴的機會，好好投資買下人見人愛的漂亮模具。雖然過往那種家庭式的「皇冠型」舊模具依然堪用，但是現代一點的 Flexipan® 矽膠模具*非常方便脫模，十分推薦。如果你已有決心投資就別猶豫，義無反顧地買下正統巴洛克式模具，並想像你要將這巴巴獻給國王。某些產品的做工特別精緻，當然效果也更好；這會是決定你的巴巴能不能漂亮別緻的關鍵。

＊譯注：Flexipan® 為法國知名矽膠模具品牌。其產品特色在於可耐極低溫和高溫，適用於冷凍與烤箱。相較於其他品牌，其矽膠模背面表層會有突起的紋路，相當耐用，但在價格上也是其他廠牌所不能比擬的。

成功的小秘訣

- 慢慢來，製作巴巴需要耐心。假如很急的話，不如做巧克力慕斯算了。

- 在機器裡以慢速攪打麵團，避免麵團過熱。麵團過熱的風險在於酵母會「開始作用」，使得麵團太早膨發。

- 巴巴在浸泡糖漿前請用裁縫細針於表面均勻刺出小洞，確保巴巴能好好地吸收糖漿。

- 完成以上步驟後，你的巴巴還值得最好的材料——千萬別吝於挑選優質的蘭姆酒。

- 注意糖漿的平衡：太甜、沒味道或酒味太濃，都會糟蹋你的巴巴。

翻轉蘭姆巴巴

- 想要讓巴巴符合現代潮流，可以將蘭姆酒與其他酒類調合甚至用其他酒類取代，譬如威士忌、白蘭地，甚至是雞尾酒如莫希托或琴通寧。

- 打破傳統：用檸檬奶餡或打發甘納許取代打發鮮奶油，可以玩出偽檸檬塔或重返歐培拉蛋糕版本的巴巴。

- 香料櫃可以給你帶來絕妙的刺激：加了白荳蔻的奶餡、加了肉桂的奶餡、或是加了胡椒甚至辣椒的糖漿，做甜點就像是激發想像力的遊戲。

- 在顏色上發揮創意（天然的）。以草莓或木槿替浸泡糖漿上色，或是咖啡烈酒、開心果、可可等。也可以嘗試不同顏色的組合，增添水果的顏色對比，例如紅色、黑色或黃色系的水果。

- 多人同時享用時該怎麼辦呢？何不準備一個超大廣口瓶，在香氣濃厚的糖漿裡浸泡著一個個迷你巴巴，然後在桌上擺放裝飾與打發鮮奶油，讓每個人自己動手組裝取用。

創意變化食譜

鳳梨可樂達巴巴

by 威廉·拉曼尼爾

WILLIAM LAMAGNÈRE

La Closerie des Lilas, Paris

——

阿里巴巴

by 克里斯多夫·米榭拉克

CHRISTOPHE MICHALAK

Paris

——

蘭姆帕帕

by 方思瓦·多比涅

FRANÇOIS DAUBINET

Maison Fauchon, Paris

——

快速簡易食譜

熱情偽巴巴

WILLIAM LAMAGNÈRE
La Closerie des Lilas, Paris

—

BABA PIÑA COLADA

鳳梨可樂達巴巴

份量	準備時間	烘烤時間	靜置時間
4-6 個	1 小時 30 分鐘	25-30 分鐘	10 分鐘

巴巴麵團

全脂牛奶	100 公克
酵母	12 公克
T45 麵粉	200 公克
砂糖	12 公克
鹽	4 公克
蛋	2 顆
奶油	100 公克

鳳梨可樂達糖漿

水	900 公克
二砂	400 公克
鳳梨果泥	200 公克
香草莢	1/2 根
白蘭姆酒	50 公克
馬利寶椰子蘭姆酒（Malibu® coco）	50 公克

椰子香緹

鮮奶油（含脂量 35%）	500 公克
馬斯卡彭乳酪	100 公克
馬利寶椰子蘭姆酒	10 公克
糖粉	60 公克

完成・裝飾

鳳梨果膠	適量
綠檸檬	1 顆
椰子果肉薄片	適量
鳳梨切丁	適量

巴巴麵團

1. 混合牛奶與酵母。為攪拌機裝上槳狀頭，混合麵粉、砂糖與鹽。依序加入蛋、牛奶與酵母，快速揉打 5-8 分鐘以產生筋性，最後加入切塊的冷藏奶油。

2. 繼續揉打約 5 分鐘，然後直接入模至直徑 6 公分的「Flexipan® 薩瓦蘭蛋糕」模具。待其膨發 10 分鐘後，再放進旋風烤箱以 180℃ 烤 25-30 分鐘。

鳳梨可樂達糖漿

3. 鍋內將水、二砂、鳳梨果泥以及切開刮下的香草籽與香草莢一起加熱。煮滾之後加入白蘭姆酒與馬利寶椰子蘭姆酒。

椰子香緹

4. 將所有材料打發成香緹。

組裝與完成

5. 將蛋糕體浸入約 60℃ 的糖漿中。接著塗抹上鳳梨果膠，撒上削下的綠檸檬皮。以擠花嘴將椰子香緹擠成漂亮的玫瑰擠花。最後以椰子果肉薄片與鳳梨丁裝飾。

LE BABA AU RHUM

CHRISTOPHE MICHALAK
Paris

—

ALI BABA

阿里巴巴

份量	烘烤時間	準備時間	靜置時間
10 個	33 分鐘	2 小時 30 分鐘	55 分鐘 +24 小時 +45 分鐘

米榭拉克巴巴麵團
（前一天製作）

T45 高蛋白麵粉··119.7 公克
砂糖·····················7.2 公克
水·····················33.5 公克
全蛋·····················71.8 公克
新鮮酵母·················7.2 公克
奶油·······················35 公克
鹽·······················2.4 公克

香草凝膠香緹
（前一天製作）

鮮奶油（含脂量 35%）·······
·························198.9 公克
香草膏（烘焙材料行有售）
···························3.3 公克
砂糖·····················19.9 公克
吉利丁片···················1.9 公克
馬斯卡彭乳酪 ······99.4 公克

含吉利丁蘭姆酒糖漿

水 ·····················415.3 公克
聖詹姆士牌蘭姆酒（Saint
James®）············87.2 公克
砂糖·····················124.6 公克
吉利丁片···················3.6 公克

卡士達醬

低脂牛奶·············138.3 公克
砂糖·····················21.5 公克
蛋黃·····················29.7 公克
布丁粉···················13.9 公克
鹽 ·····················0.2 公克
奶油·······················11.1 公克

蘭姆酒卡士達醬

卡士達醬············193.2 公克
聖詹姆士牌蘭姆酒···············
·······················6.8 公克

杏桃鏡面果膠

杏桃果泥·············72.3 公克
葡萄糖·················17.3 公克
吉利丁片·················1.7 公克

米榭拉克巴巴麵團
（前一天製作）

1. 混合揉打麵粉、糖、水、1/3 的蛋液以及酵母，直到麵團不沾攪拌缸（二速揉麵）。再加入 1/3 的蛋液，重新揉打 5 分鐘（二速揉麵）。加入剩下的蛋液繼續揉打，注意麵團溫度不要超過 24℃。

2. 將麵團置於鋼盆內，發酵 30 分鐘。膨發後，再將麵團重新放回攪拌機，加入軟化奶油和鹽揉打至材料混合均勻。

3. 在每個馬芬蛋糕模內擠入 25 公克的巴巴麵團，放入預熱至約 25℃的烤箱中，發酵約 25 分鐘。

4. 在模具上擺放一張烘焙紙及烤架，以免麵團在烤製時膨脹得太高。放入烤箱以 180℃烤 3 分鐘，再降溫至 160℃烤 30 分鐘。

5. 烤製完成後，將巴巴放置於涼架上，記得巴巴之間要保留空隙以維持通風，靜置一晚。

香草凝膠香緹（前一天製作）

6. 將鮮奶油、香草以及糖一起煮至微滾。加入泡軟瀝乾的吉利丁，再倒入馬斯卡彭乳酪中。

7. 混合均勻，但不需要均質。以 4℃冷藏靜置 24 小時。

含吉利丁蘭姆酒糖漿

8. 將吉利丁以外的材料一起加熱。接著加入泡軟瀝乾的吉利丁，冷藏保存備用。

卡士達醬

9. 將牛奶和部分的糖一起煮滾。加入蛋黃、剩下的糖以及布丁粉混合，重新煮滾。拌入鹽和切塊奶油，使其冷卻至 35℃。

10. 冷藏保存。

蘭姆酒卡士達醬

11. 將卡士達醬和蘭姆酒用食物調理機（Robot Coupe）一起均質。以 4℃冷藏保存。

杏桃鏡面果膠

12. 加熱杏桃果泥和葡萄糖，再加入泡軟瀝乾的吉利丁。以 4℃冷藏保存。

組裝與完成

13. 加熱含吉利丁蘭姆酒糖漿至 55℃。將巴巴浸泡於糖漿中約 15 分鐘（記得將巴巴翻面，才能確保兩面都均勻吸附糖漿）。置於涼架上瀝乾約 30 分鐘。將香草凝膠香緹打發。

14. 使用直徑 3.5 公分的圓形切模將巴巴中間挖空，接著置於烤盤上，淋上杏桃鏡面果膠。在巴巴中心的洞裡擠入蘭姆酒卡士達醬。最後，於頂端擠上大、中、小三球香草凝膠香緹。

LE BABA AU RHUM

FRANÇOIS DAUBINET
Maison Fauchon, Paris

PAPA AU RHUM
蘭姆帕帕

份量	準備時間	烘烤時間	靜置時間
10 個	2 小時 30 分鐘	1 小時 10 分鐘	24 小時

拉帕杜拉馬斯卡彭奶餡
（前一天製作）

馬斯卡彭乳酪 ········45 公克
鮮奶油（含脂量 35%）······
·····························425 公克
拉帕杜拉紅糖（Rapadura）
·····························30 公克
大溪地香草莢 ·········2 公克

綠檸檬糖（前一天製作）
綠檸檬皮 ················15 公克
砂糖 ·····················20 公克

巴巴麵團
全脂牛奶 ················80 公克
全蛋 ·····················50 公克
有機酵母 ·················11 公克
T55 麵粉 ················160 公克
拉帕杜拉紅糖 ·········5 公克
鹽 ·························3 公克
奶油 ·····················50 公克

糖漿
砂糖 ·····················170 公克
香草莢 ···················8 公克
黃檸檬皮 ·················2 公克
橘子皮 ···················3 公克
水 ·························340 公克
蘭姆酒（Don Papa®）········
·····························78 公克

糖漬綠檸檬薄荷
綠檸檬汁 ················80 公克
黃檸檬汁 ················55 公克
葡萄糖 ···················20 公克
椴木蜂蜜 ·················11 公克
拉帕杜拉紅糖 ········20 公克
NH 325 果膠 ··········1.7 公克
寒天 ·····················0.6 公克
蘋果泥 ···················55 公克
綠檸檬皮 ·················2.4 公克
摩洛哥薄荷葉 ·········4 公克

完成・裝飾
新鮮嫩葉 ·······················適量

拉帕杜拉馬斯卡彭乳酪（前一天製作）
1. 將馬斯卡彭乳酪與鮮奶油混合，加入拉帕杜拉紅糖與刮下的香草籽，冷藏至少 24 小時。過濾後以攪拌機打發。

綠檸檬糖（前一天製作）
2. 削下綠檸檬皮。與砂糖混合後放入乾燥箱靜置一晚。用食物調理機打碎，放進密封容器裡保存。

巴巴麵團
3. 將牛奶與蛋一起混合加熱至微溫，再加入酵母一起均質。在攪拌機裡放入麵粉、糖、鹽，再倒入前面混合好的材料，以中速攪打。
4. 混合均勻後加入奶油持續揉打，直到麵團不會沾黏攪拌缸的邊緣。入模並讓麵團在 25℃ 下膨發 30 分鐘。放入烤箱以 170℃ 烤 40 分鐘後脫模，再移至烤架上以 150℃ 烤 30 分鐘。

糖漿
5. 將蘭姆酒以外的材料一起煮滾，過濾後再加入蘭姆酒。使用溫度為 70℃。

糖漬綠檸檬薄荷
6. 加熱兩種檸檬汁、葡萄糖與蜂蜜。再加入拉帕杜拉紅糖、果膠、寒天。煮滾 1 分鐘後均質，冷卻備用。
7. 加入蘋果泥、檸檬皮、薄荷葉以食物調理機打碎。倒入半圓形模具內冷凍。

組裝與完成
8. 將巴巴浸漬並吸收糖漿，再放進玻璃杯中。上頭擺上半圓形的糖漬檸檬薄荷，然後用擠花嘴擠出一球拉帕杜拉馬斯卡彭奶餡。輕輕撒上綠檸檬糖，並以嫩葉裝飾。

LE BABA AU RHUM

FAUX BABA SYMPA

熱情偽巴巴

為何如此簡單？

· 買個好吃的布里歐許就搞定了！

· 如果用罐裝香緹取代自製奶餡，幾乎就沒有什麼要準備的。

· 雖然是如此簡單的食譜，成果卻相當令人驚豔。

份量　　　　準備時間
6 人份　　　20 分鐘

砂糖	500 公克	
過濾水	1 公升	
有機綠檸檬皮與果汁	3 顆	
琥珀蘭姆酒	5 厘升	
有機香草萃取液	數滴	
南特（Nanterre）布里歐許麵包	1 個	
鮮奶油	50 厘升	
糖粉	15 公克	
檸檬丁	適量	
糖漬栗子（非必要）	適量	

1. 混合糖與水，加入檸檬皮與檸檬汁。加熱直到微滾，使糖完全溶解。離火後，加入蘭姆酒與香草萃取液。

2. 用切模將布里歐許切成圓柱狀（或用手撕成大塊）。接著放在烤架上，用溫熱（而非滾燙）的蘭姆酒糖漿輕輕淋在布里歐許上，使其吸飽後瀝乾。由於此步驟之後布里歐許會變得很脆弱，盡量不要去移動它。

3. 將鮮奶油與糖粉混合打發成香緹。

4. 將浸泡過蘭姆酒糖漿的偽巴巴置於盤上，擠上香緹並撒上綠檸檬丁與糖漬栗子碎。

實用美味建議

· 南特布里歐許很適合此配方，因為它的大尺寸適合大塊取下，非常美味。

· 檸檬削皮之前記得要清洗乾淨。

· 可以用小橘子來取代綠檸檬，一樣好吃。

· 在法國，許多乳酪店家也會提供自製的高品質香緹，不妨考慮看看。

LE CHEESECAKE
起司蛋糕

起司蛋糕，這種先風靡於美國，爾後引進法國的世界性甜點，既濃郁又爽口，已然征服我們對美食的渴望。起司蛋糕微微的奶酸味帶給感官一種絕妙的品嚐體驗；混合著酥脆餅底以及美味的乳酪慕斯，給人既柔軟又綿密的滋味。

歷史

出乎意料地，起司蛋糕的起源最早可以追溯到古希臘時代！傳說當時的雅典運動員相當迷戀這種能帶來能量的乳酪小蛋糕（可以說是他們的禁藥），後來隨著羅馬人征服了歐洲，才使得這種食譜傳遍整個歐洲大陸。於是，日後我們可以看到每個地區都有屬於他們的乳酪蛋糕：義大利的瑞可塔（Ricotta）乳酪蛋糕、法國黑山羊乳酪（Tourteau formage）蛋糕、或者俄羅斯以奶渣（tvorog）為基底製作的知名的伐圖希卡（Vatrouchka）乳酪蛋糕（一道帶有濃厚酸奶香的誘人甜點）等。伐圖希卡乳酪蛋糕後來被東歐的猶太族群所習得，他們在戰爭期間移民美國，也使得起司蛋糕在紐約誕生，並在當地遇上了「真愛」——菲力奶油乳酪（Philadelphia）。它長久以來深受歡迎，如迴力鏢一般不斷地產生影響力，以難以抵擋的濃密與爽口滋味聞名歐洲，甚至被視為是一款相對輕盈的蛋糕。

組成

如果說，最早的乳酪蛋糕通常以塔皮甚至布里歐許麵團為基底，那麼後來指標性的美式起司蛋糕則是以餅乾碎為基底。在美國，基底主要使用格拉罕（Graham）全麥餅乾，但我們也可以用蓮花脆餅（spéculoos）、沙布列或奶油餅乾（petits-beurre）來製作。內餡部分有兩種選擇，一是以超級濃郁的奶油乳酪（cream cheese）與蛋為基礎，放入烤箱以小火烘烤；或準備好新鮮乳酪與打發鮮奶油，時而加入吉利丁塑形，可省去烘烤的步驟。我們常常會加上些許檸檬香氣，來襯托新鮮乳酪的微酸滋味。

今日

如今，起司蛋糕出現大量的衍伸變化和重新詮譯的版本：有紅色水果系、熱帶水果系、巧克力甚至是抹茶等等（都是近年來非常受歡迎的口味）。在美國，以奧利歐（Oreo）餅乾為基底的起司蛋糕也成了經典款。而以色列天才甜點師約坦·歐托蘭飛（Yotam Ottolenghi）喜愛發揮乳酪的特性，使用費塔（feta）乳酪來製作，結果也相當出色！

FRANÇOIS PERRET
方思瓦・佩黑

Le Ritz, Paris

堪稱宮殿之最的 Le Ritz 酒店，是絕對不會選錯甜點師的。方思瓦・佩黑，活潑且充滿幽默感，更是個神通廣大的甜點師。他喜愛各種天然風味與產品，並為此激發靈感。他在最知名的幾間飯店工作過（包括 Shangri-La 飯店，當中的下午茶套餐為他搏得極高的知名度）。如今他帶領這間座落在凡多姆廣場的傳奇飯店，盡情展現才華。除了挑戰感官的「錯視（trompe-l'oeil）」慕斯蛋糕系列，與在普魯斯特沙龍廳才能品嚐到的極致餅乾系列，他也為飯店高級餐廳設計了獨一無二的盤式甜點，將甜點藝術的固有認知推向更高的境界——以大黃、乳酪奶餡、蘆筍、玄米茶，或是以茴香與檸檬組成的味覺作品，既高雅又讓人驚豔。此外也別忘了他知名的大理石蛋糕，同樣卓然成派。佩黑是個偉大的藝術家，持續為這個世界帶來驚奇。

關於起司蛋糕的幾個問題

您對於起司蛋糕最早的印象是什麼？

我想是我在 Hotel George V 吃到的起司蛋糕。裡面含有蛋以及烤熟的奶餡，相當美式，風味十分濃厚。我對這種蛋糕留下的印象是口味很重，可是人人都熱愛這款（笑）。不過當我決定要製作起司蛋糕時，我想要做出不會讓腸胃感到負擔的蛋糕。

所以，您的起司蛋糕是生的嗎？

對，我想要保留起司蛋糕綿密帶鹹的一面，但又不失輕盈。傳統的做法對我來說口味太重了；即便填入生乳酪內餡，還是可以超級美味。我們當然可以做成桑葚、野草莓等口味，但必須是高品質、味道夠好的水果。有一次在製作時使用了沒有味道的大顆藍莓，非常難吃，甚至令人懷疑這批藍莓是不是來自火星（笑）。如果加上糖漬蘋果、焦糖西洋梨、杏桃，也非常適合！

做出好吃起司蛋糕的秘訣？

我使用邦布蕾斯（Bon Bresse）乳酪，來自我的家鄉。這種產品相當健康，不含防腐劑也不含亞硝酸鹽。法國仍然是乳酪王國，即使我並不抵制美國，他們也確實擁有很不錯的乳酪，但若要做出好的起司蛋糕，還是選用法國乳酪吧（笑）。請使用我們的乳酪吧！它們是如此美味，要是錯過就太傻了。

LE CHEESECAKE

CHEESECAKE POMELO

葡萄柚起司蛋糕

BY FRANÇOIS PERRET

Le Ritz, Paris

| 份量
10 個 | 準備時間
約 4 小時 | 烘烤時間
25 分鐘 | 冷凍時間
4 小時 | 冷藏時間
4 小時 |

葡萄柚果醬（前一天製作）

葡萄柚	3 顆
砂糖	115 公克
黃色果膠	2 公克
吉利丁片	2 片

粉紅葡萄柚鏡面

葡萄糖漿	175 公克
葡萄柚汁	115 公克
砂糖	85 公克
水	55 公克
吉利丁片	4 片
白巧克力	175 公克
含糖煉乳	85 公克

甜塔皮（前一天製作）

奶油	150 公克
糖粉	95 公克
香草莢	1/2 根
鹽之花	0.5 公克
蛋	1 顆
T55 麵粉	250 公克
杏仁粉	30 公克

酥菠蘿（前一天製作）

麵粉	125 公克
二砂	100 公克
軟化奶油	100 公克

起司蛋糕沙布列

烤好冷卻的甜塔皮	250 公克
烤好冷卻的酥菠蘿	80 公克
澄清奶油	45 公克

起司蛋糕慕斯

邦布雷斯乳酪（Bon Bresse®，或其他新鮮乳酪）	330 公克
砂糖	110 公克
吉利丁片	3 片
埃特雷鮮奶油（Etrez）	420 公克
糖粉	20 公克

完成・裝飾

中式柚子	1 顆

葡萄柚果醬（前一天製作）

1

葡萄柚去皮，同時去除內果皮（白色部分）與芯。將 300 公克果肉切成大塊。

2

在鍋中加入冷水，放入葡萄柚皮煮滾以去除苦味。總共進行三輪，每一輪記得換水。

3

將切塊果肉、果皮、砂糖、果膠混合後加熱煮製。

4

在變成果糊狀態時一起均質，然後繼續加熱，直到質地稍微變濃稠為止。

5

加入泡水瀝乾的吉利丁片，再倒入約 2 公釐高的矽膠模具內，放進冷凍庫約 2 小時。

粉紅葡萄柚鏡面

6

待果醬凝固後，用輪刀切成邊長 4.5 公分的正方形。

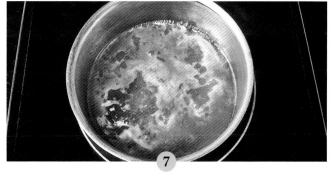

7

將吉利丁放入大量的冷水中泡軟。於鍋內加入砂糖、葡萄糖漿、葡萄柚汁、水，一起加熱至 103℃。

8

將煮好的糖漿倒入煉乳與白巧克力中。

9

均質後加入瀝乾吉利丁，再次均質。冷藏保存。

甜塔皮（前一天製作）

混合軟化奶油、糖粉、杏仁粉、香草籽與鹽之花。

加入蛋。

輕輕拌入麵粉直到均勻成團。

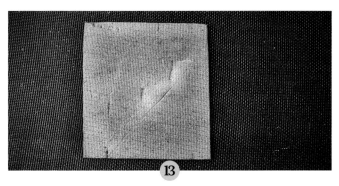

將麵團置於兩張烘焙紙（或矽膠膠膜）間，擀成 2 公釐厚，冷藏 1 小時。將塔皮放入預熱至 155℃的烤箱烤 8 分鐘，直到上色。

酥菠蘿（前一天製作）

混合軟化奶油、二砂、麵粉，直到均勻成團。

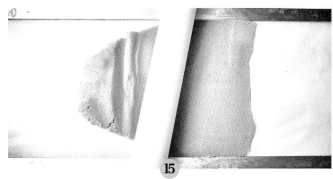

擀平。預熱烤箱至 155℃，於烤盤鋪上烘焙紙，將酥菠蘿烘烤 8 分鐘直到上色。

起司蛋糕沙布列

用刀子將酥菠蘿切成 3 公釐碎粒。

用擀麵棍將先前製作好的甜塔皮磨成粉狀。

18

加入澄清奶油一起混合。烤盤鋪上烘焙紙，將沙布列平均分配放入 6x6x1 公分的塔模裡。預熱烤箱至 170°C 烤 7 分鐘。在模裡放涼。

起司蛋糕慕斯

19

吉利丁片泡水瀝乾。在調理盆中隔水加熱融化邦布雷斯乳酪與糖，然後加入瀝乾吉利丁，待其冷卻。

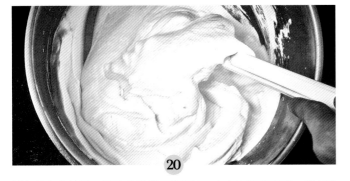

20

鮮奶油加入糖粉，打發成香緹至慕斯狀，小心不要打過頭。邦布雷斯乳酪降溫至 26°C 後與香緹混合，放進擠花袋中。

組裝與完成

21

將起司蛋糕慕斯倒入 6x6x2 公分的模具裡。

22

放入葡萄柚果醬凍塊，再以慕斯覆蓋填滿。冷凍約 2 小時。

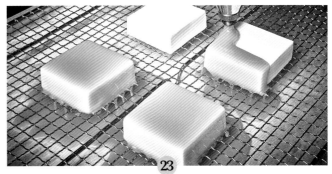

23

取出脫模，置於涼架上，下方擺放適當容器。淋上粉紅葡萄柚鏡面。

24

將起司蛋糕沙布列脫模，再將慕斯移至其上。

25

在起司蛋糕上，以方模添上足量的柚子果肉（剝好並去籽）。輕輕壓實後脫模，放入冷藏保存。

重點材料

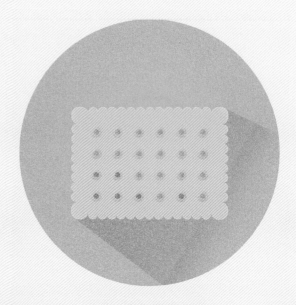

奶油乳酪與乳製品

乳製品在甜點當中無所不在，舉凡奶油、牛奶、鮮奶油、優格、白乳酪或其他發酵乳製品，會以各種方式出現在我們的蛋糕裡。奶油乳酪或奶餡狀起司，是起司蛋糕內餡的來源。它是一種新鮮乳酪，微微帶點鹹味，富含乳脂。美國採工業化製造的經典品牌雖然可以確保品質一致，卻太過標準化；為了讓味道更突出，不妨使用有品質保證的小農以匠人手藝製作的新鮮乳酪（這些產品既注重乳香的平衡，聞起來也不會有過重的山羊乳味）。或者，何不試著自己做看看奶油乳酪呢？據說（幾乎）一點也不複雜。

餅乾基底

如果說甜點師通常會自己準備起司蛋糕的基底，許多家常版的食譜則建議使用一般市售的餅乾碎。這就是問題所在！因為超市架上的餅乾，往往都不合適，不是配方過甜、添加太多不好的人工添加物，就是使用令人質疑的原料（棕櫚油、飼料雞蛋……），很難找到真正優質的指標性商品。所以可能的話，還是盡量選用在地業者製作的產品，且有機的更好。當然最好是你自己下功夫，自製蓮花脆餅，或是其他的布列塔尼沙布列（sablés bretons）。

實用器具

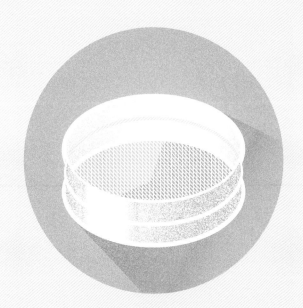

篩網

道具列表上不一定會提到篩網，然而如果說到什麼工具是不可或缺的，那就非它莫屬了。所有專業甜點師都會毫不猶豫地跟你說：「永遠」都要將麵粉過篩。這個動作確實有點乏味，彷彿毫無意義，卻會造成差異──麵團將更穩定、發得更好，麵糊也將更成功，達到期望的質地。相反的，沒有過篩的麵粉就比較難拌勻。即使肉眼並不一定看得出來，但品嚐時卻感覺得到。製作甜點以懶惰為大忌，一定要記得過篩！至於要選擇什麼款式，在家的話通常選擇手柄式，甜點師則偏好圓底平面款，較為方便。篩網還有很多其他用途，比方說能夠把烤熟塔皮磨得更平整，或是用來過濾奶餡（以及其他需要更細緻質地的麵糊）。

塑膠刮板

在製作甜點時，最普通的工具通常是最重要的！像是不起眼的塑膠刮板，儘管它在美麗的攪拌機面前顯得毫無魅力，卻是所有甜點師學習路上的第一個工具，不僅隨身攜帶，而且一整天都在尋找它。製作起司蛋糕時，刮板有助於在打發奶餡時把缸緣的部分刮乾淨，確保奶餡整體能均勻混合。不過它的功能不只如此，其簡單的造型隱藏著完美的多元價值，可以應用在任何方面！刮起、混合、使之滑順……這些甜點製作中最重要且反覆操作的步驟，都是多虧了刮板柔軟與考究的形狀，才能輕易觸及所有調理盆的邊緣及底部。刮板就好比手的延伸，可以說是無可取代。

成功的小秘訣

- 起司蛋糕，尤其是烤熟的版本，往往讓人誤以為是種簡單的甜點。請對過於簡化的食譜抱持懷疑。

- 不論是生的或熟的起司蛋糕，都需要時間。為了完成這趟美好歷險，請提前做好準備。

- 嚴格地遵守材料清單，如果你還是新手，千萬不要用其他材料取代奶油乳酪。

- 使用扣環模具。

- 為了避免餅乾基底因乳酪奶餡變得太濕軟，請預留足夠的厚度。

- 別忘了紐約式的手法：在起司蛋糕上淋上鏡面。

翻轉起司蛋糕

- 混合原味和巧克力麵糊，做出一個大理石起司蛋糕吧（這的確需要費點心思，但成果非常棒。）

- 在餅乾基底點綴一些水果乾或穀物堅果，可以讓整體口感更酥脆（例如：榛果、杏仁、蕎麥、芝麻）。

- 起司乳酪的麵糊較油膩。那正好——因為油脂就是它的風味所在。我們可以在奶餡裡加入茶、馬鞭草、香茅以萃取香氣。

- 如果要讓起司蛋糕呈現青綠色，請勇敢地使用七葉蘭；泰國與馬來西亞的甜點經常使用這種東南亞植物，除了能為甜點添加天然的綠色，也帶來一種獨特的麝香味。但這味道不是讓人超愛，就是超討厭！

創意變化食譜

紅石榴蕎麥起司蛋糕

by 約拿坦・布洛

JONATHAN BLOT

Acide Macaron, Paris

—

草莓紫蘇起司蛋糕

by 尼可拉・帕希洛

NICOLAS PACIELLO

Le Prince de Galles, Paris

—

柚子薄荷起司蛋糕

by 尼可拉・巴希赫

NICOLAS BACHEYRE

Un Dimanche à Paris, Paris

—

快速簡易食譜

桃子費塔起司蛋糕

JONATHAN BLOT
Acide Macaron, Paris
—

CHEESECAKE GRENADE & SARRASIN
紅石榴蕎麥起司蛋糕

份量	準備時間	烘烤時間	急速冷凍時間
8 個	1 小時 45 分鐘	1 小時 10 分鐘	4 小時

糖漬水果凝凍

NH 325 果膠 ⋯⋯⋯⋯⋯⋯⋯⋯⋯⋯⋯3.5 公克
紅石榴果泥⋯⋯⋯⋯⋯⋯⋯⋯⋯⋯165 公克
薰衣草蜂蜜⋯⋯⋯⋯⋯⋯⋯⋯⋯⋯20 公克
檸檬汁⋯⋯⋯⋯⋯⋯⋯⋯⋯⋯⋯⋯40 公克

二次烤焙沙布列

T55 麵粉 ⋯⋯⋯⋯⋯⋯⋯⋯⋯⋯⋯100 公克
蕎麥麵粉⋯⋯⋯⋯⋯⋯⋯⋯⋯⋯⋯100 公克
杏仁粉⋯⋯⋯⋯⋯⋯⋯⋯⋯⋯⋯⋯100 公克
糖粉⋯⋯⋯⋯⋯⋯⋯⋯⋯⋯⋯⋯⋯80 公克
奶油⋯⋯⋯⋯⋯⋯⋯⋯⋯⋯⋯⋯⋯120 公克
軟化奶油⋯⋯⋯⋯⋯⋯⋯⋯⋯⋯⋯120 公克

起司蛋糕基底

瑞可塔乳酪（乳牛）⋯⋯⋯⋯⋯⋯300 公克
瑞可塔乳酪（水牛）⋯⋯⋯⋯⋯⋯300 公克
砂糖⋯⋯⋯⋯⋯⋯⋯⋯⋯⋯⋯⋯⋯140 公克
蛋黃⋯⋯⋯⋯⋯⋯⋯⋯⋯⋯⋯⋯⋯140 公克

起司蛋糕慕斯

水 ⋯⋯⋯⋯⋯⋯⋯⋯⋯⋯⋯⋯⋯⋯54 公克
砂糖⋯⋯⋯⋯⋯⋯⋯⋯⋯⋯⋯⋯⋯180 公克
泡軟吉利丁片⋯⋯⋯⋯⋯⋯⋯⋯⋯7 片
蛋黃⋯⋯⋯⋯⋯⋯⋯⋯⋯⋯⋯⋯⋯108 公克
打發鮮奶油⋯⋯⋯⋯⋯⋯⋯⋯⋯⋯720 公克

慕斯鏡面

鮮奶油⋯⋯⋯⋯⋯⋯⋯⋯⋯⋯⋯⋯40 公克
砂糖⋯⋯⋯⋯⋯⋯⋯⋯⋯⋯⋯⋯⋯35 公克
泡軟吉利丁片 ⋯⋯⋯⋯⋯⋯⋯⋯⋯1.5 片
打發鮮奶油⋯⋯⋯⋯⋯⋯⋯⋯⋯⋯300 公克

糖漬水果凝凍

1. 將 NH 果膠溶進紅石榴果泥裡，再與其他材料一起加熱至 100℃。用活塞式漏斗*擠入直徑 7 公分的矽膠模具裡，以急速冷凍 2 小時。

二次烤焙沙布列

2. 將兩種麵粉、杏仁粉、糖粉、奶油混合製成沙布列後置於烤盤上，放進旋風烤箱以 160℃烘烤 17-20 分鐘，直到上色。
3. 待冷卻後用食物調理機打成細末。
4. 加入軟化奶油，夾在兩張矽膠膠膜間擀平，放入冷凍保存。
5. 裁切成直徑 9 公分的圓片，再次放入烤箱以 165℃烤 10 分鐘，出爐後以急速冷凍冷卻。

起司蛋糕基底

6. 以攪拌機混合所有材料，鋪平於烘焙紙上。移至烤盤上，用旋風烤箱以 90℃烤 40 分鐘。

起司蛋糕慕斯

7. 將水與糖混合加熱至 120℃，接著將糖漿倒入蛋黃裡快速攪拌（稱為炸彈麵糊*）。
8. 打發鮮奶油至慕斯狀。
9. 將步驟 6 的起司蛋糕基底先與一半的炸彈麵糊及一半的打發鮮奶油混勻，再拌入剩下的部分。
10. 取步驟 9 的一小部分，混入融化的吉利丁，再與剩下的慕斯混合。
11. 將慕斯擠入直徑 9 公分的 Flexipan® 矽膠圓模至約一半的高度。放入糖漬水果凝凍，再以起司蛋糕慕斯填滿，冷凍至少 2 小時。

慕斯鏡面與組裝

12. 將鮮奶油與糖加熱至 45℃。加入吉利丁後與打發鮮奶油混合。待溫度降至 20℃，均勻淋在冷凍後的起司蛋糕慕斯圓片上。
13. 將起司蛋糕慕斯圓片置於沙布列上。

＊譯注：活塞式漏斗（chinois piston/entonnoir à piston），此工具常用於流動性的甜點備料，適合當質地較為液態、難以使用擠花袋來操作之時。藉由可控的開關可以精確地掌握想要填入的份量。

＊譯注：炸彈麵糊（pâte à bombe/appareil à bombe）常用於製作法式慕斯，以此製出的慕斯在質地上會比較輕盈滑順。製作時，要先將糖漿煮至 118-121℃（類似於製作義式蛋白霜），接著將糖漿倒進打發蛋黃內持續攪打至冷卻，與基底的奶餡混合後，再加入打發鮮奶油。

LE CHEESECAKE

NICOLAS PACIELLO
Le Prince de Galles, Paris

—

CHEESECAKE FRAISE-SHISO

草莓紫蘇起司蛋糕

份量	準備時間	烘烤時間	靜置時間	急速冷凍時間
8-10 人份	1 小時	10 分鐘	4 小時	2 小時

蓮花脆餅甜塔皮

麵粉	176 公克
鹽	1 公克
泡打粉	4 公克
肉桂粉	4 公克
奶油	85 公克
穆斯科瓦多紅糖*	45 公克
砂糖	55 公克
蛋	18 公克
牛奶	8 公克

白乳酪慕斯

吉利丁片	2 片
水	10 公克
砂糖	50 公克
蛋黃	20 公克
鮮奶油	200 公克
白乳酪（含脂量 40%）	125 公克

白巧克力噴砂

可可脂	80 公克
法芙娜歐帕莉絲（Opalys）白巧克力	80 公克

草莓紫蘇果凍

大片紫蘇綠葉	2 片
新鮮草莓果泥	500 公克
寒天	8 公克

完成・裝飾

草莓	適量
紫蘇葉	適量

蓮花脆餅甜塔皮

1. 混合麵粉、鹽、泡打粉與肉桂粉備用。
2. 軟化奶油後加入糖，一起打至乳霜狀。
3. 加入蛋、牛奶，再加入混合好的粉類。待麵團均勻成團後，夾在兩張烘焙紙之間擀平，冷藏靜置 1 小時。
4. 用圓形切模裁切後，放在黑色帶孔矽膠烤墊上，放入烤箱以 165℃ 烤 10 分鐘。

白乳酪慕斯

5. 將吉利丁片放入冰水裡泡軟 20 分鐘。
6. 將水與糖混合加熱至 120℃，然後倒入蛋黃中快速攪打（即炸彈麵糊）。打發鮮奶油備用。
7. 加熱一部分白乳酪，加入預先泡水瀝乾的吉利丁。再拌入剩下的白乳酪。
8. 將混合好的白乳酪倒進炸彈麵糊中。用橡皮刮刀加入打發鮮奶油輕拌，再倒進直徑比塔皮小的圈模裡。冷凍至少 2 小時。
9. 冷凍後脫模。

白巧克力噴砂

10. 融化可可脂與白巧克力並混合均勻。待溫度降至 45℃，對冷凍過的白乳酪慕斯進行噴砂，放入冷凍保存。

草莓紫蘇果凍

11. 搗碎紫蘇葉，與草莓果泥混合。
12. 加熱後加入寒天煮滾，倒入容器裡，冷藏 3 小時使其凝固。以均質機均質。

組裝與完成

13. 先放置一片蓮花脆餅塔皮，以擠花袋與圓形擠花嘴均勻擠上薄薄一層草莓紫蘇果凍。接著將冷凍好的白乳酪慕斯圓塊放在正中央，周圍以草莓裝飾一圈。表面擠上圓點狀的草莓紫蘇果凍與小紫蘇葉點綴。

＊譯注：穆斯科瓦多紅糖（sucre muscovado），有時台灣會譯為黑糖，但其風味與香氣和台灣或日本黑糖有些微差異。穆斯科瓦多紅糖（又名 Khandsari 或 Khand）是一種保留部分未精製的糖，糖蜜含量高，風味濃郁。與一般加工過的白糖相比含有豐富的礦物質，被普遍認為相對健康。產區主要分布於菲律賓或模里西斯島。如今因其風味特殊，許多一線的甜點大師都經常用來製作甜點。

LE CHEESECAKE

NICOLAS BACHEYRE
Un Dimanche à Paris, Paris

CHEESECAKE YUZU & MENTHE

柚子薄荷起司蛋糕

份量	準備時間	烘烤時間	急速冷凍時間
8 個	2 小時	24 分鐘	4 小時

香草熱內亞蛋糕體

法芙娜 60% 杏仁膏 ....85 公克
砂糖 ....15 公克
全蛋 ....100 公克
奶油 ....25 公克
香草莢 ....1 根
米粉 ....27 公克
泡打粉 ....1 公克

柚子薄荷糖漬

柚子果泥 ....240 公克
砂糖 ....22 公克
NH 果膠 ....7 公克
寒天 ....2 公克
新鮮薄荷葉 ....5 公克

起司蛋糕麵糊

奶油乳酪 ....100 公克
砂糖（1）............20 公克
蛋黃（1）............20 公克
砂糖（2）............40 公克
蛋黃（2）............25 公克
泡軟吉利丁片 ....2.5 片
鮮奶油（含脂量 35%）............125 公克

杏仁榛果沙布列

奶油 ....100 公克
二砂 ....100 公克
杏仁粉 ....25 公克
榛果粉 ....75 公克
鹽 ....1 公克
米粉 ....85 公克

柚子鏡面果膠

柚子果泥 ....30 公克
葡萄糖 ....20 公克
鏡面果膠 ....270 公克
水 ....156 公克
砂糖 ....25 公克
NH 果膠 ....2 公克
綠色亮澤色素 ....6 公克

完成・裝飾

奶油乳酪 ....適量
嫩葉 ....適量

香草熱內亞蛋糕體

1. 攪拌機使用槳狀頭，混合杏仁膏與砂糖。
2. 先加入 1/3 的全蛋攪打至柔軟，均勻後改成球型打蛋頭。分三次加入剩下的蛋，注意要輕輕拌勻，並確保杏仁膏完全溶解。以中速打發（此份量約需 10-15 分鐘）。
3. 同時，將奶油加入刮下的香草籽一起融化，蓋上保鮮膜浸泡萃取香氣備用。
4. 待步驟 2 打發至均勻且帶有空氣感，將麵粉與泡打粉混合並分次過篩加入，同時以橡皮刮刀輕拌混合。最後用濾網過濾倒入香草奶油並持續攪拌。
5. 在鋪好烘焙紙的烤盤上倒入麵糊，抹平成大約 0.5 公分厚。放入烤箱以 170℃ 烤 12 分鐘。在處理糖漬的同時，先將蛋糕體放入 4℃ 冷藏保存。

柚子薄荷糖漬

6. 在鍋裡加熱柚子果泥至約 40-50℃，加入糖、果膠與寒天混合，持續以打蛋器攪拌。煮滾後持續沸騰 30 秒左右，取出放入 4℃ 冷藏，直到完全凝固。
7. 待糖漬凝固冷卻後加入新鮮薄荷葉，以均質機均質，直到成為膠狀質地。平鋪在熱內亞蛋糕體上放入冷凍保存，以便之後切割作為蛋糕的夾層。

起司蛋糕麵糊

8. 混合奶油乳酪、砂糖（1）與蛋黃（1）。均質後備用。
9. 混合蛋黃（2）、砂糖（2），以攪拌機打發同時一邊以噴槍加熱。加入以微波爐加溫融化的瀝乾吉利丁，繼續以攪拌機打發。將這個微溫的炸彈麵糊與步驟 8 的奶油乳酪混合，再倒入打發鮮奶油中混勻。盡早使用。

杏仁榛果沙布列

10. 攪拌機裡以槳狀頭混合奶油與二砂直到均勻。加入杏仁粉、榛果粉與鹽。
11. 再度混勻後拌入米粉。將拌好的麵團置於兩張烘焙紙之間擀成 3 公釐厚，並切割成直徑 5.5 公分的圓片。放在兩片 Silpain® 黑色帶孔矽膠烤墊之間，放入烤箱以 170℃ 烤 12 分鐘。

柚子鏡面果膠

12. 在鍋裡加熱柚子果泥、葡萄糖、鏡面果膠和水至約 60℃。輕輕倒入砂糖與 NH 果膠，持續攪拌。
13. 煮滾後離火，加入色素以均質機均質。待降溫至 35-40℃ 備用。

組裝

14. 以擠花袋將起司蛋糕麵糊擠入扁圓形矽膠模內至約 2/3 的高度。放上步驟 7 的夾層，將蛋糕體那面朝上，輕壓直至麵糊填滿模型邊緣，且讓內嵌夾層位於中央。最後以起司蛋糕麵糊填滿模具，用小 L 型抹刀抹平。放入急速冷凍直到成形（至少 4 小時）。

完成

15. 將沙布列塔皮置於紙托或盤子上。將冰凍後的扁圓形起司蛋糕脫模，準備有深度的烤盤並擺上涼架，放上脫模的蛋糕。淋上柚子鏡面果膠（溫度不超過 40℃），過程中不須用抹刀抹去多餘果膠。注意鏡面果膠必須足夠液態，才能在蛋糕外形成一層薄膜。
16. 利用小 L 型抹刀與小刀，把剛淋上果膠的蛋糕放在沙布列塔皮上，確認沒有多餘果膠流下。將奶油乳酪以湯匙塑成紡錘狀放在蛋糕上，最後以幾片新鮮嫩葉裝飾。

CHEESECAKE PÊCHE & FETA

桃子費塔起司蛋糕

為何如此簡單？

· 不用烘烤！

· 需要提前一天準備，但這正是它的好處——當天只要從冰箱取出即可。

份量	準備時間	靜置時間
6 人份	35 分鐘	12 小時

奶油乳酪 ·· 250 公克
費塔乳酪 ·· 200 公克
鮮奶油 ··· 150 毫升
橙花花蜜 ············ 2 湯匙＋少許（最後完成時使用）
綠檸檬皮 ··1 顆
品質好的布列塔尼沙布列 ······················· 300 公克
融化奶油 ·· 5 湯匙
白桃 ··6 顆
百里香 ·· 適量

1. 前一天，混合奶油乳酪與費塔乳酪，以橡皮刮刀拌軟，然後加入鮮奶油、橙花花蜜與檸檬皮。用攪拌機打發，直到奶餡呈現一定硬挺的質地，確保入模後可以成形。

2. 揉碎沙布列。慢慢加入融化奶油混合，直到能夠壓進慕斯模圈底部成形（需視情況調整奶油用量）。在模圈中擠入步驟 1 的乳酪奶餡，冷藏一晚。

3. 桃子去皮（若皮不好去除，可以稍微煮滾後剝除）後切成四等份，放入平底鍋以小火乾煮至微微焦糖化（只需短短幾分鐘）。

4. 取出冷藏的乳酪蛋糕，放上白桃切片，以新鮮百里香裝飾，最後淋上少許橙花花蜜。

實用美味建議

· 如果不是盛產白桃的季節，可以用西洋梨取代。

· 費塔乳酪為蛋糕整體增添一種帶有鹹酸的乳酪香味，十分可口。

· 避免使用味道太強烈的蜂蜜，例如栗子蜂蜜或冷杉木蜂蜜。

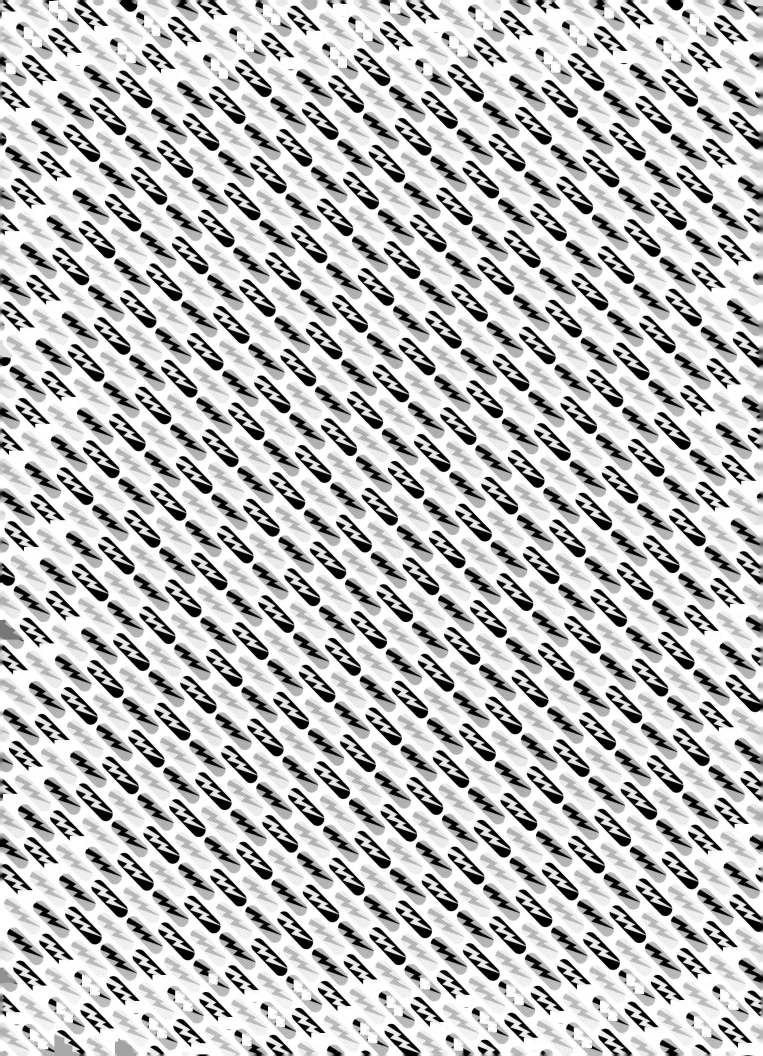

L'ÉCLAIR
閃電泡芙

閃電泡芙是法式甜點的指標，它與美食愛好者之間彷彿
締結了真愛誓盟。儘管看似簡單，但在泡芙皮、卡士達
醬與頂部的翻糖背後，隱藏著人們對於品嚐濃郁甜食的
墮落渴望。這也是為什麼從街角的麵包店到大飯店的下
午茶，閃電泡芙都理所當然地扮演著明星般的角色。

歷史

泡芙在法國歷史悠久（隨著梅第奇家族的凱瑟琳皇后嫁來法國而引進），也一直是法國甜點的棟樑。長條狀的泡芙在幾個世紀以來展現了不同的風貌，尤其長年以「公爵夫人」（Duchesse）的甜點名稱流傳，會在烤好的泡芙皮撒上榛果或是其他乾果，甚至淋上焦糖或煮過的糖。後來，偉大的泡芙愛好者安東尼・卡哈梅（Antonin Caréme, 1784 – 1833）將這種簡單的甜點現代化，特別是將杏桃果醬或是卡士達醬擠入泡芙中，還加入了糖霜淋面的概念。當然那時候還沒有閃電泡芙一詞，這個稱呼最早可以追溯到 1860 年左右；而過去要切開泡芙才能灌餡的手法後來也完全改變，變成使用擠花嘴來灌餡。於是，正如大家所見，閃電泡芙獲得了巨大的成功。

組成

皮耶・拉岡在其著作《甜點的歷史與地理備忘錄》花了很多篇幅談論閃電泡芙。他認為閃電泡芙不該超過 10 公分長，且應避免填入打發蛋白內餡（很可能會消泡）。他也談到為閃電泡芙淋上糖霜淋面，當時這種手法已經相當常見，也成為閃電泡芙在 20 世紀的主要特色。咖啡與巧克力口味的閃電泡芙對於所有甜點工匠來說，永遠是最經典的兩款風味。

今日

經典款的閃電泡芙一直都相當受歡迎，但其內餡如今也迎來許多變化。名店 Fauchon 與它的甜點主廚克里斯多夫・亞當（Christophe Adam），讓閃電泡芙自 2000 年以來成為真正的美食象徵。除了造型點綴上多了流行的元素，也填入了最精緻的內餡。就「配料」而言，人們不再留戀閃電泡芙上頭過甜的糖霜。甜點師們寧願以巧克力飾片或酥皮取而代之，少點糖分的負擔同時也更容易操作。畢竟糖霜鏡面需要一定的技術，才能淋得非常工整。我們還發現，酥皮也讓閃電泡芙更好保存。此外，如今閃電泡芙上頭也多了不同的美味組合，例如可可巴芮脆片、方塊棉花糖或酥菠蘿、巧克力脆粒等等。21世紀的閃電泡芙的確相當有型。

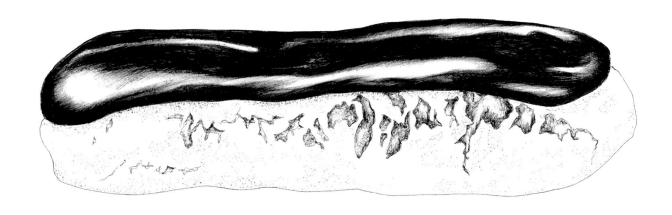

卡爾・馬列提在各大甜點品牌累積了 20 年的工作經驗後（包括「Potel et Chabot」，以及特別是後來任職的 Grand Hôtel InterContinental），決定在充滿巴黎風情的慕菲塔街（Rue Mouffetard）開設自己的甜點店。有著燦爛的笑容與聰明的腦袋，他很清楚自己要的是什麼。也因為他無可挑剔且極具創意的作風，才能成功達到他的目的。馬列提的高級甜點不但十分現代，也相當親民。在首都最頂級的甜點圈排名裡隨處可見其身影；無論是要選出最好的法式草莓蛋糕或最好的千層，他總是榜上有名。他美麗的店面也與時俱進，成為所有美食愛好者無法忽略的聖地。其迷人的性格與美好的蛋糕，都值得所有甜點專業人士的認同。

關於閃電泡芙的幾個問題

怎樣才稱得上是超美味的閃電泡芙？

一個超棒的閃電泡芙，首先要有好的泡芙皮，既酥脆又柔軟，尤其要很新鮮！

———

關於閃電泡芙的回憶？

在我孩提時代，有個甜點師製作了一種難以置信的混種閃電泡芙：巨大的灌餡泡芙放在塔皮上，還填入了杏仁奶餡，相當於「閃電泡芙—修女泡芙—塔」的組合，令我留下美好的回憶。哎呀，我當時年紀很小，完全忘記在哪裡吃到的，甚至不確定是在巴黎還是到外省度假時吃到的（笑）！

什麼是沒有味道的巧克力閃電泡芙？

原味的卡士達醬只加上可可粉調味的話，可不太妙（笑）。一定要在卡士達醬裡加入純正且濃郁香醇的巧克力，才稱得上是好吃的巧克力奶餡！

L'ÉCLAIR

ÉCLAIR AU CHOCOLAT GRAND CRU

莊園巧克力閃電泡芙

BY CARL MARLETTI

Paris

份量	準備時間	靜置時間	烘烤時間
12 個	1 小時 30 分鐘	12 小時	35 分鐘

酥菠蘿（前一天製作）

奶油（微冰）	100 公克
麵粉	125 公克
二砂	125 公克

P125 巧克力卡士達奶餡
（前一天製作）

牛奶	500 公克
砂糖	125 公克
蛋黃	100 公克
玉米粉	15 公克
T55 麵粉	15 公克
法芙娜 P125 濃縮瓜納拉精華巧克力	150 公克
奶油	100 公克

泡芙麵團

水	90 公克
牛奶	90 公克
砂糖	3 公克
鹽	3 公克
奶油	80 公克
麵粉	95 公克
蛋	170 公克

巧克力杏仁膏

可可粉	38 公克
裝飾用 22% 杏仁膏	250 公克
30° 波美糖漿（以 100 公克水與 30 公克糖製作，參見「主廚建議」）	19 公克
澱粉	適量

完成・裝飾

鏡面果膠	適量
可可碎	250 公克
金粉	2 公克

酥菠蘿（前一天製作）

混合所有材料。

在一張烘焙紙上以擀麵棍擀薄，盡量平整。再蓋上第二張烘焙紙，繼續擀至 2-3 公釐厚。

 3

用尺測量並裁切成 14x2 公分的長方形，放進急速冷凍至少一晚。不會用到的麵團可以一般冷凍保存。

P125 巧克力卡士達奶餡（前一天製作）

4

將牛奶與一半的糖一起在鍋中煮滾。在另一個調理盆內將蛋黃與剩下的糖打至泛白，接著加入過篩的麵粉及玉米粉。

5

將 1/3 的熱牛奶加入打至泛白的蛋黃中拌勻，然後全部重新倒入鍋內，以打蛋器持續攪拌。

6

繼續加熱所有材料直至沸騰並續滾 2-3 分鐘，不斷快速地用打蛋器攪拌，直到奶餡變濃稠。

7

離火。加入巧克力，以打蛋器攪拌。

8

加入切塊奶油繼續以打蛋器攪拌，直到奶餡變得滑順且混合均勻。

9

取出倒入長形淺盤內，以保鮮膜緊貼表面包覆，待其冷卻。奶餡鋪得愈薄，冷卻得愈快。

泡芙麵團

10

將牛奶、水、鹽、糖與奶油一起煮滾。離火後加入麵粉混合均勻。

11

以大火炒乾麵糊，直到不沾黏鍋底且麵糊呈現光澤感。

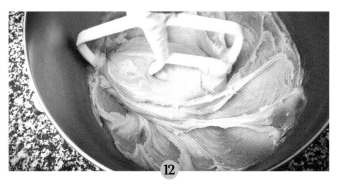

12

取出並放進攪拌機，分次加入蛋液，一邊用槳狀頭攪拌。

13

使用 18 公釐的星形擠花嘴擠出長約 15-16 公分的條狀泡芙。

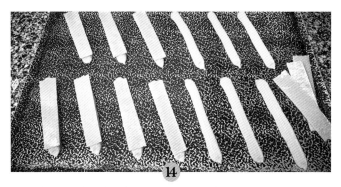

14

將酥菠蘿從急速冷凍取出，放在泡芙麵團上（皆為生的狀態）。

15

放入烤箱以 160℃ 烤 30-35 分鐘。

巧克力杏仁膏

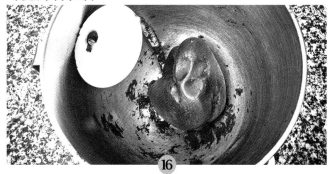

16

在攪拌缸中以勾狀頭混合巧克力粉與杏仁膏，接著倒入溫的 30° 波美糖漿。全部混合直到整體光滑且均勻。

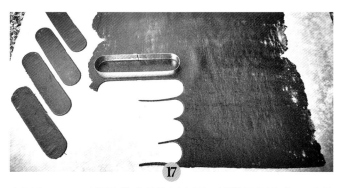

17

在兩片 Silpat® 矽膠烤墊或烘焙紙之間，以擀麵棍擀成 1.2 公釐厚。接著切割成閃電泡芙的大小（14.5x3.5 公分，兩端呈現圓弧），冷藏備用。

組裝與完成

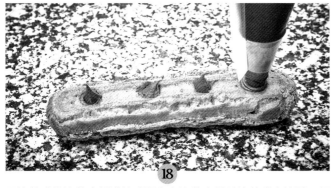

用擠花嘴從泡芙底部灌餡（預先在泡芙底部以擠花嘴尖端戳四個洞），每個泡芙必須灌入 80 公克左右的卡士達奶餡。

將閃電泡芙轉回正面，塗上果膠（以便黏著），貼上巧克力杏仁膏。接著再塗上一層果膠，使之呈現光澤。

混合可可碎與金粉，鋪平在盤子裡。以閃電泡芙的側邊沾上可可碎與金粉做裝飾。

主廚建議

· 要製作 30° 波美糖漿，只要將水與糖一起加熱煮到糖完全溶解即可。

· 鏡面果膠在專業烘焙材料行很容易就能找到。

· 法芙娜 P125 濃縮瓜納拉（Guanaja）精華巧克力，是法芙娜巧克力品牌當中特別濃烈的一款。也可以用其他巧克力取代。

· 直接將熱的奶餡放入冰箱冷卻，可能造成冰箱馬達損壞，最好避免。不妨在盛裝卡士達奶餡的烤盤下方擺放一個裝滿碎冰的長型淺盤幫助冷卻。

· 步驟 17 可以使用少許澱粉以避免杏仁膏過度沾黏在擀麵棍、刀子或壓模上。

重點材料

蛋

翻糖

蛋作為食材是如此特殊，值得我們投以最大的關注。首先它的品質與其來源，即所謂飼養的型態有關。我們應避免使用飼養在籠子裡，讓雞隻擠在一起過著悲慘生活的飼料雞蛋（而且缺乏衛生）。最好選擇放養土雞蛋，或是有機的雞蛋。

對甜點師而言，即便是使用瓶裝蛋液（這可以為他們省去每天處理數十顆蛋的功夫，也比較容易準確控制份量），也要選擇高品質的產品。

在廚房裡，我們有時也會使用乾燥蛋白粉。這個產品基本上都是天然的，相當實用，比方說想讓偏軟的蛋白霜變硬挺一點等等，在準備某些特定材料時派得上用場。

翻糖是將葡萄糖、糖、水煮過之後打發而成，呈現白色黏稠的膏狀質地（偶爾會另外上色），一般會拿來當作鏡面使用，尤其時常用來妝點閃電泡芙與修女泡芙。部分現代甜點師很不喜歡它（因為太甜），但假如妥善使用，仍然可以相當美味。

如果想要讓翻糖漂亮地呈現在閃電泡芙上，有好幾種方法（但請記得，第一次都不大容易）。一是將泡芙浸到翻糖裡，二是拿湯匙從上頭往下淋，讓翻糖像一層緞帶般披覆在閃電泡芙上。這對初學者來說是個難題，因為翻糖感覺從來不在對的溫度上，不是太稀（太熱）就是太稠（太涼），而且還會黏手。

白色翻糖可以在烘焙材料專賣店買到。但是別忘了自己在家製作翻糖也非常容易（你可以在網路上找到所有食譜）。

提醒（編注：以下適用於法國，僅供參考）

選擇雞蛋時，一定要看蛋殼上標記的號碼。如果是以以下號碼開頭：

· 0，代表有機，很棒。

· 1，代表雞群能在牧場裡開心地活蹦亂跳。

· 2，代表雞群的活動領域不佳，牠們一點也不開心。

· 3，代表雞群一輩子活在集中營裡。

結論：請秉持良心挑選雞蛋！

烤盤

是的，人們常說甜點師對烤盤不是特別有愛。這麼說也許有些道理，卻不盡然。事實上，烤盤作為導熱的器具，不論是在烤蛋糕、泡芙或麵團時，都扮演著是否能夠烤製成功的關鍵角色。一個塔的底部如果沒烤好，很可能單純只是因為烤盤的導熱效果不佳。

不同的烤盤種類：

‧**鋁盤：**簡單，基本款。

‧**不沾烤盤：**有何不可呢？但不妨仔細思考一下，我們通常會在烤盤上鋪上烤墊或烘焙紙，所以我們真的需要不沾烤盤嗎？

‧**網洞烤盤：**讓麵團能夠呼吸，可以使麵團乾燥同時確保烤出來的效果更好。比方說對於烤泡芙就非常有效率。

另一個要考慮的標準便是烤盤形狀以及邊緣高度。對於像「喬孔達蛋糕體（biscuit Joconde）」或「手指餅乾」這類高度較低的成品，邊緣很平的烤盤本身就有模具的效果，非常實用（但這個例子明顯不適用於網洞烤盤）。

另外也有所謂的「千層專用」烤盤（spécial feuilletage），類似有蓋子的烤盤，避免千層麵團膨脹得太高，是專為需要大量製作千層派皮的人所設計。

成功的小秘訣

- 若哲學家說：「認識你自己」，甜點師則會說：「認識你的烤箱」！所有的烤箱都不一樣；要知道，烘烤泡芙麵團是很細膩的工程，不同的烤箱會有不同的結果。不妨測試看看。

- 因為很重要所以再說一次——千萬「不要」在烤泡芙時打開烤箱，除非你想做可麗餅。

- 相反的，在烤好的情況下（直到麵團完全烤熟且成型時）可以微開烤箱讓濕氣散去，使麵團能夠烘乾。假如你使用的是旋風烤箱，一般來說就沒必要這麼做。

- 如果你是第一次用翻糖淋面，要有心理準備，這會花上一點時間；因為很難一次就掌握好訣竅。

- 閃電泡芙灌餡建議不要只戳一個洞，而是多戳幾個，才能確保奶餡均勻灌入，同時降低灌入過多而爆漿的風險。可用手指感受奶餡是否平均填滿整顆閃電泡芙。

- 不要用太熱的奶餡灌進閃電泡芙，永遠不要。我們已經測試過了。

翻轉閃電泡芙

- 為了好好享受製作閃電泡芙的樂趣，可以在裝飾的時候多玩些花樣：使用杏仁膏、融化巧克力、巧克力酥片、焦糖、美味的酥菠蘿，選擇相當豐富！

- 抑或是高度上的變化：加上酥菠蘿、乾燥或新鮮的水果、香緹螺旋擠花，或是很有心的用法式薄脆餅塑成小球狀做裝飾。

- 為了讓內餡有更多變化，不妨加入一些較為強烈的風味：糖漬水果，或是濃郁的帕林內，為品嘗時帶來驚喜。

- 在閃電泡芙底部加上沙布列，除了創造口感、使基底更平穩，同時也增添美味。

- 我們也可以挑戰不同的味道組合：小荳蔻加上摩卡、巧克力加上艾斯佩雷辣椒、香草加上東加豆、開心果加上酸櫻桃等等。

創意變化食譜

摩卡八角閃電泡芙

by 揚‧庫佛
YANN COUVREUR
Paris

—

百香果閃電泡芙

by 賽提克‧葛雷
CÉDRIC GROLET
Le Meurice, Paris

—

黑芝麻閃電泡芙

by 艾爾溫‧布蘭許＆塞巴斯蒂昂‧布魯諾
ERWAN BLANCHE & SÉBASTIEN BRUNO
Utopie, Paris

—

快速簡易食譜
巧克力石榴閃電泡芙

YANN COUVREUR
Paris

ÉCLAIR MOKANIS

摩卡八角閃電泡芙

份量	準備時間	烘烤時間	靜置時間	冷凍時間
8 個	2 小時 15 分鐘	30 分鐘	13 小時	3 小時

咖啡八角輕盈奶餡（前一天製作）

咖啡豆	50 公克
八角	5 個
鮮奶油	4 厘升
蛋黃	3 顆
砂糖	50 公克
吉利丁片	3 片

打發咖啡甘納許（前一天製作）

咖啡豆	30 公克
鮮奶油	25 厘升
吉利丁片	4 片
白巧克力	50 公克

泡芙麵團

牛奶	10 厘升
水	10 厘升
奶油	40 公克
葡萄籽油	4 厘升
鹽	2 公克
麵粉	100 公克
蛋	3 顆

巧克力殼與細條飾片

牛奶巧克力	70 公克

咖啡鏡面

吉利丁片	5 片
砂糖	270 公克
葡萄糖漿	190 公克
鮮奶油	40 厘升
即溶咖啡	5 公克
奶油	40 公克
牛奶巧克力	130 公克

完成‧裝飾

可可碎	15 公克

輕盈奶餡用咖啡八角鮮奶油（前一天製作）

1. 前一天，將磨好的咖啡豆、打碎的八角與鮮奶油混合，靜置一晚萃取香氣。

甘納許用咖啡鮮奶油（前一天製作）

2. 前一天，將磨好的咖啡豆與鮮奶油混合，靜置一晚萃取香氣。

泡芙麵團

3. 加熱牛奶、水、奶油、葡萄籽油與鹽。煮滾後，一次倒入麵粉混勻，以中火炒乾1分鐘。將麵團放入攪拌機以槳狀頭用慢速攪打10分鐘。加入一半的蛋，然後剩下的蛋液分三次慢慢加入。

4. 使用薄尺，於高12公釐的框模內將麵團抹平。蓋上保鮮膜冷凍1小時等麵團變硬。裁切成八個2.8x12.8公分的長方形備用。

巧克力殼與細條飾片

5. 巧克力放入盆中隔水加熱至45℃融化。離火攪拌降溫到27℃，再重新隔水加熱到30℃。將巧克力倒入八個12.5x2.5公分的長條矽膠軟模具內後倒扣，讓多餘的巧克力滴落。記得巧克力殼要非常薄。

6. 使用抹刀，將剩餘的巧克力於巧克力調溫用塑膠膜*上抹平。凝固後裁切成八條12.5x2.5公分的細長飾片。置於常溫保存。

咖啡八角輕盈奶餡

7. 過濾步驟1的咖啡八角鮮奶油。吉利丁泡軟備用。將糖與蛋黃用打蛋器攪打至顏色泛白。鮮奶油放入鍋中煮滾，倒入前面攪拌好的蛋糊加熱至80℃。加入瀝乾吉利丁攪拌均勻。以保鮮膜貼緊表面冷藏1小時，使用前要打回滑順狀態。

打發咖啡甘納許

8. 過濾步驟2的咖啡鮮奶油，取1/3的量煮滾。加入事先泡水瀝乾的吉利丁拌勻後，分三次倒入白巧克力中，再加入剩下的鮮奶油攪拌均勻。以保鮮膜包覆後放入冰箱保存。

咖啡鏡面

9. 吉利丁泡軟備用。於鍋內將糖乾煮成焦糖。在另外一只鍋子裡煮滾葡萄糖漿，分五次加入焦糖。接著加入煮滾的鮮奶油，與即溶咖啡混合。將前面混合好的材料與奶油及巧克力一起煮至120℃，用濾網過濾後加入吉利丁，加溫到70℃並攪拌均勻。蓋上保鮮膜冷藏保存。

裝飾

10. 將可可碎壓碎後過篩，可可碎粉保存備用。

製作閃電泡芙

11. 將八個長方形閃電泡芙麵團移至烤盤上，放進高3公分、預先抹好油的模具裡。上頭再放上 Silpat® 矽膠烤墊與兩個烤盤，放進烤箱以190℃烤30分鐘。取出後脫模，用尺將泡芙橫切成1.2公分高，置於涼架上。

組裝與完成

12. 用打蛋器打發咖啡甘納許。在步驟5的巧克力殼中灌入打發甘納許至2/3的高度。放入冷凍庫靜置1小時，接著灌入咖啡八角輕盈奶餡，抹平表面。放上一片牛奶巧克力細條飾片，冷凍靜置1小時後脫模。

13. 將鏡面加熱至40℃，攪拌均勻，淋在步驟12的巧克力殼上。

14. 在閃電泡芙的下半部灌入咖啡八角輕盈奶餡並抹平表面。接著在上方擺上步驟13製作好的部分，最後撒上可可碎。

*譯注：巧克力調溫用塑膠膜（papier guitare/feuille de guitare）一般是巧克力調溫時使用，在上面抹平薄薄一層調溫好的巧克力，等待結晶後取下，會讓接觸面特別光亮。有些甜點師會以其取代烘焙紙來擀製塔皮或麵團，厚度比甜點常見的蛋糕圍邊（feuille rhodoid）更薄。

L'ÉCLAIR

ERWAN BLANCHE & SÉBASTIEN BRUNO
Utopie, Paris

—

ÉCLAIR AU SÉSAME NOIR
黑芝麻閃電泡芙

份量	準備時間	烘烤時間	靜置時間
10-15 個	1 小時 15 分鐘	45-60 分鐘	4 小時

黑芝麻輕盈奶餡
（至少 4 小時前製作）

吉利丁片	2.5 片
牛奶	250 公克
鮮奶油	325 公克
蛋黃	90 公克
砂糖	6 公克
法芙娜伊芙兒（Ivoire）白巧克力	275 公克
黑芝麻膏	125 公克

黑芝麻香緹
（至少 4 小時前製作）

鮮奶油	200 公克
砂糖	18 公克
馬斯卡彭乳酪	20 公克
黑芝麻膏	35 公克

泡芙麵團

牛奶	60 公克
水	140 公克
奶油	80 公克
鹽	2 公克
砂糖	5 公克
麵粉	140 公克
竹炭粉	10 公克
蛋	200 公克

覆盆子果糊

吉利丁片	1 片
新鮮覆盆子	150 公克
砂糖	24 公克
檸檬汁	12 公克

完成・裝飾

覆盆子	每個閃電泡芙 5 顆

黑芝麻輕盈奶餡（至少 4 小時前製作）

1. 吉利丁泡冷水備用。於鍋中加熱牛奶與鮮奶油。將蛋黃與糖打至顏色泛白，加入鍋中煮至 83℃ 製成英式蛋奶醬。加入瀝乾的吉利丁片，與伊芙兒白巧克力及黑芝麻膏一起混合均勻後，以 4℃ 冷藏保存。

黑芝麻香緹（至少 4 小時前製作）

2. 將 1/3 的鮮奶油與砂糖加熱，直到糖溶解。倒入剩下的鮮奶油、馬斯卡彭乳酪與黑芝麻膏，全部混合均勻後，放入 4℃ 冷藏保存。

泡芙麵團

3. 於鍋內將牛奶、水、奶油、鹽與糖一起煮滾。離火後加入麵粉、竹炭粉，用刮刀快速攪拌。重新放回爐上炒乾，大約 2 分鐘。分次加入蛋液，直到均勻成團且達到表面呈現光澤感的理想質地。

4. 烤盤鋪上 Silpain® 黑色帶孔矽膠烤墊*，放上 14.5 x3.5 公分抹好油的橢圓長型模圈，並於內側圍上大小裁切成與塔圈一致的帶孔矽膠烤墊*。在每個塔圈擠進 40 公克泡芙麵團，再蓋上一層帶孔矽膠烤墊，並壓上一個夠重的烤盤，把泡芙封住。放入烤箱以 165℃ 烤 45-60 分鐘。

覆盆子果糊

5. 吉利丁泡冷水備用。鍋內煮滾覆盆子果泥與糖。加入瀝乾吉利丁，再加入檸檬汁一起混合均勻後，放入 4℃ 冷藏保存。

組裝與完成

6. 泡芙底部戳洞，灌進 60-70 公克的黑芝麻輕盈奶餡。

7. 打發黑芝麻香緹，用擠花袋與 15 公釐擠花嘴，在閃電泡芙上左右交錯擠出五球香緹。

8. 在覆盆子中間灌入覆盆子果糊，接著底部朝上與香緹球交錯擺放在閃電泡芙上。

*譯注：Silpain® 黑色帶孔矽膠烤墊，台灣廠商譯為法國 DEMARLE SILPAIN 矽利康不沾烘焙透氣烤盤墊。與同廠牌的 Siplat® 矽膠烤墊可說是法國最知名的二款矽膠烘焙烤墊，差別在於前者的中間是黑色帶孔，早期常用於烤麵包，如今甜點師則經常用來烘烤塔皮，避免受熱不均勻而突起；後者則是不帶孔的平面矽膠烤墊。如今這二款烤墊也儼然成為矽膠烤墊的代名詞。

L'ÉCLAIR

L'ÉCLAIR

ÉCLAIRS CHOCO-GRENADE

巧克力石榴閃電泡芙

為何如此簡單？

· 泡芙製作時間不會很長。

· 巧克力卡士達醬絕對不會失敗，而且可以提前準備。

· 別因為複雜的鏡面搞得人生好難：輕輕沾上巧克力，成果美麗又可口。

· 裝飾簡單卻亮麗。

· 複雜度之於驚豔度的 CP 值：超高！

份量	準備時間	烘烤時間
6 個	*1 小時*	*30 分鐘*

水 ······················15 厘升
牛奶（1）··············10 厘升
奶油 ···················100 公克
砂糖（1）··············1 湯匙
鹽 ······················1 小撮
麵粉 ···················150 公克
蛋 ······················4 顆
巧克力（1）···········100 公克
牛奶（2）··············50 厘升
蛋黃 ···················4 顆
砂糖（2）··············120 公克
玉米粉 ·················20 公克
巧克力（2）···········300 公克
紅石榴籽 ···············適量
開心果碎 ···············適量

1. 煮滾水、牛奶（1）、奶油、砂糖（1）與鹽。加入全部的麵粉後離火，快速拌炒直到麵團不黏鍋邊。打散蛋液並分次加入。在鋪有烘焙紙的烤盤上以擠花袋擠出泡芙麵團。放進烤箱以180℃烤30分鐘，出爐後放涼。

2. 以食物調理機打碎巧克力（1），同時將牛奶（2）慢慢煮至沸騰。將蛋黃與砂糖（2）打至顏色泛白，加入過篩玉米粉。接著倒入煮滾的牛奶，混合均勻後再回到爐火上。繼續用打蛋器攪拌煮滾，直到奶餡變稠。加入碎巧克力，攪拌至完全融化並均勻混合後，待其冷卻。

3. 將步驟2的巧克力卡士達醬從泡芙底部以擠花袋與小擠花嘴灌入。融化巧克力（2），將閃電泡芙沾上巧克力，形成漂亮的鏡面。撒上紅石榴籽與開心果碎。

實用美味建議

· 可以在閃電泡芙烤好前5分鐘微開烤箱，讓水蒸氣散去，使泡芙「乾燥」。

· 假如住家附近剛好有間東方香料店，不妨買一點紅石榴糖漿，加入一茶匙在巧克力卡士達醬裡，即能添增些許細膩的酸甜滋味。

LE FLAN
法式布丁塔

布丁塔因做法簡單，其地位在甜點界裡並不牢固，有時
甚至被貶稱為「麵包師製作的甜點」。然而，布丁塔還
是讓許多偉大糕點師投注熱情，努力使它成化身招牌甜
點。布丁塔基本上是由蛋奶醬與可口的塔皮組成，既美
味又令人放心。即使布丁塔本身沒有隱藏著絢爛的火
花，卻能向世人展現創作者的天份。

LE FLAN

歷史

當我們追尋布丁塔的過往足跡，會發現它的歷史比想像得長，甚至在美食文化成形之際就已經存在。即便在過去，這個名稱可以泛指許多不同做法，且與現代的布丁塔相去甚遠。如今我們所知道的布丁塔，其實是繼承多種不同配方的集大成，就如我們泛稱的「塔」也是如此。據大仲馬（Alexandre Dumas）記載，所謂布丁塔是在塔皮裡填入甜的水果，然後放進烤箱裡烤熟的甜點；20 世紀初，我們也能看到填入米布丁或果醬、偶爾加入水果或杏仁奶油餡的形式。不過，皮耶·拉岡在他的《甜點的歷史與地理備忘錄》提到在如果在烤過的塔皮內單純填入蘋果餡——「如今我們會稱之為塔，而不是布丁塔。」後來，才漸漸地演變成只有填入蛋奶餡的塔派甜點才會被稱作布丁塔。值得注意的是，以前這種做法也常加入蛋白霜作為材料。

組成

法式布丁塔根據不同口味，會選擇使用千層或油酥塔皮。內餡則通常填入熟的蛋奶餡，且一般來說會添加香草風味，塔皮則應該要烤得均勻上色。簡易的製作工序時常導致布丁塔走向平庸，譬如使用布丁粉調和的奶餡，使得奶餡質地黏到爆炸；或者使用人工香草，都對這個大眾甜點造成不少傷害。

今日

隨著使用優質食材為基底製作高品質甜點的風潮回歸，布丁塔也重新回到了舞台。只要是世界上最好的甜點師，他們的法式布丁塔也一定會很棒；不過即便有大師加持，布丁塔依然十分親民；如今可以看到巧克力口味、焦糖口味，含塔皮或不含塔皮的版本。然而讓法式布丁塔的愛好者最為著迷的一直都是傳統的經典配方，他們終其一生都在追尋最純粹的布丁塔。

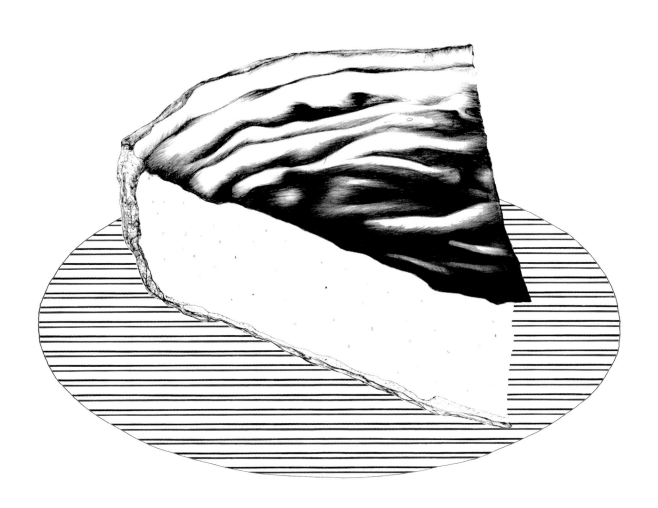

NICOLAS HAELEWYN
尼可拉‧哈勒維

Karamel, Paris

———

經過 10 年在 Ladurée 的工作（其中
5 年擔任其重要的國際海外部門的
甜點主廚），尼可拉‧哈勒維創設了
自己的甜點店。這位出生於諾曼第的
主廚才華洋溢，一心想著如何做出超
凡的甜點。他在自身的甜點宇宙全心
投注於他瘋狂熱愛的焦糖，並嘗試在
所有創作中加入焦糖的元素，也因此
獲得了無比傑出的成果。他的店面
「Karamel」與「焦糖（Caramel）」
同音，陳列著各種美味與極具創意
的甜點。在這裡看不到中規中矩的甜
點，一切品項都經過重新審視、翻轉
且變得更加豐富。千層做法的布里歐
許裡藏著榛果奶酥與融化焦糖，蘋果
修頌則做成超大尺寸，而檸檬塔裡竟
然藏著難以想像的美味瑪德蓮；所有
的甜點都如此美麗、高雅且完成度極
高。短短幾個月，哈勒維便擄獲了各
方美食愛好者的心，也在巴黎的美食
地圖上刻下了「Karamel」之名。

關於布丁塔的幾個問題

您對布丁塔最早的記憶為何？

布丁塔真的是我童年回憶的一部分，我超愛！每當我
母親去麵包店時，她通常都會買一塊回來給我。

———

印象深刻的布丁塔？

楊‧蒙其（Yann Menguy）為 Ladurée 所做的布丁
塔。滿滿的香草，超級好吃。當時還是香草價格依舊
平易近人的年代（笑）……

———

製作布丁塔千萬不要犯的錯？

不要吝嗇於材料。因為布丁塔的材料不多，所以更要
選擇高品質的。好的全脂牛奶尤其重要，有些甜點師
時常會用水加奶粉來取代牛奶，一點也不好吃！

———

該選擇油酥塔皮還是千層塔皮？

千層，毫無疑問。布丁塔最讓我喜愛的一點便是它
具有對比的口感——滑順香濃的奶餡，配上酥脆的塔
皮。而千層塔皮最能呈現出這種口感。

LE FLAN KARAMEL

焦糖法式布丁塔

BY NICOLAS HAELEWYN

Karamel, Paris

———

份量	準備時間	烘烤時間	靜置時間
8 人份	2 小時 30 分鐘	1 小時 15 分鐘	8 小時＋12 小時

法式布丁塔內餡（前一天製作）

全脂牛奶	340 公克
鮮奶油（含脂量 35%）	340 公克
香草莢	1 根
砂糖（1）	100 公克
蛋黃	60 公克
全蛋	1 顆
砂糖（2）	35 公克
布丁粉	40 公克

反式折疊千層塔皮（前一天製作）
折疊用奶油

T55 麵粉	140 公克
奶油	300 公克

千層基礎調和麵團

水	130 公克
鹽之花	14 公克
T55 麵粉	310 公克
奶油	90 公克

焦糖玻璃糖片

水	100 公克
砂糖	300 公克

＊譯注：關於千層折疊方式的譯法，法文直譯的雙折（tour double）在台灣的烘焙專業用語有時稱為四折，單折（tour simple）相當於台灣的三折，半折（1/2 tour）則等於台灣的雙折。兩種譯法都相當常見，請特別注意。本書一律採用法文直譯法。

法式布丁塔內餡（前一天製作）

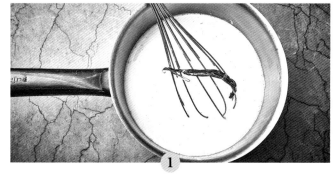

前一天，先在鍋內加入牛奶、鮮奶油、香草籽與香草莢，浸泡萃取香味。

將砂糖（1）煮成焦糖。

加熱步驟 1 萃取出香味的香草牛奶及鮮奶油，分三次倒入焦糖中以停止焦化。請小心噴濺！

在調理盆中加入蛋黃、全蛋、糖（2）與布丁粉混合均勻。

將步驟 3 煮滾後，倒出 1/3 的量與步驟 4 混合，接著全部倒回鍋內攪拌加熱。

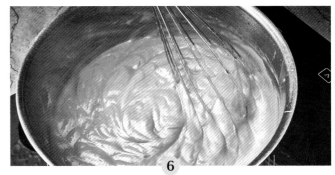

用打蛋器不停攪拌，直到奶餡沸騰且煮至全熟，因為之後放入烤箱烘烤的時間會很短。

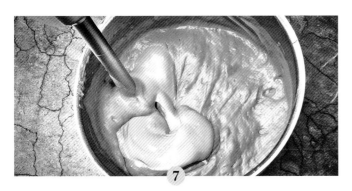

用均質機排出空氣。

反式折疊千層塔皮（前一天製作）

首先製作折疊用奶油。攪拌機裝上槳狀頭，放入麵粉與切成小塊的冰奶油。

以中速攪拌，直到麵團均勻。取出後擀成邊長 25 公分的正方形，包上保鮮膜冷藏 2 小時。

千層基礎調和麵團

在攪拌機裡加入水、鹽之花、麵粉，裝上勾狀頭。接著加入軟化（幾乎呈液態）的奶油。

以一速攪打，直到麵團均勻成團。取出並擀成正方形（邊長約 25 公分）。包上保鮮膜冷藏 2 小時。

折疊

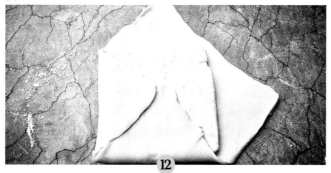

使用擀麵棍，將折疊用奶油擀成 1 公分厚，中間放上千層基礎調和麵團。盡可能用折疊奶油外圍包覆住調和麵團，進行第一次雙折。冷藏靜置 2 小時。

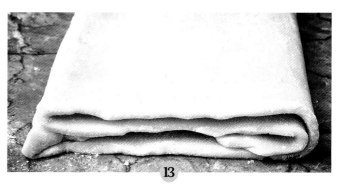

再次折疊完成第二次雙折，重新冷藏 2 小時。進行一次單折後，冷藏靜置一晚。

隔天，將塔皮擀成約 2 公釐厚。準備直徑 24 公分、高 3 公分的不銹鋼塔模，在內圈塗抹奶油。將塔皮入模後冷藏。

在塔皮內鋪上烘焙豆或鷹嘴豆，放入烤箱以 160℃烘烤 1 小時。

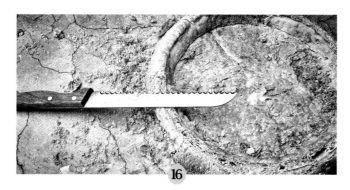

用鋸齒刀輕輕削去突出塔圈的塔皮。

焦糖玻璃糖片*

17

在鍋裡加熱水與糖煮成金黃色焦糖，然後淋在鋪有烘焙紙的烤盤上。

18

冷卻後，將焦糖折成小塊，接著以 Robot Coupe 食物調理機攪打成粉狀。保存時記得避免受潮。

19

將粉狀糖片過篩撒在矽膠墊上。

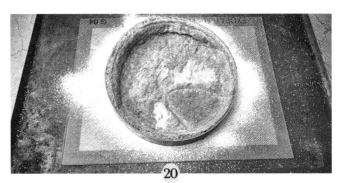

20

放上烤好的塔皮。

組裝

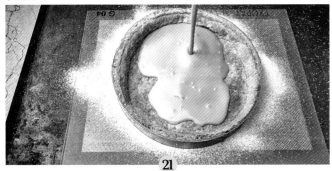

21

將熱的法式布丁塔內餡倒入塔皮，再以 170℃烘烤 15 分鐘（烘烤時間很短，因為內餡已在鍋內煮熟了）。

22

常溫放涼，冷卻後即可脫模品嚐。放入冰箱冷藏可保存 3 天。

*譯注：焦糖玻璃糖片（opaline）是一種將糖焦糖化製成的糖片裝飾，可依需要做成不同形狀。基本做法可分為四種：1. 將糖撒在軟化奶油上一起焦糖化，為最簡單的做法，製成的糖片較不透明。2. 將糖煮成焦糖，冷卻後磨成粉，再撒在烤墊上回烤成焦糖。好處在於因為不加奶油，焦糖風味較明顯，缺點則是需要兩次焦糖化處理，如果撒得不均勻，上色也可能不均勻。3. 使用葡萄糖以及翻糖焦糖化製成，優點是糖片比較透明。4. 將愛素糖撒於烤墊上焦糖化製成，可以做出最透明也最有藝術美感的玻璃糖片。但愛素糖價格偏高，也比較難取得。

主廚建議

· 進烤箱前，記得確保塔皮入模時邊緣必須超過塔圈的大小。這樣整個塔皮才能烤得酥脆。

· 塔皮多餘的切邊可以加上巧克力，製成酥餅。

· 布丁塔內餡在倒入塔皮前，請務必確保質地滑順。

成功的小秘訣

· 烤塔皮是製作出成功布丁塔最重要的一環。請盡量使用有孔洞的烤盤，讓布丁塔底部可以烤乾。

· 布丁塔的奶餡需要使用許多的蛋，請優先選擇確切標示蛋的重量而非數量的食譜（因為蛋的大小不同將影響製作出來的成果）。

· 布丁粉的成分通常是以澱粉混合了香草香精。改用玉米粉與真的香草吧！

· 製作布丁塔的內餡時，使用澱粉的效果比麵粉好。後者會使整體口感較為厚重。

· 提前製作好布丁塔，才有時間等待放涼後品嚐。

翻轉法式布丁塔

· 別當個布丁塔的基本教義派，好好享受不同口味變化帶來的樂趣：椰子、巧克力、東加豆、帕林內……

· 可以在布丁塔內餡藏些美味驚喜，例如果乾、蘋果丁、李子乾。

· 也可加入柑橘類果皮，像是檸檬、柚子、葡萄柚、血橙等等。

· 在你可愛的一人份布丁塔中間，抹上一點點（高品質的）抹醬！

· 可以用杏仁、燕麥或腰果奶等植物奶取代牛奶，這將賦予布丁塔一種難以言喻的高雅風味。

· 不妨試試看苦味與甜味的對比效果，加入一點蕎麥粉到塔皮裡。

創意變化食譜

帕林內法式布丁塔

by 帕斯卡・卡費
PASCAL CAFFET
Troyes

—

香草法式布丁塔

by 吉田守秀
MORI YOSHIDA
Paris

—

大溪地香草法式布丁塔

by 方思瓦・多比涅
FRANÇOIS DAUBINET
Maison Fauchon, Paris

—

快速簡易食譜
虎紋法式布丁塔

PASCAL CAFFET
Troyes

—

FLAN AU PRALINÉ

帕林內法式布丁塔

份量	準備時間	烘烤時間	靜置時間
6 人份	1 小時	1 小時 30 分鐘	5 小時 20 分鐘

入模塔皮

軟化奶油	135 公克
T55 麵粉	235 公克
玉米粉	25 公克
砂糖	6 公克
鹽	6 公克
低脂牛奶	85 公克
蛋黃（約 1 顆的量）	20 公克

布丁塔奶餡

香草莢	2 根
砂糖	200 公克
玉米粉	90 公克
全蛋（約 5 顆的量）	250 公克
水	375 公克
低脂牛奶	400 公克

榛果帕林內（1 公斤）

帶皮榛果	665 公克
砂糖	335 公克
水	85 公克

完成・裝飾

糖粉	適量
榛果帕林內	50 公克

入模塔皮

1. 在盆內以手混合奶油、麵粉、玉米粉、糖、鹽，直到呈現砂粒狀。
2. 在步驟 1 加入牛奶與蛋黃，混合均勻成團。包覆保鮮膜放置冷藏約 20 分鐘。
3. 準備擀麵棍，在撒好麵粉的工作檯上將麵團擀成直徑 24 公分的圓。將塔皮放入直徑 20 公分、高 3 公分的塔模內。
4. 用小刀切除塔圈外圍多餘的塔皮。

布丁塔奶餡

5. 預熱烤箱至 180℃。將香草莢縱切，用刀尖刮下香草籽。
6. 在調理盆中將一半的糖、玉米粉和蛋混合均勻。在鍋內加入熱水、牛奶、香草莢與香草籽，以及剩下的糖直到煮滾。準備好濾網，將鍋內煮滾的液體過濾倒入盆中，以打蛋器混勻。
7. 倒回鍋中加熱至沸騰，然後以小火煮 1 分鐘。將奶餡倒入塔皮中央，放進烤箱烘烤 50 分鐘。

榛果帕林內

8. 預熱烤箱至 160℃，在烤盤上平均鋪上榛果，烘烤 40 分鐘。
9. 同時，在鍋內加入砂糖與水，加熱至 180℃製成焦糖，加入烤好的榛果混勻。
10. 烤盤內鋪上烘焙紙，倒入混合好的榛果焦糖，靜置常溫約 3 小時。待冷卻後弄碎成大塊，放入食物調理機。
11. 攪打直到成為液態膏狀。由於過程中溫度會升高，注意不要超過 40℃。靜置常溫冷卻 2 小時，接著進行第二次攪打，直到質地更為滑順細緻。
12. 取出並裝進小果醬瓶保存（帕林內可以放入密封罐冷藏保存）。

完成

13. 在布丁塔表面灑滿糖粉。用烘焙紙折出三角錐形製成擠花袋，裝入帕林內，以左右來回方式擠在布丁塔上。

LE FLAN

MORI YOSHIDA
Paris

—

FLAN À LA VANILLE

香草法式布丁塔

份量	準備時間	烘烤時間	靜置時間
4-6 人份	40 分鐘	55 分鐘	24 小時＋1 小時

油酥塔皮（提前兩天製作）

奶油	50 公克
蛋黃	8 公克
礦泉水	29 公克
T55 麵粉	100 公克
鹽	1.6 公克
砂糖	4 公克

布丁塔內餡

牛奶	275 公克
鮮奶油	115 公克
馬達加斯加香草籽	0.4 公克
蛋白	14 公克
蛋黃	58 公克
砂糖	62 公克
布丁粉	25 公克

油酥塔皮（提前兩天製作）

1. 將奶油切成約 1.5 公分的塊狀。混合蛋黃與水，將全部材料靜置冷藏一晚。

2. 隔天，在攪拌機內加入麵粉、切塊奶油、鹽、糖混合均勻，直到接近砂粒狀。接著加入事先混合好的蛋黃與水，攪打成團。蓋上保鮮膜，再次放入冷藏一晚。

3. 以擀麵棍將麵團擀成 2.2 公釐厚，用叉子或塔皮戳洞器戳出小洞。取直徑 30 公分的塔圈切壓麵團，將切割好的塔皮放入直徑 15 公分、高約 6 公分的塔圈內。冷藏靜置約 1 小時。

4. 在塔皮上依序鋪上烘焙紙及烘焙豆，避免烘烤時底部膨脹。放進烤箱以 170℃烘烤 15 分鐘，接著切除超出塔圈邊緣的部分，繼續烘烤 8 分鐘。

5. 移除烘焙紙與烘烤豆，再烤 8 分鐘。用刷子刷上一層蛋白，再次烘烤 4 到 5 分鐘直到烤乾。

布丁塔內餡

6. 將牛奶、鮮奶油與香草籽一起煮滾。

7. 混合蛋白與蛋黃，加入糖打至泛白，然後加入布丁粉。

8. 將前面的材料全部混合，加熱至 76℃。用打蛋器攪拌直到濃稠，過濾後將 500 公克的奶餡倒入預烤好的塔皮裡。

9. 放進烤箱，以 165℃烤 20 分鐘。

LE FLAN

FRANÇOIS DAUBINET
Maison Fauchon, Paris

———

FLAN À LA VANILLE DE TAHITI

大溪地香草法式布丁塔

份量	**準備時間**	**烘烤時間**	**靜置時間**	**浸泡時間**
10 個	*1 小時*	*33 分鐘*	*19 小時*	*1 小時*

反式折疊千層塔皮（前一天製作）

片狀奶油·····································168 公克
T55 麵粉（1）·······························75 公克
T55 麵粉（2）·····························175 公克
鹽···6.5 公克
水···70 公克
奶油···56 公克
白醋··2 公克

香草布丁內餡

全脂牛奶·····································940 公克
鮮奶油（含脂量 35%）·················200 公克
大溪地香草莢·······························3 根
砂糖··300 公克
玉米粉··100 公克
蛋黃··200 公克

香草鏡面果膠

水···25 公克
鏡面果膠·····································250 公克
大溪地香草莢·······························1/2 根

反式折疊千層塔皮（前一天製作）

1. 用片狀奶油與麵粉（1）製作折疊用奶油。

2. 將剩下的材料揉合成團（千層基礎調和麵團）。

3. 冷藏靜置 1 小時。

4. 以折疊用奶油包覆千層基礎調和麵團，進行一次雙折。靜置 1 小時後單折一次。再次讓麵團休息 1 小時，再雙折一次。同樣的步驟再重覆一輪之後，將麵團擀成 2.5 公釐厚。放入冰箱靜置一晚。

5. 放入烤箱以 165℃ 烤 15 分鐘。用切模切割成圓形，直到組裝前備用。

香草布丁內餡

6. 加熱牛奶、鮮奶油、與刮下的香草籽與香草莢，浸泡 1 小時萃取香氣後過濾。再次秤重，加入牛奶直到回到原先重量。

7. 混合糖、玉米粉與蛋黃。

8. 加熱萃取出香氣的牛奶，倒入一部到混合好的步驟 7。攪拌均勻後再全部倒回鍋內，持續攪拌加熱約 1 分 30 秒。倒進已放入預烤千層塔皮的不鏽鋼圈模內。

香草鏡面果膠

9. 將水、鏡面果膠、香草一起煮滾。保存備用。

烘烤與完成

10. 將布丁塔放入烤箱，以 190℃ 烤 18 分鐘。在脫模前放入冰箱冷卻至少 3 小時。

11. 在布丁塔表面刷上香草鏡面果膠。

TIGROFLAN

虎紋法式布丁塔

為何如此簡單？

· 只需準備現成塔皮、花個幾分鐘完成奶餡，而且絕不會失敗。

· 能讓小朋友體驗製作虎紋內餡的樂趣，並為之瘋狂！

份量	準備時間	烘烤時間	靜置時間
6 人份	30 分鐘	45 分鐘	3 小時

全脂牛奶	1 公升
香草莢	1 根
蛋	5 顆
玉米粉	90 公克
砂糖	60 公克
二砂	90 公克
可可粉	2 湯匙
油酥塔皮	1 個

1. 加熱牛奶與刮下的香草籽。將蛋、玉米粉與糖混合均勻。

2. 待牛奶煮滾，倒入一部分至蛋糊中。用打蛋器拌勻，接著全部倒回鍋中煮至濃稠，直到奶餡成形且均勻後離火。將奶餡分成兩半，其中一半加入可可粉。

3. 將油酥塔皮入模至有高度的塔圈，在中心先加入一湯匙的巧克力奶餡，再倒入一湯匙的香草奶餡。重覆以上動作直到奶餡用完。

4. 放入烤箱以 180℃烤 45 分鐘。

5. 出爐後，立刻用刀子劃過塔皮與塔圈接縫處，但暫時不要脫模。至少靜置 3 小時後再脫模品嚐。

實用美味建議

· 假如無法均勻倒入奶餡，可在工作檯上輕輕敲打模圈使之分布均勻。

· 留意烘烤時的情況，不同的烤箱（或天氣）將有所差異。記得奶餡與塔皮都要烤到全熟。

· 為了確保能夠製造出虎紋效果，此配方的麵糊組成比例比一般的法式布丁塔更為濃稠。

LA FORÊT-NOIRE
黑森林

黑森林蛋糕彷彿有種魔法，保證能夠召喚出美味。它邀請我們在神奇的林間漫步，巧克力與打發鮮奶油猶如樹葉，而櫻桃與海綿蛋糕則是樹根。讓我們一起迷失在這片忘憂森林之中吧！

歷史

偉大的黑森林蛋糕起源自德國。大約在 1915 年正值世界大戰開打之際，一位年輕的甜點師約瑟夫・凱勒（Josef Keller）將當時流行的甜點（將泡過櫻桃酒的櫻桃以打發的鮮奶油裝飾）加以改良，結合了沙布列塔皮或者海綿蛋糕，抑或是添加堅果和可可。我們可以發現當中包含了日後所有黑森林蛋糕的經典元素——櫻桃、香緹、櫻桃酒與巧克力屑裝飾。幸運的是，這位年輕甜點師免於受到戰爭牽連，在戰後開設了自己的甜點店並開創獨門配方。這種蛋糕先是征服了德國，在二戰之後甚至征服了全世界。雖然我們仍不清楚當初為何會如此命名，但這顯然與為蛋糕帶來香氣的櫻桃酒本身產自於黑森林有關。不過也有另一種說法認為該名稱源自黑森林當地的傳統服飾，它的配色（黑色、紅色、白色）確實會讓人聯想到這種美味的蛋糕。

組成

經典的黑森林蛋糕是由可可海綿蛋糕、家喻戶曉的打發鮮奶油（有時不加櫻桃酒，但是加入櫻桃酒更能增添美好風味）、櫻桃、巧克力屑，以及經常被忘記放在蛋糕底部的油酥塔皮所組成。這十分可惜，因為塔皮的存在能夠為整體相對偏軟的質地添增口感，讓美味度更上層樓。

今日

黑森林蛋糕一直是像甜點師這種饕客最喜愛的甜食之一。巴洛克式的外型、集結了各種誘人的美味、以及獨特的味道組成，使得它在各大甜點店的美麗櫥窗裡佔有一席之地。然而它也受其盛名所累，不管什麼蛋糕，只要有巧克力與許多櫻桃，就會冠上黑森林蛋糕之名，儘管並不是每個蛋糕都有資格被這麼稱呼。味道與口感的平衡是它成功的關鍵之一，因此黑森林蛋糕的現代化主要呈現在外觀造型上，而非口味上的突破。

MICHAËL BARTOCETTI
米凱爾・巴托伽提

Le Shangri-La, Paris

隨著時間推移，這位謙遜又優雅的年輕人已在法國最高甜點殿堂裡佔有舉足輕重的地位。出生於法國東部，他的甜點職涯從餐廳開始，最早在「Guy Savoy」，接著在酒店 Plaza Athénée 的三星餐廳跟隨艾倫・杜卡斯（Alain Ducasse）一起工作。他充滿好奇心且心思細膩，能掌握杜卡斯廚藝中最可貴的核心價值，在甜點藝術與天然食材之間取得絕妙平衡。其後，巴托伽提來到香格里拉飯店領導甜點部門，展現了全方位的天分；他在每個領域都表現傑出，創造出優質的盤式甜點、頂級下午茶、手藝傑出的巧克力、以及令人驚豔的慕斯蛋糕系列，甚至還設計了給嚴格素食者的維也納麵包等等。他既嚴謹又富有創造力，不斷開創新的路線與不同的作法，催生出一個又一個具有突破性的甜點。

關於黑森林蛋糕的幾個問題

您喜歡黑森林蛋糕嗎？

非常，非常，非常喜歡！當《瘋甜點》團隊向我邀約參與這本書的黑森林蛋糕系列時，我真的相當開心。

———

關於黑森林蛋糕最初的印象是什麼？

這是我學徒時代最早獨立完成的蛋糕之一。我非常喜歡黑森林蛋糕，假如是切成一片片販賣的話，我都會留下一小塊給自己在空檔時品嚐（笑）。當時這款非常經典的黑森林蛋糕，成為我之後參考的指標。

———

您喜歡黑森林蛋糕的哪個部分？

這是我生長地區的味道，我也喜歡黑森林蛋糕的單純香味。即使蛋糕本身層次豐富，充滿巴洛克風格，但味道依然單純——巧克力屑、打發鮮奶油、酒釀櫻桃。我不喜歡偏離這個原則，因為對我來說，這就是黑森林蛋糕的魔力所在。

———

您喜歡哪一款黑森林蛋糕？

富含水果風味的版本！這看似有點愚蠢，因為黑森林常常被拿來和冬天聯想在一起，但是我喜歡充分展現新鮮櫻桃的美好。

LA FORÊT-NOIRE

LA FORÊT-NOIRE
步驟詳解

FORÊT-NOIRE

黑森林

BY MICHAËL BARTOCETTI

Le Shangri-La, Paris

份量	準備時間	烘烤時間	靜置時間	冷凍時間
6 人份	2 小時	40 分鐘	24 小時	30 分鐘

香草櫻桃酒香緹（前一天製作）
鮮奶油·····························250 公克
絞碎的香草莢······················1 公克
二砂·································25 公克
泡軟吉利丁片·······················2.5 片
馬斯卡彭乳酪·······················125 公克
櫻桃酒·······························27 公克

酒漬酸櫻桃
新鮮酸櫻桃··························350 公克
櫻桃酒·······························300 公克
二砂·································150 公克
酸櫻桃汁····························100 公克

櫻桃果糊
酸櫻桃果泥··························200 公克
櫻桃果泥·····························200 公克
香草莢·································10 公克
酒漬酸櫻桃··························240 公克
新鮮 Burlat 甜櫻桃················100 公克
二砂···································80 公克
NH 果膠······························10 公克
馬鈴薯澱粉·····························7 公克
櫻桃酒·································60 公克
泡軟吉利丁片·····························3 片

無麩質巧克力蛋糕體
蛋白·································157 公克

二砂·································157 公克
蛋黃·································105 公克
可可粉·······························105 公克
帶皮杏仁粉····························42 公克

巧克力碎屑
特濃黑巧克力（extra-bitter）250 公克

巧克力噴砂（會有剩）
特濃黑巧克力（extra-bitter）600 公克
可可脂·······························400 公克

完成‧裝飾
可可粉·······························適量
酒漬酸櫻桃··························適量

香草櫻桃酒香緹（前一天製作）

1

將 1/3 的鮮奶油加熱與香草莢一起浸泡。趁熱加入糖溶解，接著加入泡水瀝乾的吉利丁。

2

將步驟 1 過濾並倒入放有剩下的鮮奶油、馬斯卡彭乳酪的調理盆內，再加入櫻桃酒。

均質混合後過濾。

放入 4°C冷藏，靜置 24 小時後用攪拌機打發。

酒漬酸櫻桃

酸櫻桃去籽，與櫻桃酒、糖、酸櫻桃汁一起放進真空袋裡。在蒸汽烤箱中以 85°C烘烤 30 分鐘殺菌。

櫻桃果糊

鍋中加入酸櫻桃果泥、櫻桃果泥、香草莢與事先做好瀝乾的酒漬酸櫻桃，以及切成約 1 公分大小的新鮮櫻桃一起加熱。

混合糖與 NH 果膠，待步驟 6 的果泥加熱到 50°C時倒入混勻。

煮滾，加入先以櫻桃酒稀釋調和的馬鈴薯澱粉，最後加入吉利丁。

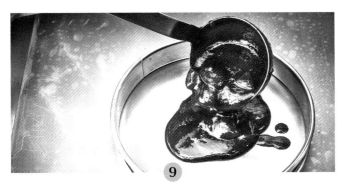

取出並倒入直徑 14 公分的塔圈裡，高度至少 2 公分。

放入冷凍約 30 分鐘（須凝固到能夠操作，但不一定要結凍）。

無麩質巧克力蛋糕體

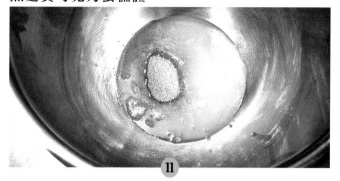

11

12

在攪拌機裡將蛋白與糖打發（糖分兩次倒入，第一次先放 1/3，避免蛋白產生小顆粒）。

蛋白打發後，加入蛋黃以橡皮刮刀混合。

13

14

一邊用橡皮刮刀輕拌，一邊加入過篩後的可可粉與杏仁粉。

小心地將麵糊倒入直徑 14 公分的模圈裡。烤好的蛋糕體要有 2 公分高，但注意麵糊會在烤製過程中膨脹。放入烤箱以 170℃ 烤約 10 分鐘。

巧克力碎屑

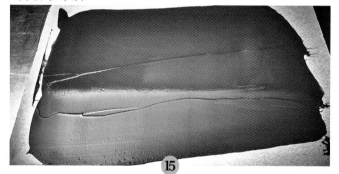

15

16

在平坦的烤盤或工作檯上對巧克力進行調溫。

巧克力變硬後，用圓形鋸齒切模切出不同大小的碎屑。待其結晶定形並保存備用。

組裝與完成

17

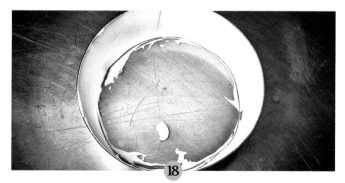

18

將香緹微微打發，只要稍微成形即可；冷卻之後吉利丁會發揮支撐效果。

在直徑 16 公分、高 4.5 公分的蛋糕模內側貼上塑膠圍邊，方便之後脫模。用抹刀在邊緣抹上香緹。

將巧克力蛋糕體放在模圈中間作為基底。

接著放上櫻桃果糊夾心。

上頭再以香緹覆蓋填滿。

放入冷凍，方便之後脫模。結凍後依序取下蛋糕模圈與塑膠圍邊。

將香緹裝進擠花袋，以 12 號圓形擠花嘴從中心向外擠花，蛋糕邊緣保留 1 公分。記得中間擠高一點，整體呈現半球形。

接著擺上巧克力碎屑，並撒上巧克力粉填滿空隙。

融化巧克力與可可脂，混合過濾後以噴槍對蛋糕進行噴砂。再次撒上可可粉，裝飾幾顆酒漬酸櫻桃。

主廚建議

- 櫻桃與酸櫻桃果泥可以在烘焙材料行找到。若是當季的話，也可以用新鮮櫻桃自製果泥。

- 無麩質的蛋糕體質地相當鬆軟。實際上這個蛋糕唯一具有酥脆口感的，就是巧克力碎屑。

- 巧克力碎屑最好從外圈開始往內擺放。

- 如果要自製香草粉，可以將刮除乾淨的香草莢收集起來，冷凍後均質打碎。

重點材料

麵粉
——

這是最常用的甜點材料之一，平凡到我們常常不假思索地購買，但其實沒有比麵粉更重要的材料了！要做出正確的選擇，請先參考麵粉的「種類」（Type），也就是包裝上標示在「T」後面的數字。法國最常見的麵粉號數從 45 到 150 都有，數字越小，代表麵粉越白也愈精製；數字越大，就表示愈接近全麥。請留意：

- 如果是做布里歐許與維也納麵包，使用 T45 麵粉可以為麵團帶來適度的彈性；
- 一般家常的甜點，通常適用 T55 ～ T65 麵粉。
- 號數高的麵粉通常用於製作麵包，但偶爾也會使用在蛋糕上——使用前一定要先確認配方是否合適（這些麵粉不能用來替代一般的麵粉）。

如果可以的話，永遠購買有機麵粉，以及優先選擇地方麵粉廠生產的產品。

香緹
——

神奇的香緹！令人神魂顛倒！它是上天賜予的細膩香甜，為我們的美食體驗增添新的感受。但香緹並不容易馴服，想要成功的話，有幾個關鍵：

- 絕對不要選擇低脂鮮奶油（這無論如何都不會好吃。如果你打算製作黑森林蛋糕或聖多諾黑，就別來跟我們堅持你的瘦身計畫！）
- 使用糖粉會比較容易溶解，並與鮮奶油結合得更好。
- 一定要在鮮奶油非常冰涼、幾乎是結冰的狀態下操作。假如鮮奶油太溫，是完全不可能打發的。

用虹吸氣壓瓶製作香緹儘管不會失敗，卻相當不穩定，必須馬上使用，而且也不適合用來裝飾。

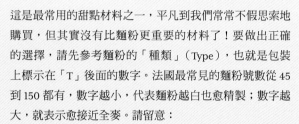

櫻桃
——

新鮮櫻桃產季很短，但值得慶幸的是就算季節不對，我們也不難找到糖漬的櫻桃罐頭或冷凍櫻桃。反過來說如果正值當季，就別去購買來自地球另一端的昂貴進口貨。至於酒漬櫻桃，如今即便你身邊沒有長輩會用大瓶罐把自家花園裡的櫻桃拿來醃漬，只要去超市就能輕鬆購得。

實用器具

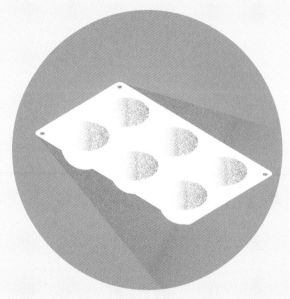

星形擠花嘴

如果說要靠手勢來分辨專業甜點師與業餘愛好者的話，從玫瑰擠花能否能保持球形且平均就能一目了然。要達成這般境界，市面上有好幾種可用的擠花嘴任君挑選，取決於你想達到什麼樣的效果。「星形」擠花嘴是最受業餘蛋糕設計者喜愛的一款（它最輝煌的時代莫過於杯子蛋糕盛行時期），但無論如何，這種擠花嘴也非常適合用於黑森林蛋糕上美麗的擠花。再來沒有任何秘訣，多多練習就對了！找個大小適合的擠花袋，放入擠花嘴、填裝奶餡，然後在烤盤上不停擠花，找到適合自己的節奏。

矽膠模具

這是絕對不容錯過的──甜點師們不曾停止使用矽膠模具來為甜點製作各種內嵌夾層，或者讓外型更美（例如羅宏‧杜樹尼收錄在本章的磨菇造型黑森林蛋糕上的蕈傘部分）。為了實現千變萬化的甜點外貌同時方便脫模，矽膠模具必不可少。在購買之前，記得確認模具是否經得起高溫或冷凍（某些牌子的商品比其他更適用於極端溫度）。不要選擇太低階的產品（材質可能會太薄或是無法保證做出好的效果），但也不用太破費，市面上還是能找到不少物美價廉的模具。不妨參考大多數甜點師選擇的大廠牌吧！

成功的小秘訣

- 想要做出正統的黑森林蛋糕，請選擇頂級的食材：高可可含量的巧克力、成熟的水果、高品質的櫻桃酒（請不要使用小型超市架上來路不明的小瓶裝櫻桃酒！）

- 注意櫻桃滲出的水氣可能會讓你功虧一簣。一定要記得好好瀝乾。

- 裝飾擠花應該等到最後再進行（櫻桃酒香緹無法持久保形）。建議部分材料可以事先準備好，例如果糊，才不會手忙腳亂。

- 注意：巧克力碎屑裝飾需要耐心，最後這個階段要預留多一點時間。

- 假如沒有噴槍，可以在專業烘焙材料行購買現成的罐裝可可脂噴霧來做裝飾。

翻轉黑森林蛋糕

- 不要試圖取代巧克力、打發鮮奶油或櫻桃，它們是黑森林蛋糕的 DNA。嘗試看看不同的造型吧。

- 以保留黑森林蛋糕的基本元素為前提，盡情地發揮創意而不受甜點款式的侷限——冰淇淋蛋糕、起司蛋糕、塔類、杯子蛋糕或蛋糕捲都很樂意加入這場遊戲。

- 黑森林屬於很容易就可以變身成盤式甜點的蛋糕。在盤面撒上一些巧克力酥菠蘿，幾片巧克力碎屑、美味的酒漬櫻桃、打發鮮奶油，就完成了一個重新解構的黑森林蛋糕！

創意變化食譜

黑傑克

by 尼可拉・貝爾拿帖
NICOLAS BERNARDÉ
La Garenne-Colombes

———

糖漬櫻桃花

by 尼可拉・哈勒維
NICOLAS HAELEWYN
Karamel, Paris

———

黑森林劈柴蛋糕

by 羅宏・杜榭尼
LAURENT DUCHÊNE
Paris

———

快速簡易食譜
黑森林

NICOLAS BERNARDÉ
La Garenne-Colombes

BLACK JACK
黑傑克

份量	準備時間	烘烤時間	冷凍時間	冷藏時間
2 個	1 小時	40 分鐘	3 小時 30 分鐘	10 小時

維加斯酸櫻桃巧克力蛋糕體

蛋	100 公克
蛋黃	200 公克
砂糖（1）	50 公克
轉化糖漿（或刺槐蜂蜜）	50 公克
T55 麵粉	100 公克
可可粉	50 公克
加勒比（Caraïbe）可可膏	50 公克
澄清奶油	50 公克
蛋白	250 公克
塔塔粉（或白醋）	4 公克
鹽	4 公克
砂糖（2）	125 公克
酸櫻桃	150 公克

酸櫻桃覆盆子庫利*（前一天製作）

酸櫻桃果肉	335 公克
覆盆子果肉	70 公克
砂糖	75 公克
海藻酸	5 公克
黃原膠	2 公克

聖多明哥巧克力披覆（Enrobage）

70% 聖多明哥黑巧克力	500 公克
可可脂	300 公克
葡萄籽油	100 公克

聖多明哥巧克力甘納許

全脂牛奶	330 公克
轉化糖漿（或刺槐蜂蜜）	45 公克
蛋黃	120 公克
70% 聖多明哥黑巧克力	265 公克
鮮奶油（含脂量 35%）	285 公克

完成・裝飾

巧克力碎粒	200 公克
70% 聖多明哥黑巧克力緞帶裝飾	適量

維加斯酸櫻桃巧克力蛋糕體

1. 在攪拌缸裡放入蛋、蛋黃、砂糖（1）以及轉化糖漿。打發直到麵糊拉起滴落時呈現緞帶狀。加入過篩麵粉與可可粉混合均勻。
2. 將可可膏與澄清奶油融化至 50℃左右，再加進步驟 1 的麵糊裡。
3. 打發蛋白與塔塔粉、鹽，逐次加入砂糖（2），直到蛋白拉起時呈現鳥嘴般的彎勾狀。
4. 用橡皮刮刀將一半的打發蛋白拌入先前的麵糊裡，再把麵糊倒進剩下的打發蛋白中。用橡皮刮刀小心攪拌以免消泡。加入酸櫻桃輕輕攪拌，接著倒進事先塗抹奶油與麵粉的模具（5.5x20x7.5 公分）。放入烤箱以 160℃烤 10 分鐘，再降溫以 145℃烤 30 分鐘。出爐後脫模並在涼架上冷卻。

酸櫻桃覆盆子庫利（前一天製作）

5. 在鍋內加熱酸櫻桃與覆盆子果肉。
6. 混合糖、海藻酸與黃原膠。
7. 將步驟 6 倒入鍋內，不斷用打蛋器攪拌，持續加熱到 103℃。將煮好的庫利倒入直徑 3 公分的半圓矽膠模內冷凍保存，最好靜置一晚。

聖多明哥產地巧克力披覆

8. 融化並混合巧克力、可可脂以及葡萄籽油，降溫至 35℃備用。

聖多明哥產巧克力甘納許

9. 在鍋內加熱牛奶、轉化糖漿與蛋黃，一邊以打蛋器攪拌煮至 82℃，再倒進切碎的巧克力當中。加入冷的鮮奶油均質混合，放入容器以保鮮膜貼緊表面後冷藏。使用前至少冷藏 10 小時。

組裝與完成

10. 將蛋糕體浸入巧克力披覆。等待幾分鐘後取出，在巧克力碎粒上滾動，沾滿表面。
11. 在蛋糕上將巧克力甘納許塑形成美麗的紡錘狀，塞進巧克力緞帶裝飾中間。最後擺上半圓形的酸櫻桃覆盆子庫利。

＊譯注：庫利（coulis）是以水果製成的稀醬汁。盤式甜點當中也常使用庫利來作為擺盤裝飾。以紅色莓果系如覆盆子庫利最為常見，除了顏色鮮艷之外，也可以增添一點酸味平衡甜度。

NICOLAS HAELEWYN
Karamel, Paris

LA FLEUR D'AMARENA

糖漬櫻桃花

份量	製作時間	烘烤時間	靜置時間
10 個	*2 小時 30 分鐘*	*22 分鐘*	*12 小時*

布朗尼打發蛋糕體

奶油	125 公克
66% 黑巧克力	100 公克
砂糖	75 公克
蛋黃	40 公克
蛋白	60 公克
麵粉	70 公克
66% 黑巧克力碎	25 公克

酸櫻桃焦糖夾心

酸櫻桃果泥	100 公克
砂糖	40 公克
葡萄糖漿	40 公克
鮮奶油（1）	40 公克
奶油	30 公克
鮮奶油（2）	20 公克
糖漬櫻桃	適量

杏仁櫻桃輕奶餡

鮮奶油	350 公克
馬斯卡彭乳酪	100 公克
糖粉	20 公克
杏仁櫻桃精油	5 滴

完成 · 裝飾

糖漬櫻桃	適量
巧克力	適量
食用銅粉	適量
紅色水果或櫻桃焦糖方塊	適量

*譯注：巴黎湯匙／挖水果球專用匙（cuillère parisienne）為兩頭呈現半圓球形的小湯匙，法文當中又稱為蘋果匙（cuillère à pomme）或哈蜜瓜匙（cuillère à melon）。主要功用在於將水果挖成小球狀作為甜點裝飾使用。

布朗尼打發蛋糕體

1. 在鍋內融化奶油，然後倒入 66% 黑巧克力中，將巧克力融化，用打蛋器攪拌均勻。
2. 攪拌機裝上球狀頭，將糖與蛋黃打發至拉起呈現緞帶狀。將蛋白打至同樣狀態，注意不要有結塊。
3. 小心地以打蛋器攪拌混合打發蛋黃與步驟 1。加入過篩麵粉用橡皮刮刀輕拌，最後加入打發蛋白與黑巧克力碎。
4. 將混合好的麵糊倒入內圈抹好油的慕斯圈模中，放入預熱至 160℃ 的烤箱烤 22 分鐘。
5. 出爐後，用巴黎湯匙*挖空蛋糕體的中心。置於常溫備用。

酸櫻桃焦糖夾心

6. 在鍋內加入酸櫻桃果泥、糖、葡萄糖漿與鮮奶油（1）一起加熱到 103℃，然後小心地倒入奶油。靜置冷卻至常溫後，加入鮮奶油（2）。
7. 在直徑 3 公分的半圓矽膠模裡倒入焦糖直到約一半高度，接著加入兩顆糖漬櫻桃，放入冷凍。剩下的焦糖保存備用。

杏仁櫻桃輕奶餡

8. 攪拌器裝上球狀頭，打發所有材料製成香緹備用。

組裝

9. 在布朗尼蛋糕體挖空的中心先放入幾顆糖漬櫻桃。以步驟 7 剩下的酸櫻桃焦糖填滿，中間再擺上冷凍的酸櫻桃焦糖夾心塊。
10. 上方以杏仁櫻桃輕奶餡擠上不同大小的圓頂擠花，直到覆蓋整個蛋糕體與酸櫻桃焦糖夾心。

完成

11. 將調溫好的巧克力放進拋棄式擠花袋內，不須裝上擠花嘴。
12. 在調溫巧克力專用塑膠膜上擠出數個巧克力球（5 公克左右），然後用玻璃（必須很平坦）壓在上面，利用玻璃的重量使巧克力攤平。垂直地拿起玻璃，巧克力會因此呈現類似葉脈的紋路。冷卻凝固後從塑膠膜上取下，用毛刷在巧克力脈狀部分刷上裝飾用銅粉（但不要刷過多）。
13. 將完成的巧克力葉放在蛋糕上，再擺上幾顆紅色水果或櫻桃焦糖迷你方塊作為裝飾。

LAURENT DUCHÊNE
Paris

—

BÛCHE FORÊT-NOIRE
黑森林劈柴蛋糕

份量	準備時間	烘烤時間	靜置時間	浸泡時間	冷凍時間
4 人份 x 6 個	2 小時 30 分鐘	12 分鐘	12 小時	15 分鐘	1 小時

馬達加斯加香草香緹（前一天製作）
鮮奶油（1）……125 公克
香草莢……………1/2 根
白巧克力……125 公克
鮮奶油（2）……215 公克
馬斯卡彭乳酪…62 公克

鬆軟巧克力蛋糕體
軟化奶油……200 公克
糖粉……………140 公克
蛋黃……………400 公克
65% 巧克力…100 公克
麵粉……………60 公克
可可粉…………20 公克
蛋白……………320 公克
砂糖……………120 公克

糖漬酸櫻桃
酸櫻桃…………250 公克
酸櫻桃果泥…250 公克
砂糖……………40 公克
NH 果膠（鏡面用）……
…………………3 公克

巧克力輕盈奶餡
牛奶……………450 公克
蛋黃……………198 公克
砂糖……………180 公克
坦尚尼亞巧克力…………
…………………190 公克

坦尚尼亞巧克力慕斯
鮮奶油……………58 公克
蛋黃………………45 公克

砂糖……………30 公克
坦尚尼亞巧克力…………
…………………139 公克
牛奶……………30 公克
打發鮮奶油…231 公克

桃木色鏡面
水………………135 公克
砂糖……………270 公克
DE60 葡萄糖 270 公克
含糖煉乳………180 公克
頂級牛奶巧克力…………
…………………135 公克
瓜瓦基爾巧克力…………
…………………135 公克
泡水瀝乾吉利丁…9 片
紅色色粉………3 公克
紅寶石亮粉………3 公克

海綿蛋糕
杏仁粉…………90 公克
麵粉……………30 公克
蛋白……………160 公克
蛋黃……………100 公克
砂糖……………100 公克
水溶性綠色色粉…………
…………………0.05 公克
葵花油…………12 公克

完成・裝飾
調溫巧克力…………適量
白色與黑色可可脂……
…………………適量
裝飾用櫻桃…………適量

馬達加斯加香草香緹（前一天製作）
1. 將香草莢和鮮奶油（1）煮滾，密封靜置 15 分鐘萃取香味。取出香草莢後倒入白巧克力中均質混合，加入鮮奶油（2）、馬斯卡彭乳酪，再次均質。
2. 冷藏保存靜置一晚直到使用前。

鬆軟巧克力蛋糕體
3. 將軟化奶油、糖粉以攪拌機打發，逐次加入蛋黃，一邊混合調溫至 25℃（麵糊會膨脹）。加入融化至 35℃的巧克力。
4. 麵粉與可可粉一起過篩後，加入步驟 3 混合。
5. 接著輕輕加入打發好的蛋白與糖。
6. 將麵糊倒在烤盤上，放入旋風烤箱以 180℃烤 12 分鐘。
7. 一個烤盤的量可以製作六個劈柴蛋糕。將蛋糕裁切成 10.5x23.5 公分的長方形，並在每個長方形蛋糕體上挖出四個直徑 4 公分的圓。

糖漬酸櫻桃
8. 加熱酸櫻桃與酸櫻桃果泥到 50℃。加入糖與 NH 果膠混合後煮滾 1 分鐘，放入冷藏冷卻。

巧克力輕盈奶餡
9. 加熱牛奶。將蛋黃與糖打至泛白，先倒入一點牛奶混勻，然後一起倒回鍋內與剩下的牛奶混合，加熱至 83℃。
10. 融化巧克力至 40℃。倒入鮮奶油使其乳化並均質混合，冷藏保存備用。

坦尚尼亞巧克力慕斯
11. 在鍋內加熱鮮奶油。將蛋黃與糖打至泛白後與鮮奶油一起加熱至 83℃，製成英式蛋奶醬。

12. 以 40℃融化巧克力，將蛋奶醬倒入巧克力中進行乳化，一邊均質一邊倒入溫牛奶以穩定乳化效果。待溫度降至 36℃，加入打發鮮奶油。
13. 將慕斯倒進高 5 公分的 Flexipan® 半圓矽膠模具，冷凍至少 1 小時後脫模。

桃木色鏡面
14. 將水、糖、葡萄糖一起煮滾至 103℃。均質混合直到降溫至 35℃時使用。加入煉乳後，倒入巧克力中。
15. 加入泡水瀝乾吉利丁以及色素，均質後對巧克力慕斯進行淋面，即完成菫傘。

海綿蛋糕
16. 混合杏仁粉與麵粉。將蛋黃、蛋白、糖打至泛白後，加入綠色色粉。全部混合後，逐量加入葵花油。
17. 將麵糊倒進杯狀矽膠模至約 3/4 的高度，用微波爐以最小火力加熱 2-3 分鐘。蛋糕體會呈現慕斯般的質地。

組裝與完成
18. 巧克力調溫後倒進復活節蛋的模具裡，形成高約 7 公分的空心巧克力蛋，作為菫菇的基腳。待其結晶凝固後脫模。
19. 用熱刀子將巧克力的頂部與底部平切，使其能夠站立。在內部擠入約 3 公分高的巧克力輕盈奶餡，填入約 1 公分高的糖漬酸櫻桃，最後填滿香草香緹。
20. 用噴槍對蛋形菫菇基腳外圍進行噴砂，先噴上白色可可脂，再噴黑色可可脂，營造出「土壤」的感覺。將基腳放在步驟 7 挖好洞的巧克力蛋糕體上，再擺上作為菫傘的冷凍巧克力慕斯。
21. 最後以海綿蛋糕與櫻桃裝飾。

LA FORÊT-NOIRE

LA FORÊT-NOIRE

快速簡易
食譜

BLACK FOREST
黑森林

為何如此簡單？

· 超簡單的巧克力蛋糕，甚至不用把蛋打發。

· 蛋糕完全可以前一天先準備好，如此一來當日製作起來會更快速。

· 假如懶得準備巧克力裝飾，可以撒上一點可可碎代替。

份量	準備時間	烘烤時間
6 人份	30 分鐘	40-60 分鐘

奶油 ....150 公克
黑巧克力 ....300 公克
蛋 ....5 顆
麵粉 ....30 公克
砂糖 ....150 公克
鹽 ....1 小撮
黑巧克力（裝飾用）.................................適量
酒漬酸櫻桃或白蘭地漬櫻桃 ....1 罐
罐裝現成香緹 ....1 罐

1. 融化奶油與黑巧克力。將蛋打散，加入麵粉、糖與鹽，接著加入融化的巧克力奶油混勻。將麵糊倒入模具內，放進烤箱以 190℃ 烘烤約 40 分鐘到 1 小時。若蛋糕中心還有點軟，請延長烘烤時間。

2. 融化用於裝飾的巧克力。用湯匙輔助將巧克力倒在烘焙紙上，再切出一些幾何的形狀，待其結晶凝固。

3. 蛋糕體放涼後，用圓形切模切成圓片。每個圓片橫切成兩半，各自放上酸櫻桃並擠上香緹後重組。最後以黑巧克力片進行裝飾。

實用美味建議

· 依據個人喜好，可先用櫻桃酒沾濕蛋糕體，再擠上香緹。

· 如果身邊剛好有小朋友的話，可以讓他試著玩玩看不同的巧克力造型。

· 假如想要製作無酒精的版本，可以使用糖漬櫻桃代替酒漬櫻桃。

LE FRAISIER
法式草莓蛋糕

草莓蛋糕象徵著好天氣的回歸，略上脂粉的優雅姿態像是在炫耀一般，如此招蜂引蝶。而它的任務當然是向莓果之后、花園中的女帝，我們的女王陛下——草莓致敬。柔軟的海綿蛋糕、滑順的穆斯林奶餡，以及些許的櫻桃酒與杏仁膏，都在在襯托出草莓的豔麗色澤，與細膩的水果風味。

LE FRAISIER

歷史

法式草莓蛋糕的起源依然不明，今天人們所認識的草莓蛋糕似乎是由好幾種草莓慕斯蛋糕演變而成的。皮耶‧拉岡同樣曾經在《甜點的歷史與地理備忘錄》（1900 年）中提到：「『森林草莓蛋糕』有著刷上櫻桃酒的濕潤海綿蛋糕體，中間填滿野草莓並覆蓋上打發鮮奶油，以粉紅玫瑰翻糖、野草莓、開心果裝飾。」這種形容已經相當接近我們所知的經典草莓蛋糕。不久以後，到了 1960 年代，偉大的賈斯東‧雷諾特（Gaston Lenôtre）創作出知名的慕斯蛋糕「巴格蒂爾（Bagatelle）」，從此成為當代法式草莓蛋糕的指標。

組成

由兩層刷上櫻桃酒的濕潤海綿蛋糕，加上穆斯林奶餡與切片草莓，組成了法式草莓蛋糕應有的樣貌。此外，最後的裝飾步驟也相當重要。取代過去的翻糖或淋面，雷諾特先生確立了使用一層薄薄的杏仁膏的裝飾手法，恰到好處的苦甜味與柔軟的口感更加提升了草莓蛋糕的美味。就裝飾而言，則經常使用淡粉色系、粉色花卉、杏仁膏或者糖絲妝點，增添春天的甜美氣息。

今日

相較於過去一整年都能在櫥窗看到，現在反而只有在美好的季節才能瞥見草莓蛋糕的身影，這是件好事。如今它的版本百變，除了使用野草莓或開心果（通常作為奶餡）點綴、披上顛覆以往形象的亮紅色外表，或者在鏤空的白巧克力罩中若隱若現；有時又會以草莓果醬增添風味，或是用更輕盈的打發鮮奶油取代穆斯林奶餡。甜點師們顯然成功創造出屬於這個時代的草莓蛋糕，而每當四月來臨時，沒有什麼比美麗的草莓蛋糕更為迷人。

揚‧庫佛年輕時，在頂級飯店與知名餐廳的廚房開啟他的職涯，包括「Trianon Palace」、「Carré des Feuillants」、「Burgundy」及凡登廣場的「Park Hyatt Paris-Vendôme」；但特別是在「Hôtel Princede Galles」的星級餐廳與史蒂芬妮‧勒克列克（Stéphanie Le Quellec）合作的那幾年，庫佛才引起了大眾的注意。極具現代感、優雅大方且令人垂涎的作品體現了他的創作精神，例如捆柴般的劈柴蛋糕或是招牌的千層塔都十分出色，具有卓越的個人風格。然而他並未沈浸於榮耀，而是利用名氣增長時累積起來的資本，轉而在巴黎中心開設自己的店舖。庫佛儼然是個開拓者，選擇在相對平民但人口眾多且充滿活力的區域開店，遠離了他習以為常的富裕街區。店裡除了慕斯蛋糕、維也納麵包之外，他還提供盤式甜點，讓大眾也能品味到頂級飯店裡的甜點藝術。庫佛完美體現了當今作為一個傑出專業人士的現代性，並達到了巔峰。

關於法式草莓蛋糕的幾個問題

您對草莓蛋糕最初的回憶是什麼？

是春之慶典的回憶——婚禮、宴會，往往都有草莓蛋糕。當水果季來臨，我喜歡去思考所有隨之到來的美好時節；而草莓，正是春天的美味皇后。

您的第一個法式草莓蛋糕？

是學徒時期做的經典草莓蛋糕，有櫻桃酒、杏仁膏的那種。但至少裡面沒有綠色，因為我的師父不喜歡色素，這令我印象深刻。我很喜歡這個草莓蛋糕，為我的靈魂增添了許多養分。

怎麼樣才稱得上是好的法式草莓蛋糕？

保有法式草莓蛋糕的特色！當然，要加上開心果或橄欖油很容易，卻會失去它原有的風貌，非常可惜。要做出完美的草莓蛋糕，你只需要香草奶餡、海綿蛋糕與上等的水果；這是種考驗，然而一旦成功就是傑作。我唯一改變的部分就是拿掉了總覺得有點過時的杏仁膏，如此一來才能在視覺上讓草莓更顯突出。

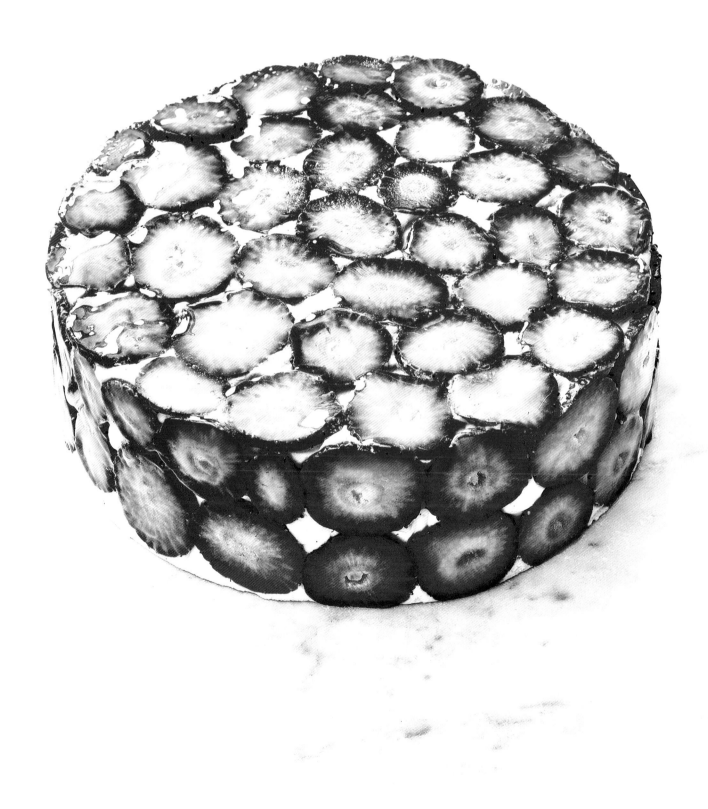

在調理盆裡以打蛋器打散蛋黃與 1/2 顆蛋，接著加入 40 公克的糖與布丁粉。

待牛奶煮滾，倒入步驟 9，以打蛋器混合均勻。

將全部材料回鍋煮 1 分鐘，使其濃稠。趁熱加入 75 公克奶油攪拌均勻，取出後包上保鮮膜，放入冷藏 1 小時。

冷卻後放入攪拌缸，加入剩下的稍微軟化的 75 公克奶油，一起混合乳化。完成後保存備用。

組裝

將 500 公克草莓切成漂亮的圓片。在直徑 14 公分的蛋糕圈模內貼上塑膠圍邊，底部包覆保鮮膜。在圈模底部與邊緣鋪滿草莓圓片。

填入穆斯林奶餡，覆蓋底部與邊緣的草莓，再以 L 形抹刀抹平。

15

將直徑 10 公分的小片海綿蛋糕置於底部，再次填入穆斯林奶餡。

16

將步驟 5 浸漬檸檬汁的草莓瀝乾。

17

放進醃漬好的草莓。

18

再次填入穆斯林奶餡，以 L 形抹刀抹平。

19

蓋上直徑 12 公分的大片海綿蛋糕，輕輕按壓使蛋糕體嵌入。

20

以穆斯林奶餡填滿，並用抹刀抹平。放入冷藏 24 小時。取出脫模前，將蛋糕翻轉過來後取下圈模與保鮮膜。

重點材料

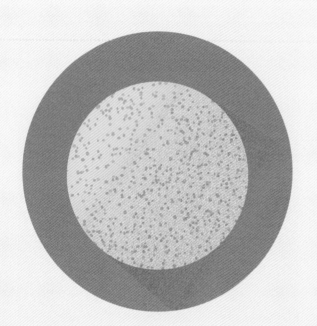

海綿蛋糕

糖漿

海綿蛋糕是甜點界的支柱,而不只是一個平凡的「原味」蛋糕。富含空氣感的海綿蛋糕能夠支撐住整個甜點,同時保有輕盈感。只有以藝術性標準(需要非常非常久的時間打發)及優質材料製作的海綿蛋糕,才會散發出新鮮蛋與奶油的誘人香氣,鬆軟程度也將無可比擬。然而,也許是受到它樸實的外表所誤導,製作時經常粗製濫造,既不用心也沒有耐心,變成「垮垮」的蛋糕體,食之無味。這或許正是為什麼現代的慕斯蛋糕多半使用其他更有味道的蛋糕體(熱內亞蛋糕或喬孔達蛋糕)來取代,只不過口感也相對厚重。雖然在光譜的另一端,還有天使蛋糕、戚風蛋糕等更為輕盈的蛋糕體,但這些並無法取代海綿蛋糕的美味,因此請還給海綿蛋糕應有的高尚地位吧!

這種混合著糖的液體,偶爾加入一點點酒精,是法式甜點當中不可或缺的眾多無名小卒之一。它所扮演的角色在於確保完美的柔軟口感,避免蛋糕過乾、融合不同的質地……當然還有添增風味!因此,舉例來說,偉大的皮耶·艾爾梅(Pierre Hermé)對於構成甜點的糖漿就總是特別用心處理;比起單調地混合水與糖,他會根據不同需要使用果汁與各種浸漬液,藉此賦予清爽感(薄荷)、果香(百香果)或苦味(咖啡)——所以你知道接下來該怎麼做了。至於要不要添加酒精取決於個人口味,如果要加就別吝嗇地使用超市架上的劣質酒;假如酒本身味道不好,加到蛋糕裡也一樣糟!

實用器具

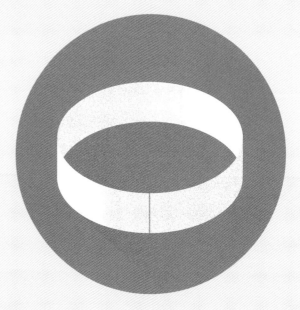

刀具

刀在甜點界的地位並不如在廚藝領域那般重要，坦白說真的比較少使用。就算為了進行水果刀工有必要投資購買比較好的小刀，我們仍不得不承認，甜點師使用橡皮刮刀比使用絞肉機來得多。話雖如此，還是有一些甜點專用刀具值得留意，像是杏仁膏刀，或者更常用的海綿蛋糕專用刀──這是一種結合了抹刀與麵包刀的刀具。大一點且有鋸齒的版本有助於完整切割而不會弄碎蛋糕體，因此可以用來平切海綿蛋糕，也很適合切千層或是烤好的蛋白霜；另一方面平坦的外型則能夠用來抹平備料。

蛋糕圈模

請不要把蛋糕圈模跟塔圈搞混，前者是由平整的不銹鋼圍邊構成封閉但多變的形狀（例如方形或者心型，抑或是法國地圖），平均高度為 5 到 7 公分且沒有底部（不然就是蛋糕模了），以便為甜點做出不同的組成構造。由於無法放入液態的材料，所以通常是將麵團放在烤盤上送進烤箱烤製後，才會用上蛋糕圈模。因此蛋糕圈模亦可作為切模使用，接著再拿來組裝甜點。

無論對業餘或專業的甜點師而言，用途廣泛的蛋糕圈模確實帶來不少好處，成為製作甜點的必備利器（儘管有後來居上的矽膠模作為競爭者）。此外也有能調整尺寸的款式，非常方便。

成功的小秘訣

· 首要原則：等到草莓季。

· 再來，購買品質好、土壤培植的產品，而不是無土栽培那種沒有味道的草莓。優先選擇本地產（謝絕進口草莓！）

· 組裝蛋糕時，如果希望成品工整漂亮的話，建議用擠花袋來擠奶餡，以填滿草莓之間的小小間隙。

· 若組裝時手邊沒有塑膠圍邊，可以使用烘焙紙取代。無論如何千萬不要讓奶餡直接碰到模圈。每個這麼做的人都遇到麻煩。

· 用擀麵棍整形杏仁膏時，記得撒上一點糖粉（就好比入塔模時撒點麵粉在塔皮上），否則很容易沾黏。

翻轉法式草莓蛋糕

· 挑戰用草莓結合別的水果或香料：柚子、薑、小荳蔻……找尋新的刺激吧！

· 如果想取代雖然美味卻有點老派的開心果草莓蛋糕，可以找些新的堅果來為奶餡增添風味：腰果、花生，或最簡單的杏仁，都很適合與草莓搭配。

· 勇敢地使用無懈可擊的日本產草莓。由於比法國產更順口且甜度較低，吸引了不少清爽奶餡的愛好者。

· 迎來產季時，不妨以草莓重新詮釋所有法式經典甜點：巨大馬卡龍、冰淇淋夾心蛋糕、起司蛋糕、蛋糕捲……

創意變化食譜

法式草莓蛋糕

by 塞巴斯蒂昂・德賈丁
SÉBASTIEN DÉGARDIN
Pâtisserie du Panthéon, Paris

———

法式草莓蛋糕

by 安傑羅・慕沙
ANGELO MUSA
Le Plaza Athénée, Paris

———

法式草莓蛋糕

by 于格・普傑
HUGUES POUGET
Hugo & Victor, Paris

———

快速簡易食譜
零壓力草莓蛋糕

SÉBASTIEN DÉGARDIN

Pâtisserie du Panthéon, Paris

FRAISIER

法式草莓蛋糕

份量
4-6 人份

準備時間
2 小時

烘烤時間
6 分鐘

靜置時間
1 小時

輕盈蛋糕體
（一個烤盤的量）
麵粉⋯⋯⋯⋯⋯⋯⋯ 100 公克
蛋白⋯⋯⋯⋯⋯⋯⋯180 公克
砂糖⋯⋯⋯⋯⋯⋯⋯180 公克
蛋黃⋯⋯⋯⋯⋯⋯⋯120 公克

浸潤用草莓糖漿
水⋯⋯⋯⋯⋯⋯⋯⋯⋯ 80 公克
砂糖⋯⋯⋯⋯⋯⋯⋯⋯ 40 公克
草莓果泥⋯⋯⋯⋯⋯ 70 公克

奶油霜
砂糖⋯⋯⋯⋯⋯⋯⋯⋯300 公克
水⋯⋯⋯⋯⋯⋯⋯⋯⋯ 80 公克
全蛋⋯⋯⋯⋯⋯⋯⋯⋯ 90 公克
蛋黃⋯⋯⋯⋯⋯⋯⋯⋯ 40 公克
奶油⋯⋯⋯⋯⋯⋯⋯⋯500 公克

香草卡士達醬
牛奶⋯⋯⋯⋯⋯⋯⋯ 250 公克
香草莢⋯⋯⋯⋯⋯⋯ 1/2 根
蛋黃⋯⋯⋯⋯⋯⋯⋯⋯ 80 公克
砂糖⋯⋯⋯⋯⋯⋯⋯⋯110 公克
麵粉⋯⋯⋯⋯⋯⋯⋯⋯ 55 公克
奶油⋯⋯⋯⋯⋯⋯⋯⋯ 60 公克

櫻桃酒穆斯林奶餡
奶油霜⋯⋯⋯⋯⋯⋯ 800 公克
卡士達醬⋯⋯⋯⋯⋯400 公克
櫻桃酒⋯⋯⋯⋯⋯⋯ 50 公克

組裝
草莓⋯⋯⋯⋯⋯⋯⋯ 500 公克

杏仁開心果膏
杏仁膏⋯⋯⋯⋯⋯⋯ 250 公克
開心果膏⋯⋯⋯⋯⋯ 40 公克

完成・裝飾
新鮮草莓⋯⋯⋯⋯⋯⋯⋯ 適量
草莓法式軟糖⋯⋯⋯⋯⋯ 適量
翻糖菊花⋯⋯⋯⋯⋯⋯⋯ 適量
開心果粉⋯⋯⋯⋯⋯⋯⋯ 適量

輕盈蛋糕體
1. 將麵粉過篩。打發蛋白，加入糖打至硬性發泡。緩緩倒入蛋黃液，均勻撒上麵粉並用橡皮刮刀輕拌。接著在烤盤鋪上烘焙紙，倒入麵糊。放進層爐烤箱以250℃烤 6 分鐘，出爐後移至涼架上。放涼後平切成兩塊。

浸潤用草莓糖漿
2. 混合水與砂糖煮滾，再加入草莓果泥。直到組裝前保存備用。

奶油霜
3. 混合水與砂糖煮成糖漿，加熱至121℃。
4. 同時替攪拌機裝上球狀頭，打發蛋與蛋黃。
5. 將煮好的糖漿倒入蛋液中，以第三檔速打發。
6. 打到微溫後，換成槳狀頭。加入冰涼的奶油以第二檔速打發備用。

香草卡士達醬
7. 牛奶與香草一起煮滾。將蛋黃與糖打到泛白後加入麵粉。將煮滾的香草牛奶倒入混合好的麵糊裡，再全部一起回鍋煮滾直到濃稠。
8. 將煮好的奶餡倒入調理盆，待降溫至 45℃加入奶油。混合均勻後倒在烤盤上，冷藏備用。

櫻桃酒穆斯林奶餡
9. 在攪拌機裡以槳狀頭打發奶油霜與櫻桃酒，接著加入卡士達醬繼續打發。完成後立刻進行蛋糕組裝。

組裝
10. 將直徑 16 公分的蛋糕圈模（4 人份）圍上塑膠圍邊，沿著圍邊鋪上對半切的草莓。底部放入已經切成圓片且刷上糖漿的輕盈蛋糕體，再擠上穆斯林奶餡，中間擺放切成薄片的草莓。記得讓草莓與奶餡緊密貼合。
11. 蓋上第二層刷上糖漿的輕盈蛋糕體，同樣擠上穆斯林奶餡。放入冰箱冷藏 1 小時。

杏仁開心果膏
12. 徒手混合杏仁膏與開心果膏直到均勻。撒上糖粉後擀平，再用與蛋糕相同尺寸的圈模切成圓片備用。

完成
13. 在蛋糕上擺上杏仁開心果膏。
14. 沿著蛋糕外圈撒上開心果粉。
15. 以新鮮草莓、草莓法式軟糖丁與翻糖菊花裝飾。

LE FRAISIER

ANGELO MUSA
Le Plaza Athénée, Paris

—

FRAISIER

法式草莓蛋糕

份量	準備時間	烘烤時間	浸泡時間	急速冷凍時間
10 個	2 小時 30 分鐘	25-32 分鐘	15 分鐘	8 小時

杏仁蛋糕體
（約 450 公克，或 28x38 公分烤盤一半的量）

蛋	125 公克
糖粉	93 公克
帶皮杏仁粉	93 公克
蛋白	82 公克
砂糖	12 公克
T55 麵粉	17 公克
小麥澱粉（amidon de blé）	7 公克
泡打粉	1 公克
葡萄籽油	18 公克

沙布列奶油酥餅麵團

奶油	125 公克
糖粉	35 公克
二砂	25 公克
鹽	1.3 公克
麵粉	135 公克

大黃果糊

帶皮新鮮大黃	150 公克
黃檸檬汁	10 公克
325NH95 果膠	1.8 公克
砂糖	37 公克

草莓糖漬

草莓果泥	65 公克
草莓	90 公克
覆盆子果泥	50 公克
紅醋栗	20 公克
黑醋栗	10 公克
綠檸檬汁	6 公克
黃檸檬汁	19 公克
黃檸檬皮	0.6 公克
325NH95 果膠	4 公克
砂糖	112 公克

草莓果糊

新鮮草莓	125 公克
冷凍草莓	90 公克
冷凍覆盆子	35 公克
黃檸檬汁	25 公克
綠檸檬汁	12 公克
香草莢	1/4 根
砂糖	22 公克
325NH95 果膠	6.5 公克
草莓（切丁）	130 公克

香草野草莓奶餡

香草莢	1/2 根
鮮奶油	120 公克
蛋白	55 公克
蜂蜜	45 公克
泡水瀝乾吉利丁片	2.5 片
野草莓甜酒（crème de fraises des bois alcool）	33 公克
打發鮮奶油	257 公克

白色鏡面

牛奶	225 公克
鮮奶油	450 公克
葡萄糖漿	300 公克
玉米粉	38 公克
泡水瀝乾吉利丁片	11 片
砂糖	563 公克

完成 · 裝飾

紅色可可脂	適量
打發鮮奶油	適量
野草莓	適量
小片羅勒葉	適量
金箔	適量

杏仁蛋糕體

1. 將蛋與糖粉、杏仁粉打發，同時另外打發蛋白與砂糖。在杏仁蛋糊中依序加入 1/3 的打發蛋白、過篩好的麵粉及澱粉、泡打粉。接著加入葡萄籽油與剩下的打發蛋白攪拌均勻，鋪平在烤盤上。放進烤箱以 180℃ 烤 10-12 分鐘。放涼後用切模切出數片直徑 6 公分的圓片。

沙布列奶油酥餅麵團

2. 將奶油放在攪拌機裡打成奶霜狀，依序加入糖、鹽以及麵粉，混合均勻。利用丹麥機以刻度 3 擀薄麵團，接著裁切成直徑 6 公分的圓片（每片約 20 公克）。放入烤箱以 150℃ 烤約 15-20 分鐘。

大黃果糊

3. 大黃切段，與檸檬汁一起放入鍋內加熱。約 40℃ 時加入果膠與糖混合，收汁後快速冷卻。每個草莓蛋糕大約需要 10 公克的果糊。

草莓糖漬

4. 將草莓果泥放入烤箱以 80℃ 烤 2 小時烘乾，與草莓切塊、覆盆子果泥、紅醋栗、黑醋栗、檸檬汁及檸檬皮混合。以小火加熱至 40℃，加入預先混合好的果膠與糖。煮滾後放涼備用。

草莓果糊

5. 在鍋內加熱新鮮草莓、冷凍草莓、冷凍覆盆子、檸檬汁與香草。加入糖與果膠煮滾，待冷卻後倒入草莓切丁裡，包覆保鮮膜並放入冷藏。將 35 公克的草莓果糊灌入直徑 6 公分、高 2 公分的圈模內，接著依序加入 10 公克大黃果糊以及 5 公克的糖漬草莓。最後擺上杏仁蛋糕圓片，放入急速冷凍 4 小時。

香草野草莓奶餡

6. 將取出香草籽的香草莢浸泡在加熱鮮奶油中約 15 分鐘。

7. 混合蛋白與蜂蜜以製作蛋白霜。稍微加溫後用攪拌機打發，過濾步驟 6 並加入融化的吉利丁，再倒入打發鮮奶油裡混合。加入甜酒與蛋白霜，完成後要立即進行組裝。

白色鏡面

8. 加熱牛奶、鮮奶油、葡萄糖與砂糖，約 45℃ 時加入玉米粉。混合均勻後煮滾 3 分鐘，於 80℃ 加入吉利丁，均質備用。使用溫度為 30℃。

組裝與完成

9. 在沙布列奶油酥餅上擠出 5 公克的草莓糖漬，放上步驟 5 組合好的草莓大黃蛋糕體，急速冷凍直到最後組裝時作為內嵌夾層使用。

10. 在直徑 8 公分、高 3 公分的蛋糕圈模內貼上塑膠圍邊，以野草莓奶餡填滿底部與邊緣，記得周圍都不要有空隙。放入內嵌夾層，輕壓以排出空氣。視情況再次填入奶餡並抹平表面後，急速冷凍 4 小時。

11. 冷凍後取下圈模與塑膠圍邊，接著淋上鏡面，用抹刀將多餘的鏡面抹去。利用噴砂機以最低壓力噴上紅色可可脂，在表面製造出紅點效果。用擠花袋與 6 公釐圓形擠花嘴在蛋糕上擠出 6 小球打發鮮奶油，最後以對半切的野草莓、小片羅勒葉、金箔做裝飾。

LE FRAISIER

HUGUES POUGET
Hugo & Victor, Paris

———

FRAISIER

法式草莓蛋糕

份量	準備時間	烘烤時間	冷藏時間
6 人份	1 小時 30 分鐘	10-15 分鐘	1 小時

杏仁達克瓦茲

糖粉	115 公克
馬鈴薯澱粉	50 公克
去皮杏仁粉	155 公克
蛋白	185 公克
特砂	50 公克

穆斯林奶餡

低脂牛奶	200 公克
香草莢	1/2 根
蛋黃	40 公克
特砂	40 公克
布丁粉	20 公克
奶油	70 公克

香草香緹

鮮奶油	200 公克
糖粉	20 公克
香草莢籽	1/2 根

完成・裝飾

草莓	750 公克
紅色與黑色水果	適量
食用花	適量

杏仁達克瓦茲

1. 糖粉與馬鈴薯澱粉一起過篩，再加入杏仁粉混合均勻。蛋白加入特砂打發。

2. 將蛋白打發至慕斯狀質地，之後撒進步驟 1 的粉類以橡皮刮刀拌勻。在烤盤上擺放 30x40 公分的方模，在模內將麵糊抹平。

3. 放入旋風烤箱以 170℃ 烤 10-15 分鐘。置於涼架上冷卻。

穆斯林奶餡

4. 將牛奶與香草莢一起煮滾。

5. 加熱牛奶的同時，另一邊混合蛋黃、特砂與布丁粉。

6. 待牛奶煮滾後，先倒入一部分到混合好的蛋糊中攪拌，再全部倒回熱牛奶中，持續以打蛋器攪拌並煮滾約 30 秒。將卡士達醬鋪於淺盤容器中，以保鮮膜貼緊表面保存。

7. 卡士達醬冷卻之後，用打蛋器攪至柔順，接著加入軟化奶油（膏狀質地），繼續以打蛋器攪打至滑順狀態。一旦奶餡完成應立刻進行蛋糕組裝。

香草香緹

8. 混合所有材料，冷藏保存備用。

組裝與完成

9. 用直徑 16 公分的蛋糕圈模將達克瓦茲裁切成 2 個圓片。在圈模內側圍上高 4.5 公分的塑膠圍邊，底部放入一片達克瓦茲。將幾顆對半切的草莓順著圈模邊緣擺放，切口緊貼圍邊。

10. 在底部與周圍草莓之間填入穆斯林奶餡並用抹刀抹平，確保可以填滿草莓間的縫隙。擺上去蒂頭的草莓，再以剩下的穆斯林奶餡填滿抹平。擺上第二片達克瓦茲，冷藏靜置 1 小時。

11. 打發香緹，於蛋糕上擠花。最後添上黑色與紅色水果以及食用花作為裝飾。

LE FRAISIER

快速簡易食譜

FRAISIER SANS STRESSER

零壓力草莓蛋糕

為何如此簡單？

- 不用準備蛋糕體或烤塔皮，只需製作卡士達醬，絕對不可能失敗。
- 組裝遠比想像中簡單，而且成果既美麗又省時。

份量
6 人份

準備時間
45 分鐘

全脂牛奶	75 厘升
香草莢	1.5 根
蛋黃	6 顆
砂糖	180 公克
麵粉	110 公克
水	40 厘升
草莓糖漿	2 湯匙
綠檸檬汁	10 厘升
現做手指餅乾（可向甜點店購買）	20 個
新鮮草莓（土生栽培）	1 公斤
開心果粉	適量
綠色杏仁膏	適量
食用花	適量

1. 小火煮滾牛奶、香草莢與刮下的香草籽。將蛋黃與糖打至泛白，加入過篩麵粉，再倒入煮好的香草牛奶（記得取出香草莢），一邊以打蛋器持續攪打並重新加熱到煮滾，直到奶餡變濃稠。將奶餡倒進焗烤用的淺型器皿裡，用保鮮膜貼緊表面覆蓋，使其冷卻。
2. 混合水與草莓糖漿，加入綠檸檬汁。將手指餅乾快速沾上糖漿，然後在直徑 18 公分的蛋糕圈模底部鋪上兩層（圈模內緣請圍上一層烘焙紙）。將草莓對切成兩半。
3. 在手指餅乾上將草莓沿著圈模排列，再用擠花袋擠入放涼的奶餡直到填滿圈模後，抹平表面。準備蛋糕裝飾的同時，先將蛋糕放入冷藏保存。請準備好切成四等份的草莓、杏仁膏球、食用花，以及適量的開心果粉。取下蛋糕圈模與圍邊，完成裝飾後即可享用。
4. 注意：記得直接在要用來呈現的盤子上進行裝飾，因為一旦放上去就不能再移動了！

實用美味建議

- 記得先製作卡士達醬，這樣才有時間在準備其他材料時等待放涼。
- 購買現做的手指餅乾而不是超市的現成品。可以向附近的甜點店訂購，除了口感比較鬆軟，也保有新鮮雞蛋的風味。
- 避免使用佳麗格特（Gariguette，法國品種）草莓，多半缺乏風味。無論如何，優先選擇土生栽培而非無土栽培的草莓。

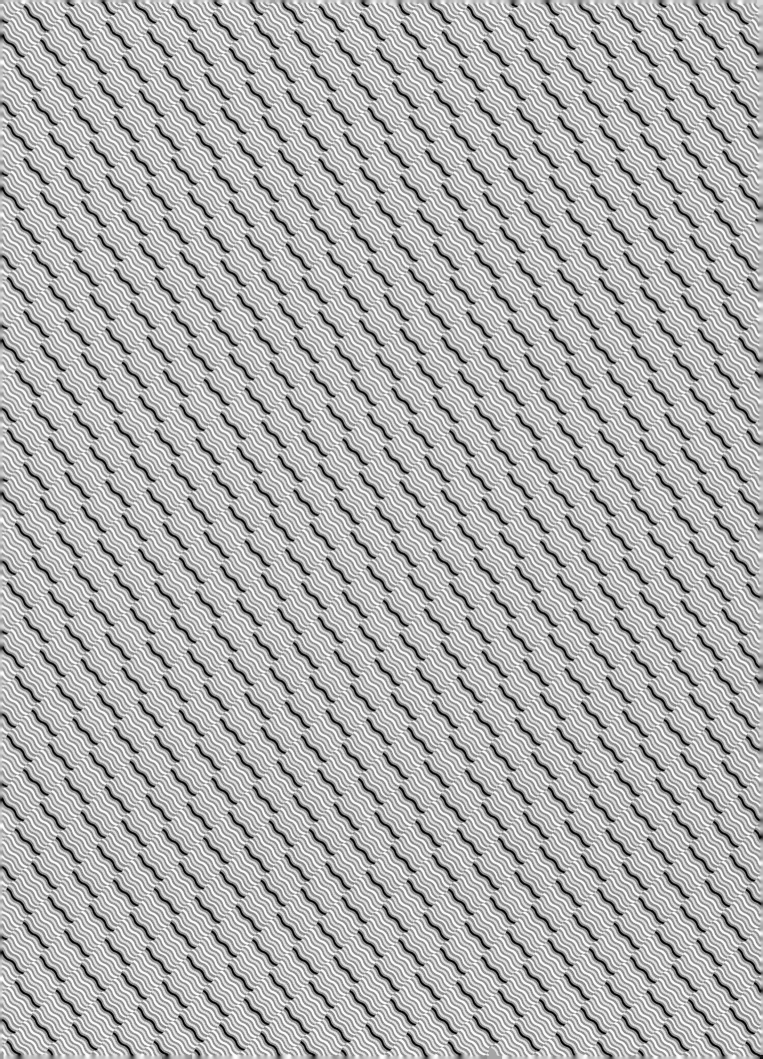

LE MILLE-FEUILLE
千層派

誰從沒想過數數看千層派究竟有幾層呢？由奶餡與千層派皮交疊組成，這個極度知名的甜點堪稱法國的國家遺產（美國人稱之為「拿破崙」，說得真好），一路走來始終如一。它隨著時代變得更加洗鍊，不經雕琢又簡單大方的外型，卻隱藏著驚人而可貴的甜點技巧。

歷史

千層派是對酥皮甜點的最高敬意，令人驚豔的美味使得它成為法式甜點藝術的象徵。然而，千層派據說起源自地中海，在當地，酥脆的果仁蜜餅（Baklava）與巴斯蒂亞派（Pastillas）已經流傳數個世紀；而法式千層派則通常被認為可以回溯到1867年，由位於巴黎巴克街（Rue du Bac）的甜點店「Seugnot」所發明。無論如何能夠確定的是，名為千層派的甜點從19世紀晚期開始受到歡迎，即使它跟我們所知道的版本相距甚遠；當時除了灌入果醬餡（杏桃、紅醋栗），有時候也會加上義式蛋白霜，結果正如我們想像的甜度過高。好在隨著時間的推進，奶餡逐漸取代了果醬，千層派得以同時擁有誘人與均衡的美味。

組成

傳統的法式千層派是由三層千層派皮組成，中間夾有混合了打發鮮奶油的輕盈香草卡士達醬。過去會在派皮上以黑白相間的巧克力和糖霜做出大家熟知的斑馬紋裝飾，然而這種方法已經過時且幾乎完全消失。千層派的組成就像所有簡單的蛋糕一樣單純，卻依然與眾不同。它是一款相當考驗製作技巧的甜點，需要熟練的反式折疊千層技術，因此使得許多甜點師在忙碌的星期天特別感到害怕。

今日

雖然說千層派可以輕易變化出不同香氣的奶餡（巧克力、東加豆、開心果或黑芝麻），然而我們發現，今日的甜點大師反倒傾向更加樸實與純粹的千層派。沒有淋上任何糖霜的金黃千層派皮，或者單純撒上些許糖粉，搭配綿密帶有濃郁香草風味的奶餡——光這樣就足夠了！於是這些工匠們將焦點放在追求派皮與奶醬本身的至高藝術，來向世間證明自己的才華。不過我們也不忘還有其他好點子，例如擠上奶餡後以側面朝上放置，如此一來切下去時就不會破壞千層結構。真是聰明！

PIERRE HERMÉ
皮耶・艾爾梅

Paris

還需要多做介紹嗎？皮耶・艾爾梅的
名字，可以説是甜點藝術的代稱。他
是真正的天才創作家，擁有幾乎絕對
的味蕾與出色的藝術家直覺，同時
也是所有與他共事過的甜點師們的
良師。歷經在象徵著美食聖地的亞
爾薩斯長大的童年（出生於烘焙世
家），其職業生涯始於師從賈斯東・
雷諾特（Gaston Lenôtre），且直到
今日，他仍然非常重視雷諾特老先
生的教導。而後他轉往知名甜點店
Fauchon，並在此盡情展現才華。專
業人士之間很早就將他視為一位獨
一無二的甜點大師，一般大眾則要
等到 1997 年，在他與夏爾・茲納提
（Charles Znaty）共同創設甜點店
「La Maison Pierre Hermé Paris」之
後，才真正認識其魅力。至此以後，
皮耶・艾爾梅帶來的驚奇從未間斷，
他的系列甜點、冰淇淋、馬卡龍與巧
克力總是能以最美味的方式，演繹出
前所未有的甜點藝術。

關於千層派的幾個問題

您對千層派最早的印象是什麼？

當然是我父親的千層派！千層派皮是以人造奶油製
作，搭配布列塔尼的卡士達醬，還有傳說中的白色淋
面（笑）。但當時的我很喜歡，畢竟在那個年代，所
有人都是這樣做的；直到跟隨雷諾特學習時我才發現
了新世界。後來，聽說父親改良了他的食譜。

您會如何評價如今多半不被看好的糖霜？

好吧，我不覺得這很荒謬。想出這種方法的人並不
蠢，因為過去的千層派皮並沒有味道，一點也不甜。
所以想藉此手法添增美味其實很聰明，尤其當它是放
在千層派的上方，並不會破壞整體平衡，而是可以當
作一種調味。然而如今有了經過焦糖化處理的千層派
皮，自然就不再需要糖霜了。

您覺得最印象深刻的千層派？

我對阿蘭・帕薩爾（Alain Passard）搭配著溫奶餡的
千層派很有印象。我也很喜歡克里斯多夫・米榭拉克
將千層以側放方式呈現的創意，讓蛋糕變得更好切。

LE MILLE-FEUILLE

LE 2000 FEUILLES
2000層派

BY PIERRE HERMÉ

Paris

份量	準備時間	烘烤時間	靜置時間
6-8 人份	3 小時 30 分鐘	1 小時 10 分鐘	6 小時

反式折疊焦糖千層派皮

奶油·····490 公克
T45 高蛋白麵粉·····500 公克
礦泉水·····150 公克
蓋朗德（Guérande）鹽之花··17.5 公克
白醋·····2.5 公克

烘烤千層派皮

砂糖·····80 公克
糖粉·····50 公克

烤榛果

皮埃蒙特整粒榛果·····20 公克

榛果酥脆帕林內

奶油·····10 公克

吉瓦娜 40% 牛奶巧克力·····20 公克
60% 榛果帕林內·····50 公克
純皮埃蒙特榛果膏·····50 公克
可可巴芮脆片（Gavotte® 捲餅碎或
　俄羅斯香菸餅碎）·····50 公克
烤榛果（搗碎）·····20 公克

卡士達醬

全脂牛奶·····250 公克
香草莢·····1 根
砂糖·····75 公克
T55 麵粉·····7.5 公克
玉米粉·····22 公克
蛋黃·····70 公克
奶油·····30 公克

義式蛋白霜

礦泉水·····75 公克
砂糖·····250 公克
蛋白·····125 公克

英式蛋奶醬

蛋黃·····70 公克
砂糖·····40 公克
全脂牛奶·····90 公克

帕林內奶油霜

英式蛋奶醬·····175 公克
常溫奶油·····375 公克
義式蛋白霜·····175 公克
60% 榛果帕林內·····50 公克

純皮埃蒙特榛果膏·····40 公克

帕林內穆斯林奶餡

卡士達醬·····60 公克
帕林內奶油霜·····340 公克
打發鮮奶油·····70 公克

焦糖杏仁

去皮整粒杏仁·····70 公克
礦泉水·····75 公克
砂糖·····250 公克

完成・裝飾

糖粉·····適量
焦糖杏仁·····適量

反式折疊焦糖千層派皮

以攪拌機混合 375 公克的奶油和 150 公克的麵粉。包覆保鮮膜，冷藏靜置 1 小時。

混合剩餘的材料，製作千層基礎調和麵團。整形成正方形並包上保鮮膜，冷藏靜置 1 小時。

③

將基礎調和麵團以步驟 1 的折疊用奶油包覆，也就是將四邊向內折
包裹住調和麵團。

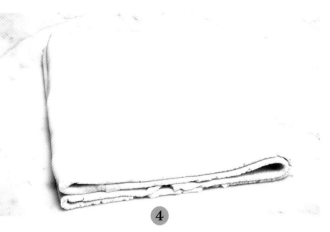

④

進行兩次雙折，每次折疊須間隔 2 小時，將麵團放入冷藏休息，
在裁切之前再進行一次單折。

⑤

將麵團擀成 2 公釐厚，裁切成 60x40 公分大小，再用叉子戳洞。
將麵團放在鋪有烘焙紙的烤盤上，冷藏靜置休息 2 小時，可防止
烘烤時千層派皮內縮。

烘烤千層派皮

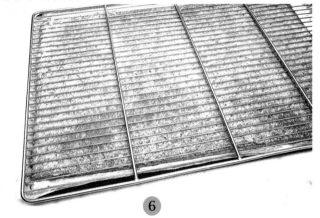

⑥

旋風烤箱預熱至 230℃，麵團撒上 80 公克砂糖。放進烤箱後立刻
調降至 190℃，烘烤 10 分鐘。接著蓋上烤架，續烤 10 分鐘。

⑦

出爐後取下烤架，將千層翻面置於另一張烘焙紙上。撕下烘焙紙並
撒上糖粉，再重新放進烤箱以 250℃ 烤數分鐘直到表面焦糖化。

⑧

將焦糖千層裁切成三個邊長 18.5 公分的正方形。

烤榛果

⑨

旋風烤箱預熱至 160℃，將榛果平鋪在烤盤上烘烤 20 分鐘。放涼後剝除榛果外皮，搗碎備用。

榛果酥脆帕林內

⑩

將奶油與巧克力隔水加熱融化至 45℃。再與帕林內、榛果膏一起混合。

⑪

加入可可巴芮脆片和步驟 9 的榛果碎。在鋪有矽膠烤墊的烤盤裡擺上邊長 17 公分的方模，填入混合好的榛果酥脆帕林內。抹平表面後以冷凍保存。

卡士達醬

⑫

加熱 125 公克的牛奶，加入香草籽與香草莢浸泡 20 分鐘。將牛奶過濾，同時擠壓香草莢以萃取更多香氣。接著倒入剩下的牛奶和 50 公克的糖一起煮滾。將麵粉和玉米粉過篩，加入蛋黃與剩下的糖。倒入香草牛奶拌勻後回鍋煮滾，持續攪拌並續煮 5 分鐘。

⑬

移至其他容器，使其冷卻。待溫度降至 50℃時先加入一半的奶油混勻，再拌入剩下的奶油。冷藏保存備用。

義式蛋白霜

⑭

將水和糖一起加熱，煮滾後用濕的毛刷清理一下鍋內邊緣，續煮至 118℃。將煮好的糖漿沿著攪拌缸緣倒入打發的蛋白中，繼續攪打直到冷卻。

蛋白霜攪打至拉起會呈現鳥嘴狀質地即可，切記不要打過發。

英式蛋奶醬

混合蛋黃與糖。將牛奶煮滾，倒入混合好的蛋糊中。

攪拌均勻後重新倒回鍋中，加熱至 85℃。用橡皮刮刀舀起奶醬以手指劃過測試，如果痕跡不會立刻消失，就代表達到理想質地。

帕林內奶油霜

英式蛋奶醬均質後，放入攪拌機以球狀頭快速攪打至冷卻。接著換成槳狀頭與奶油一起打發。

拌入 175 公克的義式蛋白霜。

混入帕林內和榛果膏。

帕林內穆斯林奶餡

以打蛋器將卡士達醬攪打至滑順。將帕林內奶油霜打發，再加入卡士達醬。

接著以手拌方式加入打發鮮奶油。完成後須立即使用。

焦糖杏仁

烤箱預熱至 160℃。將杏仁鋪平於烤盤上烘烤 20 分鐘。在鍋內加熱水與糖至 118℃，倒入烤好的杏仁裡。

不斷攪拌至反砂狀態。

組裝與完成

重新加熱煮至焦糖化。將焦糖杏仁倒在鋪有矽膠烤墊的烤盤上並分開顆粒，放涼後備用。

在烤盤上放置一片千層派皮，經過焦糖化的亮面朝上。以拋棄式擠花袋（不需擠花嘴）擠上 100 公克的帕林內穆斯林奶餡。

27

放上步驟 11 冷凍過的榛果酥脆帕林內方塊。

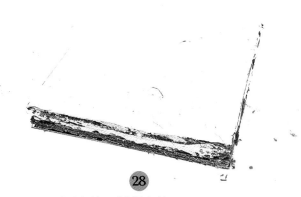

28

再次擠上 100 公克的帕林內穆斯林奶餡。

29

接著疊上第二片千層派皮，用擠花袋均勻擠上 250 公克的帕林內穆斯林奶餡。再擺上最後一片千層派皮。

30

冷藏靜置後，裁切成邊長 17 公分的正方形。

31

在 2000 層派的表面兩側撒上糖粉，放上幾粒焦糖化杏仁作為裝飾。

主廚建議

· 奶餡的顏色會隨著步驟變得愈來愈淺。因為我們需要把蛋白霜加入奶油霜內，所以這是很自然的現象。

· 反式折疊千層派皮的優點在於更加酥脆順口，且在烘烤時比較不會內縮。不論是生麵團或冷凍麵團也都比較容易保存。

· 千萬不要讓千層派皮過度焦糖化，否則你的千層派將會帶有苦味。

· 當蛋白霜冷卻後，建議繼續以低速攪打，而不是放任它定形，如此一來可以確保更好的成果與質地。

重點材料

千層麵團

它是麵團中的皇后,讓我們為世界所稱羨。混合麵粉與水包覆起來的奶油塊,將搖身一變成為精緻且鬆脆的層次。但由於製作過程漫長,經常讓甜點愛好者打退堂鼓。不過只要有足夠耐心,其實在製程上並不需要什麼特別的技巧。千層麵團有以下兩種製作方式:

兩種方式的成果無論在味道、質地與保存上都有所差異。反式折疊千層麵團不僅發得較好(實際上層次更多)也更平均。

鮮奶油

所謂「奶之花」(fleur de crème)是取自牛奶表面自然形成的乳脂層,有點類似鹽之花的概念。該名稱被乳製品業者用來稱呼經過低溫殺菌的鮮奶油,並在市面上廣泛流通(有時稱為「液態鮮奶油」)。如果想做出香緹,這正是你所需要的材料,但注意「只能」用全脂的,不要用低脂的!後者不僅沒有味道,也永遠無法打發成香緹。

＊譯注:折疊用奶油(beurre manié)即台灣傳統説法的「油皮」。在製作千層派皮時,通常會將折疊用奶油(一般指的是單純的片狀奶油,法國稱為乾性奶油)與基礎調和麵團(détrempe,即台灣傳統所謂的麵皮)進行反覆包折的動作。有時折疊用奶油會混入少數麵粉以延長可操作時間,此做法尤其在反式折疊時更常見(傳統做法是麵皮包油皮,而反式折疊則是以油皮包麵皮)。

實用器具

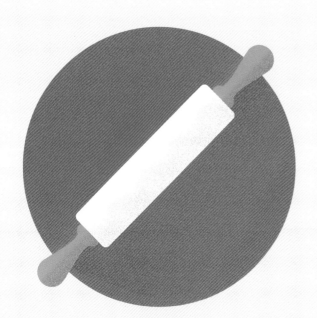

擀麵棍

哪個家庭沒有擀麵棍呢？又有什麼物品能像擀麵棍一樣為所有年齡層帶來手作的感動，寄託著做出蘋果塔或沙布列餅乾的夢想（雖然不見得每次都成功）？擀麵棍是一個地方仍然自己製作麵團的象徵，而非屈就於使用工廠大量生產的半成品，也因此受到甜點狂熱者的喜愛。在專業的圈子裡，甜點師大多使用名為「丹麥機」的重量級機器來擀麵團，儘管非常實用卻不適用於一般家庭，所以擀麵棍還是有大好前途的。順帶一提，擀麵棍也可以搭配尺規一同使用，有助於將麵團擀到分毫不差。

打蛋器

無論是手持打蛋器或者攪拌機的球狀頭，這類古典的工具可以幫助在液體或是奶餡中打入空氣。一方面它對於打發蛋白或是香緹都是不可或缺的，但另一方面卻絕對不能用於製作必須避免混入空氣的甘納許。經過了兩個世代，電子小精靈的降臨拯救了甜點師，讓他們不再凡事都得靠雙手攪拌，即便這可以造就神聖的「香緹肘」。市面上的電動打蛋器大致可分為小巧的手持型打蛋器以及大台的攪拌機兩種，其中後者在很大程度上不僅讓甜點師輕鬆不少，還具備稱作「行星運轉」的完美轉動方式，確保奶餡或蛋能打發得格外成功。

成功的小秘訣

- 多預留點時間，有必要的話請提前幾天開始準備；千層麵團很需要靜置休息。
- 不要省略將千層麵團焦糖化的步驟。這麼做除了添增美味，也可以避免千層派皮接觸奶餡後容易變得濕軟。
- 千萬要注意別把千層派皮烤焦而毀了一切努力。好好盯著烤箱，因為千層派皮上色極快！
- 為了避免坍塌效應（扁塌的千層總覺得有點哀傷），不妨把希望寄託在稠度較高的奶餡上，例如使用含有馬斯卡彭乳酪的配方。
- 假如你喜歡使用翻糖作為淋面（別擔心，你並不孤單），請斟酌是否需要重新調整奶餡當中糖的含量。

翻轉千層派

- 尋找能代替千層派皮的酥脆口感：法式薄脆餅、妃樂酥皮（pâte filo）或土耳其碎屑小麥餅（vermicelles kadaif）。搭配著奶餡，會在嘴裡重新創造出不同的酥脆感。
- 在奶餡中加入較強烈的風味：例如一小球極濃的帕林內、焦糖鹹奶油、以胡椒提味的水果庫利等等，將帶來極大的味覺震撼。
- 如果是可可愛好者，可以將最上層的千層替換成一層薄薄的可可脆片。
- 為了替千層派添增口感，試著在奶餡中加進一點開心果沙布列、幾粒烘烤過的蕎麥粒，或者加點可可碎又有何不可呢？

創意變化食譜

蕎麥馬達加斯加香草千層

by 揚‧庫佛

YANN COUVREUR

Paris

—

香草焦糖千層

by 卡爾‧馬列提

CARL MARLETTI

Paris

—

招牌香草千層

by 米凱爾‧巴托伽提

MICHAËL BARTOCETTI

Le Shangri-La, Paris

—

快速簡易食譜

燻香千層

YANN COUVREUR
Paris
—

MILLE-FEUILLE AU BLÉ NOIR & À LA VANILLE DE MADAGASCAR

蕎麥馬達加斯加香草千層

份量	準備時間	烘烤時間	冷凍時間	冷藏時間
8 個	1 小時 30 分鐘	3 小時＋1 分鐘	1 小時	5 小時

法式焦糖奶油酥（Kouign-Amann）

T45 麵粉 …………………………………400 公克
蕎麥粉 ……………………………………130 公克
鹽之花 ……………………………………15 公克
麵包酵母 …………………………………10 公克
奶油 ………………………………………500 公克
水 …………………………………………30 厘升
砂糖 ………………………………………350 公克
穆斯科瓦多紅糖 …………………………100 公克

外交官奶餡

吉利丁片 …………………………………2 片
蛋黃 ………………………………………4 顆
砂糖 ………………………………………60 公克
布丁粉 ……………………………………8 公克
全脂牛奶 …………………………………40 厘升
馬達加斯加香草莢 ………………………2 根
鮮奶油 ……………………………………8 厘升
T55 麵粉 …………………………………20 公克

香草粉

馬達加斯加香草莢 ………………………數根

完成・裝飾

糖粉 ………………………………………適量

法式焦糖奶油酥

1. 攪拌機裝上勾狀頭，倒入混合過篩的兩種麵粉、鹽之花、酵母、切塊奶油與水。以慢速攪打約 6 分鐘，取出麵團後塑成方形，先放入冷凍 30 分鐘，再冷藏 1 小時。

2. 將糖與黑糖均質以混合均勻。從冰箱取出麵團，進行兩次單折。也就是在撒上少許麵粉的工作檯上，將麵團擀開後從兩端朝中心折疊。每次單折之前都要進冷藏休息 1 小時。接著再進行兩次單折，同時將糖混入（留下一點糖備用）。

3. 將麵團擀成 1 公分厚，撒上剩下的糖，然後將麵團捲緊。

4. 以保鮮膜包覆捲起的麵團，放入冷凍庫 30 分鐘使麵團變硬。

5. 將麵團捲裁切成約 3 公釐厚的圓片，夾在兩張烘焙紙之間，用帕尼尼機以 190℃烤 1 分鐘。

外交官奶餡

6. 在裝有冷水的碗裡放入吉利丁片泡軟。

7. 在調理盆裡混合蛋黃、糖、麵粉與布丁粉。用小鍋煮滾牛奶與香草，過濾後倒入前面的蛋糊裡。

8. 將全部材料倒回鍋中，重新煮滾 3 分鐘。取出香草莢，加入泡軟瀝乾的吉利丁攪拌直到完全融化。

9. 以保鮮膜貼緊奶餡表面包覆，冷藏 2 小時。

香草粉

10. 將幾根已刮除香草籽的香草莢放在烤盤上，以 50℃烤 3 小時。均質打成粉狀並過篩，保存備用。

組裝與完成

11. 以攪拌機打發鮮奶油，混合拌入已經放涼的奶餡中。

12. 用擠花袋在盤子上擠出四至五條外交官奶餡，蓋上一片焦糖奶油酥，此步驟重複三次，最後以奶油酥片為頂層。

13. 撒上糖粉與香草粉裝飾。

LE MILLE-FEUILLE

CARL MARLETTI
Paris
—

MILLE-FEUILLE VANILLE CARAMÉLISÉ

香草焦糖千層

份量	準備時間	烘烤時間	冷藏時間
12 人份	2 小時 20 分鐘	55 分鐘	11 小時+ 25 分鐘

千層派皮

T45 麵粉	425 公克
T55 麵粉	425 公克
鹽	15 公克
融化奶油（80℃）	190 公克
水	338 公克
片狀奶油	500 公克
糖粉	適量

卡士達醬

牛奶	230 公克
砂糖	60 公克
香草莢	1 根
蛋黃	48 公克
布丁粉	15 公克
麵粉	15 公克

奶油霜

砂糖	75 公克
水	25 公克
蛋黃	30 公克
奶油	150 公克

香草千層奶餡

卡士達醬	368 公克
奶油霜	150 公克

千層派皮

千層基礎調和麵團

1. 攪拌缸裡混合兩種麵粉與鹽，倒入融化奶油拌勻。慢慢加入微溫的水，混合直到均勻成團。
2. 整形成球狀，包上保鮮膜冷藏靜置 2 小時。

折疊

3. 用擀麵棍將奶油擀軟，整形成正方形。冷藏保存。
4. 取出冷藏過的千層麵團並擀成方形。在麵團中間放上折疊用奶油，以四角向內包覆，從麵團上方輕敲使接縫處密合。
5. 將麵團縱向擀開，厚度約 1 公分。進行一次單折（將麵團區分成三等份，取兩端各 1/3 的麵團向中心折疊）。
6. 將麵團旋轉 90 度。擀開再進行一次單折後，放入冷藏靜置休息 2 小時。
7. 以上步驟再重複兩次，每次中間都要冷藏休息 2 小時。總共要進行六次單折，共休息 6 小時。
8. 麵團準備好後，擀成約 2.5 公釐厚，並裁切成 35x25 公分的長方形。重複此動作以取得 2 個烤盤份的千層派皮，放入冷藏休息 1 小時。將千層派皮放在兩個烤盤與兩張烘焙紙之間，以 170℃ 烤 45 分鐘。
9. 出爐後，用鋸齒刀裁切成 9x4 公分的長方形。均勻撒上一層薄薄的糖粉，放入烤箱以 160℃ 烤 10 分鐘，再以 190℃ 烤到表面焦糖化。
10. 靜置於常溫下冷卻。

卡士達醬

11. 將牛奶、一半的糖、香草莢與刮下的香草籽一起煮滾。
12. 打發蛋黃與剩下的糖直到顏色泛白，再加入布丁粉與過篩麵粉。在麵糊中加入少量的溫熱香草牛奶調和，再全部倒回鍋中，煮滾 3-4 分鐘。將煮好的卡士達醬倒進長形淺盤，以保鮮膜貼緊表面包覆並快速冷卻。

奶油霜

13. 混合糖與水，加熱至 121℃。
14. 將蛋黃攪打至呈現緞帶狀，再慢慢倒入煮至 121℃ 的糖漿。混合攪拌 5 分鐘後，加入切成小塊的奶油，全部一起打發直到冷卻。保存備用。

香草千層奶餡

15. 用打蛋器將卡士達醬打至滑順，再加入軟化呈膏狀質地的奶油霜。
16. 全部一起混合乳化，直到奶餡滑順均勻。冷藏 15 分鐘。

組裝

17. 準備兩個長方形焦糖千層派皮，在派皮每一邊用圓形 8 號擠花嘴擠上 8 球香草千層奶餡。冷藏 10 分鐘。
18. 重疊兩個擠好奶餡的千層派皮，然後蓋上一層派皮作為頂層。

MICHAËL BARTOCETTI
Le Shangri-La, Paris

—

MILLE-FEUILLE VANILLE SIGNATURE
招牌香草千層

份量	準備時間	烘烤時間	冷藏時間
12 個	*4 小時*	*40 分鐘*	*24 小時+ 6 小時*

反式折疊千層派皮（前一天準備）

片狀奶油	1500 公克
T55 麵粉（1）	600 公克
鹽之花	60 公克
白醋	10 公克
水	600 公克
奶油	450 公克
T55 麵粉（2）	1400 公克

香草奶餡

打碎的香草	9 公克
鮮奶油	200 公克
全脂牛奶	800 公克
蛋黃	150 公克
二砂	150 公克
玉米粉	100 公克
香草精	30 公克
泡軟吉利丁片	2.5 片
奶油	100 公克
馬斯卡彭乳酪	100 公克
打發鮮奶油	320 公克

香草魚子醬

水	200 公克
二砂	100 公克
黃色果膠	16 公克
葡萄糖	20 公克
大溪地香草莢（去籽切碎）	10 根
波旁香草莢（去籽切碎）	2 根

完成‧裝飾

烘烤過的香草粉	適量

反式折疊千層派皮（前一天準備）

1. 將片狀奶油與麵粉（1）放入攪拌機，以槳狀頭攪拌（不打至泛白），製作折疊用奶油。塑形成正方形，包覆保鮮膜後冷藏保存備用。
2. 混合鹽、醋與水（直到鹽溶解）。
3. 以槳狀頭混合奶油、麵粉（2）與步驟 2 的液體材料（不攪打出筋性）。取出後塑成方形，包上保鮮膜冷藏 24 小時，成為基礎調和麵團。
4. 擀開折疊用奶油（必須是基礎調和麵團的兩倍大）。進行兩次雙折，每次折疊之間休息 2 小時。之後再進行一次單折。
5. 將麵團均勻擀開，裁切成 30x40 公分大小，靜置 1 小時。再次擀開，冷藏休息 1 小時後，裁切成 27x4 公分的長條狀。
6. 在法國特福（Tefal）烤盤上抹油，擺上千層麵團（每盤可放六個），用旋風烤箱以 155℃烘烤約 40 分鐘。
7. 烤好後，裁切成 17.5x4 公分的長方形。

香草奶餡

8. 在鮮奶油與牛奶裡加入打碎香草，煮滾。
9. 將蛋黃與二砂打至泛白，加入玉米粉。
10. 將前述材料混合後煮滾 3 分鐘，加入香草精、泡軟吉利丁、奶油與馬斯卡彭乳酪。放入急速冷凍快速冷卻。使用前，將奶餡打至滑順並加入打發鮮奶油。

香草魚子醬

11. 鍋中加入水、二砂、黃色果膠、葡萄糖、去籽切碎的香草莢。煮滾後，用美善品（Thermomix）料理機混合，然後過濾。

組裝與完成

12. 準備一片千層派皮，用擠花袋擠上香草奶餡。重複此動作，注意香草魚子醬要加在每一層的中央。最後放上一片千層派皮作為頂層。在盤子側邊擠上些許奶餡，並撒上烘烤過的香草粉。

快速簡易
食譜

SMOKY MILLE-FEUILLE
燻香千層

為何如此簡單？

· 好吧，這也許不是「最」簡單的食譜，但只要不用自己製作千層派皮，就可以省下許多時間。

· 前一天先準備好卡士達醬。你會發現食譜沒有註明靜置的時間，這意味著你可以安心地將奶醬放置到隔天，如此一來當天就只剩下烘烤千層和組裝了。

份量	準備時間	烘烤時間	浸泡時間
4 人份	1 小時	35 分鐘	10 分鐘

市售（純奶油）長方形千層派皮......................1 個
糖粉..適量
全脂牛奶...50 厘升
正山小種紅茶葉（或其他紅茶）............. 2 湯匙
榛果帕林內.. 2 湯匙
蛋..4 顆
砂糖..100 公克
麵粉..50 公克
鮮奶油..25 厘升
糖粉.. 3 湯匙
烤過的榛果..適量
茶粉...適量

1. 將千層派皮擀成正方形，以 180℃烤 25 分鐘。

2. 用手均勻撒上薄薄一層糖粉，重新放入烤箱烤 5 分鐘，注意觀察焦糖化的狀況。翻轉烤盤，重複同樣動作後，將千層出爐。

3. 小火加熱牛奶但不要煮滾，到達一定溫度時加入茶葉，關火靜置 10 分鐘。過濾掉茶葉，加入帕林內調和後煮滾。

4. 將蛋黃與糖打至泛白，加入過篩麵粉。倒入 1/3 的熱牛奶，均勻混合後重新倒回鍋中加熱。一邊用打蛋器不停攪拌，一邊以小火加熱直到變稠。完成後備用。

5. 將鮮奶油與糖粉打發成香緹。以橡皮刮刀輔助，加進放涼後的卡士達醬內拌勻。

6. 將千層派皮切成三塊同樣大小的長方形。在其中兩片均勻擠上奶餡後疊起。最後蓋上一片千層派皮，並以烘烤過的榛果、糖粉與茶粉裝飾。

實用美味建議

· 拌入打發鮮奶油的時候，卡士達醬必須是完全冷卻的狀態。

· 千層在與奶餡組裝時一定要先放涼，不然奶餡會融化。

· 注意：選擇不同的茶葉，結果會相當不同。必要時請先試吃並調整味道。

LE MONT-BLANC
蒙布朗

歐洲大陸的最高峰確實值得我們以甜點致敬！白色的圓頂與高雅的外型是這道精巧甜點的象徵性元素，蛋白霜與打發鮮奶油在栗子奶餡的魔法下變得格外誘人。而我們偉大的甜點師，更是將這般如夢似幻的美味推向究極的平衡。

歷史

蒙布朗這個小巧精緻的美食奇蹟，無疑誕生於阿爾卑斯山一帶。我們最早可以在 15 世紀的義大利附近發現其蹤跡，但它很快就越過了邊界，直達法國亞爾薩斯省，在當地被稱呼為「栗子火把」（torche aux marrons）。後來，奧地利製糖師傅安東·魯姆佩爾邁爾（Antoine Rumpelmayer）於 1903 年開始在茶沙龍「Angelina」（如今依舊擠滿了美食愛好者）提供單人份的蒙布朗，才讓這種甜點從此進駐巴黎人的心中。值得注意的是，蒙布朗偶爾也會用來指稱其他甜點，像是安地列斯群島相當受歡迎的椰子蛋糕。

組成

蛋白霜、打發鮮奶油與栗子奶餡是蒙布朗的三大支柱。對某些人來說，這聽起來像是卡路里爆表的惡夢，但事實上只有甜點師下手太重加太多糖的時候，才會發生這種慘劇（現在這種情況已經愈來愈少見了）。蒙布朗的唯一原則便是蛋白霜必須要酥脆，不能有半點濕軟；這是因為其他部分都是奶餡類的口感，所以必須保有對比才行。栗子奶餡的擠花要如麵條般細長也相當重要，如此一來才能讓蒙布朗在品嚐時味道均勻，不會因為厚重而給味蕾帶來負擔。值得一提的是，某些自由不羈的靈魂則會在蒙布朗上裝飾紫羅蘭糖。

今日

如今蒙布朗再度成為人氣甜點，我們偉大的甜點師仍不斷重新研發食譜，使其發揚光大。為了降低甜度，現在經常會添加些許水果的酸味（黑醋栗十分對味；搭配柑橘類的話，更是猶如天作之合）。也有些人致力於創造出栗子奶餡的不同口感，以和風的紅豆餡取而代之，讓蒙布朗的山峰染上漂亮的粉色調。此外蛋糕底部也可以看到很多變化，例如使用油酥塔皮，甚至是以薩瓦蘭蛋糕體作為基底。

CLAIRE HEITZLER

克蕾兒・艾茲蕾兒

Paris

在 2018 年國際雜食節（Festival Omnivore）獲得年度甜點師的榮譽後，克蕾兒・艾茲蕾兒如今正是引領法式甜點的先鋒。她出生於亞爾薩斯省，有著清澈的雙眼與陽光般的笑容，對於推動今日甜點藝術的發展有著輝煌的功績。艾茲蕾兒先是在偉大的亞爾薩斯甜點師提耶希・穆羅（Thierry Mulhaupt）手下學習，隨後踏足了幾間頗負盛名的餐廳，包括「Troisgros」、「George Blanc」，以及影響她最為深遠的「Alain Ducasse」位於東京的店鋪。回到巴黎後，她在傳奇的星級餐廳「Lasserre」裡大顯身手，其中又以完全由甜點構成的獨創套餐「Séquence Sucrée」令人印象深刻。而後她轉往「Ladurée」的創意部門，以嚴格認真的態度追求兼顧美味與現代性的正宗高端甜點。2018 年，她再次轉戰其他領域，期許以自身獨一無二的天賦，繼續為世人創造出最完美的甜點。

關於蒙布朗的幾個問題

您對蒙布朗的印象？

我花了很長一段時間才喜歡上蒙布朗，但這卻是我母親最愛的甜點之一。她經常購買蒙布朗，然而覆蓋著打發鮮奶油的栗子奶餡太過濃稠又厚重，使得我對於傳統的蒙布朗有點難以接受。

您是何時開始喜歡上蒙布朗的？

在日本。日本人很喜歡蒙布朗，因為他們有很多美味又高品質的栗子。此外他們也很注重口味上的平衡，而我正是在日本吃到自己第一個愛上的蒙布朗。

製作出美味蒙布朗的關鍵在於？

風味活潑、新鮮，以及酸味！這是平衡的問題。以盤式甜點來說，我花費不少心力在融合柑橘類與栗子，效果非常好。我所製作的版本會搭配小柑橘（Clementine），但若是在日本，就我所知他們也會搭配當地產的柑橘類水果，例如日本柚子。我相信一定相當美味。

那失敗的蒙布朗呢？

蛋白霜太過厚重！操作蛋白霜時要小心消泡，才能保有輕盈空氣感。

LE MONT-BLANC

蒙布朗

BY CLAIRE HEITZLER

pour la Maison Ladurée, Paris

份量	準備時間	烘烤時間	冷凍時間	冷藏時間
10 個	2 小時 15 分鐘	2-3 小時	12 小時	8 小時

栗子慕斯（前一天製作）

吉利丁片	2 片
栗子膏	50 公克
栗子抹醬	250 公克
香草莢	1/2 根
安格仕蘭姆酒（Angostura®）	15 公克
鮮奶油	225 公克

蒙布朗香緹（前一天製作）

鮮奶油（含脂量 35%）	200 公克＋25 公克
吉利丁片	1 片

香草莢	1/4 根
砂糖	20 公克

栗子奶餡細絲（前一天製作）

栗子泥	125 公克
栗子膏	140 公克
栗子抹醬	90 公克
安格仕蘭姆酒	15 公克

小柑橘果糊（前一天製作）

有機小柑橘（科西嘉島產尤佳）	250 公克
砂糖	65 公克
香草莢	1/4 根

蛋白霜（前一天或當天製作）

蛋白	200 公克
砂糖	150 公克
糖粉	150 公克

白色鏡面

吉利丁粉	12 公克
冷水	70 公克
鮮奶油	170 公克
葡萄糖漿	80 公克
轉化糖漿	30 公克
鹽	1 公克
水	75 公克

砂糖	235 公克
白色色素	1 公克

完成・裝飾

糖漬整顆栗子	10 顆
糖漬栗子碎	70 公克

栗子慕斯（前一天製作）

將吉利丁片放在冷水中泡軟。混合栗子膏與栗子抹醬，再加入刮下的香草籽以及蘭姆酒。將吉利丁以微波爐加熱融化後加入。

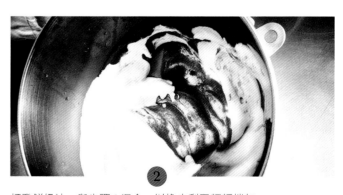

打發鮮奶油。與步驟 1 混合，以橡皮刮刀輕輕拌勻。

③

裝進擠花袋，以 12 號圓形花嘴擠入直徑 8 公分的圓模內。

④

用小 L 形抹刀抹平表面。將慕斯放入冷凍一晚，以便脫模。

蒙布朗香緹（前一天製作）

⑤

在冷水中放入吉利丁片泡軟。將 25 公克的鮮奶油與香草籽加熱至 80℃，加入吉利丁後保存備用。

⑥

混合剩餘的材料並倒入步驟 5，以打蛋器攪拌均勻。均質後冷藏 8 小時。

栗子奶餡細絲（前一天製作）

⑦

將所有材料放進攪拌機裡，以槳狀頭拌勻。

⑧

在篩網底下放置一張烘焙紙，再利用篩網將步驟 7 的栗子奶餡以塑膠刮板推壓過濾到烘焙紙上。

⑨

將過篩後的栗子奶餡取部分均勻抹平在塑膠膠膜上。

⑩

剩下的栗子奶餡放入擠花袋，用蒙布朗專用花嘴以斜角方向擠在抹平的栗子奶餡上。冷凍保存。

小柑橘果糊（前一天製作）

將事先洗淨的小柑橘切成細丁。

在鍋內加入糖、刮下的香草籽以及切好的小柑橘丁，以小火煮到水分完全蒸發。放涼後冷藏保存。

蛋白霜（前一天或當天製作）

在攪拌機內打發蛋白與糖。小心拌入過篩糖粉，以橡皮刮刀輕拌。

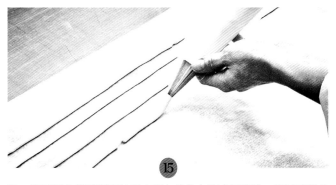

在直徑 4.5 公分的半圓矽膠模上輕輕抹一層油，在模具凸起的地方以 20 號圓形花嘴擠上 10 球蛋白霜。

白色鏡面

以 7 號圓形花嘴將剩下的蛋白霜在烤盤上擠成長條狀。將圓球與長條蛋白霜一起放進烤箱，以 100℃ 烤 2-3 小時。請隨時留意烘烤狀況，確定烤到全乾。

混合吉利丁粉與冷水直到濃稠，冷藏保存。在鍋內放入鮮奶油、葡萄糖漿、轉化糖漿以及鹽一起加熱。

同時，將水與糖煮滾至 125℃，再加入步驟 16 中，攪拌均勻。

待溫度降至 70℃ 時，依序加入冷藏吉利丁與白色色素。均質，降溫到 20℃ 時使用。

組裝

從冰箱取出蒙布朗香緹，用攪拌機以球狀頭打發。

在蛋白霜圓殼內填入小柑橘果糊，均勻抹平在底部與邊緣。

在果糊上擠入蒙布朗香緹以及少許栗子碎，用小 L 形抹刀抹平。

將冷凍的栗子慕斯脫模後放在涼架上，淋上白色鏡面（20℃），並以小抹刀抹平。

刮除多餘的白色鏡面後，將栗子慕斯置中擺放在蛋白霜圓殼上。

將事先烤好的長條蛋白霜切成 0.5 公分小塊，裝飾在接合處邊緣。

取出冷凍的栗子奶餡細絲，用切模裁切成直徑 4.5 公分的圓片，置於蒙布朗上方。

最後放上整顆糖漬栗子即完成裝飾。

重點材料

蛋白霜

所有甜點學習者都知道，蛋白霜可分為三大類：

- **義式蛋白霜**

    組成：煮過的糖＋打發蛋白

    烤箱烘烤：不需要

    外表：光亮

    質地：柔軟、乳霜狀

    應用：檸檬塔、熱烤阿拉斯加

- **瑞士蛋白霜**

    組成：糖＋蛋白，隔水加熱打發

    烤箱烘烤：需要

    外表：無光澤

    質地：硬脆

    應用：裝飾用蛋白霜

- **法式蛋白霜（法國萬歲！）**

    組成：糖＋打發蛋白

    烤箱烘烤：需要

    外表：無光澤

    質地：酥脆，有時裡面偏軟

    應用：蒙布朗、秋葉蛋糕（Feuille d'automne）

通常會根據不同需求，選擇使用不同的蛋白霜。

栗子

就甜點而言，一般來說會使用加工後的栗子產品。可以區分為以下三大類：

- **栗子抹醬**

    大約含有 50% 栗子（剩下一半則是糖漿和香草），是這三種當中質地最柔順也最甜的。

    優點：可以在一般超市購得。

    缺點：質地太軟，不適合用來製作栗子奶餡細絲。

- **栗子膏**

    包含 60% 栗子，其餘成分則是糖與香草，較為濃稠。

    優點：比較能維持型態，因此可以補強奶餡的柔軟，讓栗子絲能漂亮成型。

    缺點：只能在專業烘焙材料行買到。

- **栗子泥**

    含有 80% 的栗子成分，可以是原味（無糖）或少糖。

    優點：栗子味最為濃郁。

    缺點：若單獨使用，會導致質地太乾或太糊。

通常甜點師都會自行調合這三種成品，以找到最佳平衡（這當中也許隱藏著致富商機：發明出專屬於蒙布朗、具備完美比例的栗子奶餡，那麼我們就不必再煩惱了。）

調理盆／打蛋盆

一種不鏽鋼盆，底部幾乎完全呈現圓弧狀（由於沒有死角，方便攪拌及應付各種備料）。儘管有些人認為這個滑稽的命名來自於它圓底的構造看起來很像雞的屁股（編註：調理盆的法文原文為 cul-de-poule，直譯為「雞屁股」），但這些人顯然沒有好好觀察過雞（不妨試著想像一下一個雞屁股形狀的盆應該會是什麼樣子）。另一種更合理的解釋認為這種容器基本上是為了打蛋用的，而蛋正是來自母雞的屁股，因而得名。

即便撇開文化上的意涵，調理盆確實相當實用。因此別再使用家裡的舊沙拉碗，花錢購買兩三個調理盆吧！這並不會讓人傾家蕩產，而且你一定會感謝我們的。

鳥巢花嘴／蒙布朗花嘴

或稱為「絲狀花嘴」（douille à vermicelles），前端的細孔構造可以將栗子奶餡擠成蒙布朗招牌的細條狀。如果奶餡的質地太軟，將導致效果不佳，只能擠出不成形的團狀；但反過來說如果太過濃稠又會變得很難擠，不僅耗費無謂的力氣，成品也不會漂亮。

作為懶人的替代方案，也可以選擇只有單邊是鋸齒狀造型的花嘴（la douille chemin de fer）。但老實說，擠花的效果還是有很大的不同。

OLIVIER HAUSTRAETE
Boulangerie BO, Paris

—

MONT AZUKI

小豆峰

份量	準備時間	烘烤時間	靜置時間	冷凍時間
10 個	1 小時 30 分鐘	3 小時 20 分鐘	2 小時 30 分鐘	1 小時

甜塔皮

奶油……………266 公克
杏仁粉……………57 公克
鹽………………7 公克
含澱粉糖粉*……133 公克
蛋………………88 公克
蛋黃……………18 公克
T45 麵粉……443 公克
馬鈴薯澱粉………89 公克

杏仁奶餡

砂糖……………224 公克
帶皮杏仁粉……224 公克
布丁粉……………22 公克
奶油……………224 公克
蛋………………135 公克
卡士達醬………269 公克

草莓果糊

草莓……………669 公克
特砂……………401 公克
325NH95 果膠……13 公克
綠檸檬汁…………17 公克

香緹

鮮奶油（含脂量 35%）
……………………1000 公克
砂糖……………80 公克
香草粉……………2 公克

法式蛋白霜

新鮮蛋白………250 公克
砂糖……………250 公克
糖粉……………250 公克

*譯注：在法國一般的糖粉皆為純糖粉，因此含有澱粉的糖粉（sucre glace amylacé）會特別標註。然而台灣則是與法國相反，一般的糖粉皆有含澱粉。因此要注意在依照法國食譜製作甜點時，要特別選用純糖粉製作。

櫻花風味白豆沙蒙布朗絲

櫻花風味白豆沙（可於 nishikidori.com 購買）
……………………1467 公克
奶油……………147 公克
30° 波美糖漿……37 公克

完成・裝飾

防潮糖粉……………適量

甜塔皮

1. 攪拌機裝上槳狀頭，加入奶油攪拌直到均勻軟化。加入杏仁粉、鹽與糖粉繼續攪拌，接著加入蛋。加入麵粉與澱粉後盡量以最短的時間混合，避免出筋。將麵團放在烤盤上以保鮮膜包緊，冷藏 1 小時。
2. 取出麵團擀平後，裁切成直徑 12 公分的圓形。放在烤盤上，於入模前再冷藏 30 分鐘。
3. 在直徑 8 公分、高 2 公分的塔圈內側抹上奶油。入模後切下多餘的部分，冷藏 1 小時。

杏仁奶餡

4. 過篩糖、杏仁粉與布丁粉。將奶油放入攪拌機以槳狀頭打至軟化，但不要變成慕斯狀；若是打入太多空氣，會導致奶餡在烘烤時膨脹，然後下陷變形。奶油打至理想狀態後加入過篩好的粉類以及蛋，繼續攪拌。接著加入卡士達醬，攪拌到質地均勻為止。
5. 將塔皮放在烤盤上，填入杏仁奶餡。冷凍 1 小時。
6. 取出後放入烤箱以 170 ℃ 烤 18-20 分鐘。放涼備用。

草莓果糊

7. 將整顆草莓以均質機攪打約 10-15 分鐘，直到籽也完全打碎。在大鍋裡將草莓果肉與一半的特砂一起加熱，40℃時加入剩下的特砂與果膠混合，煮滾約 5-6 分鐘後倒入檸檬汁。

繼續煮滾一會，取出放涼。放進密封容器內冷藏備用。

香緹

8. 攪拌機裝上球狀頭，打發以 4℃ 冷藏的鮮奶油。當香緹快要打發成型但還是雪狀時，撒入糖與香草粉，繼續攪拌至打發。放入密封容器冷藏備用。

法式蛋白霜

9. 在攪拌機裡以中速打發蛋白，分次撒入糖。繼續打發直到蛋白出現光澤、柔滑且成形。撒入糖粉，以橡皮刮刀或刮板輕拌，避免混合過度而消泡。放入擠花袋以 15 號花嘴擠出直徑 5 公分、高 3 公分的蛋白霜球。放進烤箱以 80℃ 烤 3 小時，並留在烤箱內放置整晚乾燥。保存備用。

櫻花風味白豆沙蒙布朗絲

10. 攪拌機裝上槳狀頭，混合櫻花風味白豆沙與融化奶油，再加入 30° 波美糖漿。拌勻後填入裝有蒙布朗專用花嘴的擠花袋裡，冷藏備用。

組裝與完成

11. 在基底的塔皮上擠上草莓果糊。擺放蛋白霜、擠上香緹，然後擠上櫻花風味白豆沙蒙布朗絲。撒上少許防潮糖粉。

LE MONT-BLANC

CHRISTOPHE APPERT
Angelina, Paris

—

MONT-BLANC INVERSÉ

翻轉蒙布朗

份量	準備時間	烘烤時間	靜置時間
6-8 人份	3 小時	1 小時	1 小時 30 分鐘

蛋白霜
蛋白·····300 公克
砂糖·····300 公克
糖粉·····300 公克

栗子慕斯
栗子膏·····140 公克
馬斯卡彭乳酪·····125 公克
鮮奶油（含脂量 35%）·····250 公克

蒙布朗香緹
鮮奶油（含脂量 35%）·····450 公克
糖粉·····15 公克
即溶奶粉（含脂量 26%）·····15 公克

蒙布朗絲
栗子膏·····300 公克

完成・裝飾
糖粉（非必要）·····適量
金箔·····適量

蛋白霜
1. 攪拌機裝上球狀頭，以慢速打發蛋白。加入一半的糖繼續打發，直到質地緊緻且顏色夠白。再加入剩下的糖，同樣要打到質地緊密且顏色亮白的狀態。
2. 在步驟 1 撒入過篩糖粉，以橡皮刮刀輕拌混合至表面光滑且質地均勻。
3. 準備直徑 4 公分的半圓矽膠模。將矽膠模倒放，圓弧部分朝上，以 6 號聚碳酸酯（塑膠）擠花嘴擠上蛋白霜。
4. 在矽膠模的圓頂部分以畫螺旋的方式擠上蛋白霜，記得手勢要穩住且不要過量。放進烤箱以 90℃烤 1 小時。
5. 烤熟後先留在模上，放涼後再取下。

栗子慕斯
6. 攪拌機裝上槳狀頭，將栗子膏與馬斯卡彭乳酪一起攪拌直到質地光滑均勻。
7. 以球狀頭打發鮮奶油，注意不要打過發。
8. 將 1/3 的打發鮮奶油加進步驟 6，以抹刀或橡皮刮刀輕拌，直到滑順均勻。加入剩下的鮮奶油，並重複同樣動作。靜置冷藏 30 分鐘。

蒙布朗香緹
9. 攪拌機裝上球狀頭將鮮奶油打發，再一次倒入糖粉與奶粉。小心輕拌直到質地均勻滑順。冷藏 30 分鐘備用。

蒙布朗絲
10. 攪拌機裝上槳狀頭，攪打栗子膏直到滑順均勻。裝進擠花袋，以塑膠蒙布朗擠花嘴在烘焙紙上擠出直徑 6 公分、高 1 公分的螺旋狀蒙布朗絲。放入冷藏至少 30 分鐘，使蒙布朗絲冰硬。

組裝
11. 準備好二個一對的蛋白霜。其中一個蛋白霜擠入栗子慕斯，另一個蛋白霜內則擠上香緹。然後將兩個蛋白霜像馬卡龍一樣貼合。
12. 將接合好的蛋白霜球放在栗子蒙布朗絲的底座上。
13. 擠花袋裝上 3 號圓形擠花嘴，將栗子慕斯擠在兩個蛋白霜殼之間以遮蓋接縫處。
14. 可依個人喜好灑上糖粉，最後放上金箔作為裝飾。

LE MONT-BLANC

MORI YOSHIDA
Paris

—

MONT-BLANC
蒙布朗

份量	準備時間	烘烤時間
12 人份	1 小時 15 分鐘	12 分鐘

杏仁奶餡

奶油	200 公克
糖粉	200 公克
蛋	170 公克
杏仁粉	200 公克

蒙布朗底座

妃樂酥皮（pâte filo）	3 片
奶油	適量

香緹

鮮奶油	250 公克
砂糖	25 公克
馬斯卡彭乳酪	28 公克
香草莢	1/4 根

蒙布朗絲

栗子泥	200 公克
栗子膏	100 公克
蘭姆酒	10 公克
卡士達醬	68 公克
香緹	38 公克

完成・裝飾

防潮糖粉	適量

杏仁奶餡

1. 混合常溫奶油與糖粉直到質地滑順。分三次加入蛋，再加入杏仁粉攪拌均勻。

蒙布朗底座

2. 在每片妃樂酥皮上均勻刷上融化奶油。將三片酥皮疊起放入圓形模具內，底部填入杏仁奶餡（會有剩）。放入烤箱以 170℃ 烤 12 分鐘。

香緹

3. 混合鮮奶油、砂糖、馬斯卡彭乳酪以及香草籽。打發直到緊實挺立。

蒙布朗絲

4. 混合栗子泥、栗子膏與蘭姆酒，直到質地滑順。加入香緹與卡士達醬，輕拌並混合均勻。

組裝

5. 在烤好放涼的蒙布朗底座（妃樂酥皮與杏仁奶餡）擠上香緹，直到成為有一定高度的圓頂。接著以蒙布朗擠花嘴從底部開始往上利用繞圓的方式擠出蒙布朗絲，並蓋住整個香緹圓頂。
6. 最後撒上防潮糖粉。

LE MONT-BLANC

MONT-BLANC FRAIS

新鮮蒙布朗

為何如此簡單？

· 這純粹是個組合食譜，只需要組裝。

· 不用烤，不用靜置，一切都在彈指間完成！

份量　　　　準備時間
6 個　　　　20 分鐘

全脂鮮奶油⋯⋯⋯⋯⋯⋯⋯50 厘升	1. 將鮮奶油打發成香緹，不加糖（或放入虹吸氣壓瓶）。
蛋白霜（從麵包店購買）⋯⋯⋯⋯ 3 大塊	2. 每個蛋白霜用切模切成兩片圓片。在每個圓片上加上一茶匙的
藍莓果醬⋯⋯⋯⋯⋯⋯⋯⋯⋯適量	藍莓果醬與少許栗子抹醬，再用擠花袋或湯匙蓋上一球漂亮的
栗子抹醬⋯⋯⋯⋯⋯⋯⋯⋯⋯2 條	白乳酪。
希臘白乳酪⋯⋯⋯⋯⋯⋯⋯⋯1 公升	3. 再次擠上栗子抹醬。
新鮮藍莓⋯⋯⋯⋯⋯⋯⋯⋯⋯適量	4. 接著擠上一球玫瑰狀的香緹。
可可粉⋯⋯⋯⋯⋯⋯⋯⋯⋯⋯適量	5. 以新鮮藍莓與可可粉裝飾。

實用美味建議

· 注意：一定要買真正的希臘白乳酪（Kolios 或 Mavrom-
matis 等牌子）而不要買「希臘優格」，不然水分會太
多，做出來的成果差別非常大。在超市很容易就能找到
真正的希臘白乳酪。

· 希臘白乳酪可以帶來宛如輕盈奶餡的美味，些許的酸味
也和栗子抹醬非常搭。

· 香緹還是自己製作比較好，這樣才可以做成無糖口味。

· 如果遇上黑色水果產季，可以毫不猶豫地換成桑葚、黑
醋栗口味。

· 也可以用有機商店販賣的冷凍乾燥水果粉（藍莓、黑醋
栗、覆盆子）取代可可粉。

L'OPÉRA
歐培拉

━━

洗鍊的外型與極具設計感的線條，歐培拉的迷人之處在
於不受時代限制，永遠經典不敗。這個著名甜點成功讓
巧克力與咖啡兩位王者結盟，適合喜歡強烈味覺感受的
甜點愛好者。宛如一場濃郁與甜味的美味遊戲，藉由柔
軟的喬孔達蛋糕體、滑順香濃的奶油霜，以及入口即化
的甘納許臻於極致。這正是歐培拉的魅力所在──強烈
而溫柔，卻又優雅無比。

GILLES MARCHAL
吉爾・瑪夏爾

Paris

———

假若有人想要描繪一個甜點師的形象，大概沒有辦法想像出比吉爾・瑪夏爾更適合的人了。出生於洛林省的瑪夏爾是巧克力代理商之子（這點相當幸運），有著深度的熱情與對美味甜點的獨特感性，並展現在他高品質的作品當中。除了在各大知名飯店（Hôtel de Crillon、Plaza Athénée、Le Bristol）的工作經歷，也曾罕見地擔任「Maison du Chocolat」的創意總監，被周遭的同僚視為這個世代最偉大的甜點師之一。他每天都在自己充滿魅力的店面愉快地向蒙馬特的居民與觀光客提供美味的饗宴，除了絕妙的夏洛特蛋糕、各種塔派，豪華的千層派與慕斯蛋糕，當然還有非凡的瑪德蓮（無疑是巴黎最好的瑪德蓮之一，也是世界上最棒的）。

關於歐培拉的幾個問題

您覺得怎樣才稱得上是一個好的歐培拉蛋糕？

我最喜歡的，正是無法被輕易改變的經典！對我來說，好的歐培拉應當遵循藝術的法則，尊重它應有的結構並表現預期中的滋味。

———

我們該如何讓歐培拉走向現代化？

這是個很大的挑戰：讓歐培拉隨著時代進化，卻又不失其本質。比方說我個人的做法就是大量減糖，比起學徒時代應該減少了將近一半的糖量。此外我也幾乎不使用咖啡濃縮液，而是採用真正高濃度的濃縮咖啡。

———

製作歐培拉時應該注意的事？

不要淋太多鏡面！厚度應該要恰好呈現出鏡面的質感，一旦過多就會太甜。好的歐培拉蛋糕必須保有完美的平衡。

OPÉRA

歐培拉

BY GILLES MARCHAL

Paris

———

 份量
60 人份

 準備時間
3 小時

 烘烤時間
5-6 分鐘

 靜置時間
24 小時

 浸泡時間
24 小時

咖啡潘趣（提前兩天製作）
烘焙咖啡豆（搗碎）··············125 公克
礦泉水··························1 公升
30° 波美糖漿（250 公克的水與 340 公
　克的砂糖為基底）··············500 公克
咖啡萃取液或極濃濃縮咖啡（幾乎無
　糖）··························90 公克

巧克力鏡面兼隔離層
（前一天製作）
淋面用黑巧克力··················500 公克
厄瓜多黑巧克力··················200 公克
葵花油··························80 公克

喬孔達蛋糕體（前一天製作）
全蛋····························500 公克

杏仁粉··························300 公克
糖粉····························300 公克
蛋白····························380 公克
砂糖····························100 公克
T45 麵粉（過篩）················180 公克

英式蛋奶醬（前一天製作）
牛奶····························100 公克
蛋黃····························60 公克
砂糖····························80 公克

咖啡穆斯林奶餡（前一天製作）
英式蛋奶醬······················200 公克
奶油····························600 公克
咖啡萃取液或極濃濃縮咖啡······40 公克
義式蛋白霜······················550 公克

義式蛋白霜（前一天製作）
礦泉水··························60 公克
砂糖····························200 公克
蛋白····························100 公克

黑巧克力甘納許（前一天製作）
全脂牛奶························300 公克
厄瓜多黑巧克力··················400 公克
奶油····························125 公克

完成·裝飾
可可粉··························適量
金箔····························適量

※ 歐培拉完成尺寸為 60x40x2.5 公分

咖啡潘趣（提前兩天製作）

混合烘焙咖啡豆（用擀麵棍碾碎）與水，煮滾後浸泡 24 小時。

過濾，加入糖漿與咖啡萃取液。

巧克力鏡面兼隔離層（前一天製作）

將兩種黑巧克力隔水加熱融化到 40℃，加入葵花油。使用溫度為 35℃，保存備用。

喬孔達蛋糕體（前一天製作）

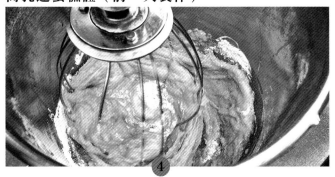

預熱烤箱至 240℃。將全蛋與杏仁粉、糖粉攪打至顏色泛白。

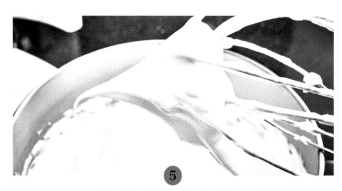

打發蛋白並加入砂糖，持續攪拌直到拉起尖端呈鳥嘴狀。

將打好的蛋白霜加入步驟 4 的蛋糊中，再以橡皮刮刀輔助輕輕拌入麵粉。

倒在三個烤盤上抹平，以取得三個 60x40 公分的長方形蛋糕體（每個約 550 公克）。放入烤箱烘烤 5-6 分鐘，注意不要過度上色或烤過熟，會導致太乾不易吸收糖漿。

組裝（第一階段，前一天準備）

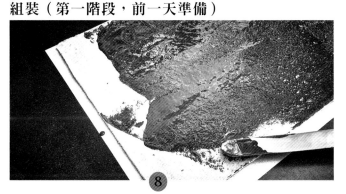

將第一片蛋糕體放在烘焙紙上，正面塗上薄薄一層巧克力鏡面，像是蛋糕的防水層。靜置等待乾燥。

將蛋糕體放到長方形框模裡，以塗有巧克力鏡面的一面朝下，孔洞較大的那面朝上。用毛刷刷上咖啡潘趣使之濕潤。靜置期間可以準備其他材料。

英式蛋奶醬（前一天製作）

10

加熱牛奶。在小型調理盆裡以手持打蛋器混合蛋黃與糖，待牛奶煮滾後將一半的量倒入蛋糊中，以打蛋器攪拌均勻。接著再全部倒回鍋內與剩下一半的牛奶混合，加熱至 83℃製成英式蛋奶醬。

咖啡穆斯林奶餡（前一天製作）

11

攪拌機裡放入冷藏奶油，再以濾網過濾加入溫熱的英式蛋奶醬，快速攪打直到乳化。期間至少停止攪打一次，用橡皮刮刀將邊緣的奶餡刮乾淨。

12

加入咖啡液繼續攪打到質地均勻，並持續刮下邊緣的奶餡。取出後靜置於常溫。

義式蛋白霜（前一天製作）

13

加熱水與糖至 121℃。煮到 110℃時，同時開始打發蛋白（轉速3）。一邊倒入 121℃的糖漿一邊以低速持續攪拌，待降溫至 45℃時改以中速攪打 1 分鐘，再轉為高速。

14

用橡皮刮刀將 1/3 的義式蛋白霜拌入穆斯林奶餡。混合均勻後，再拌入剩下的蛋白霜。

組裝（第二階段，前一天準備）

15

取出事先刷上糖漿的喬孔達蛋糕體。用 L 型抹刀抹上 500 公克的穆斯林奶餡，厚度約 2 公釐。

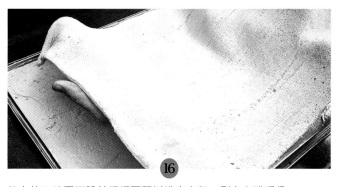

16

放上第二片蛋糕體並輕輕壓緊以排出空氣。刷上咖啡潘趣。

黑巧克力甘納許（前一天製作）

煮滾牛奶，倒在巧克力上並輕輕混合，使其自然融化 30 秒。

加入切塊奶油後以均質機混合，直到乳化。完成後立即使用。

組裝（第三階段，前一天準備）

在第二片蛋糕體上塗抹甘納許。冷藏 5 分鐘使甘納許凝固。

在框模中放上第三片蛋糕體並輕輕壓緊。先刷上咖啡潘趣，再填入剩餘的穆斯林奶餡並抹平表面。組裝完成後，冷藏靜置 24 小時讓味道熟成。

組裝（最後階段，當日）

脫模，用抹刀在表面覆蓋一層非常薄的巧克力鏡面。

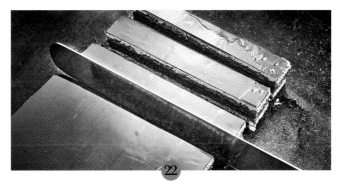

待鏡面凝固後，用微溫的刀將歐培拉裁切成 20 個寬 3 公分的長條，每條再切割成三等份。

撒上可可粉，邊緣以抹刀修飾抹平，最後點綴上金箔。

主廚建議

- 如果是在家裡製作的話，配方可以減至1/4的量，並配合自家模具調整大小。
- 按食譜順序完成非常重要，例如蛋白霜要在使用前才立即打發。
- 喬孔達蛋糕體出爐後應馬上移到涼架上放涼，以免在烤盤上持續受熱。

重點材料

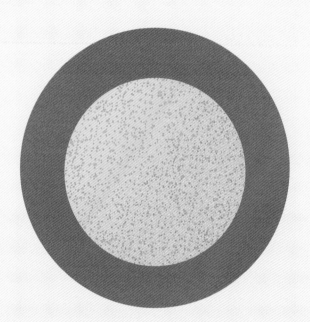

喬孔達蛋糕（Biscuit Joconde）

這個名字很好聽的蛋糕體，是法式甜點最經典的蛋糕基底之一。它的質地輕盈且柔軟，在烤盤上只有薄薄一層，與蛋糕捲所使用的蛋糕體很相似，但差別在於材料中會添加杏仁粉。除了是歐培拉不可或缺的一部分，喬孔達蛋糕也經常用於製作各種聖誕節劈柴蛋糕或慕斯蛋糕，用途相當廣泛。烤製時間短、容易保存等等都是在製作工程繁複的甜點時不可多得的優點，好好思考一下該如何運用，它肯定會回報你的。

咖啡

就甜點來說，咖啡其實不太合群。然而，如果好好下點功夫並注重比例，這個神奇的材料便能帶來濃烈的味覺感受。問題在於多年以來，製作甜點時幾乎一概會選擇使用咖啡萃取液，這麼做雖然方便卻也理所當然地導致味道過於標準化，與產區咖啡豆的豐富滋味相距甚遠。雖然我們很佩服那些在法國與納瓦拉（Navarre）取得如此突破的店家，如今我們還是對於所有咖啡系列的蛋糕只添加單一且非天然的風味感到十分遺憾。好消息是，這個現象正在改變。事實上，當今甜點師開始分頭尋找高品質的咖啡豆，且經常聽取咖啡專家或顧問的專業建議。因此無須猶豫，快去拜訪附近的咖啡豆專賣店吧！

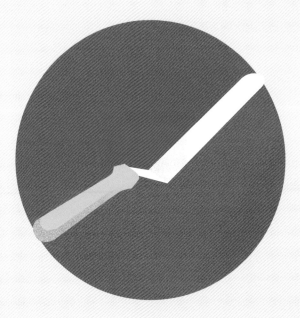

框模

框模（慕斯框）以自家烘焙來說很少使用，卻是專業甜點師的必備道具。這種金屬製品一般而言尺寸偏大，能倒入需要烘烤或凝固成形（例如果凍）的備料，並保持一定的形狀。其中又以長方形的框模最常見，可以調整成需要的尺寸，非常實用。另外還有一種進階版、可重疊的框模，適合用來製作有層次的蛋糕（尤其是歐培拉這類），可以讓組裝既快速又穩定（同時避免操作與移動多盤刷濕蛋糕體帶來的高風險）。

L 型抹刀

讓我們在此向發明 L 型抹刀的無名英雄致敬。如果在閱讀這段文字時，你感到無法理解這個乍看平凡的工具究竟有何神奇之處，想必是因為你從來沒有嘗試過抹平甜點材料。抹刀簡單的彎角讓我們得以完美地控制工具的方向角度，而不至於造成手腕與肩膀的負擔。L 型抹刀是如此地實用，卻也經常因為其成功而導致問題；人們變得會用它來應對所有情況，即便有些時候其實不應該使用抹刀等工具輔助，而是應該靜置並任其自然平整。

成功的小祕訣

- 我們就別拐彎抹角了：遵循甜點藝術法則製作的歐培拉需要極為繁瑣的工序。所以請提前幾天開始準備吧！

- 如果選擇像甜點店鋪一樣以大框模來製作歐培拉，記得為廚房與冰箱預留足夠的空間，以便進行各種操作。

- 特別留意穆斯林奶餡，因為很容易出錯。請謹慎地依照書中甜點主廚的食譜指示操作。

- 避免使用咖啡萃取液，這樣會讓奶餡的風味變得沒那麼有深度。

翻轉歐培拉

- 試著保留「咖啡＆巧克力」的基本組合，捨棄其他的部分——跟奶油霜與喬孔達蛋糕體說再見，迎接咖啡冰淇淋、巧克力酥菠蘿或是可可香緹等作為基底。

- 就好比玩連連看遊戲，去掉咖啡改用其他強烈的風味與巧克力結合：抹茶與巧克力、柑橘類與巧克力，或者何不嘗試看看薄荷與巧克力，或是辣椒與巧克力呢？

- 改變糖漿的口味，選擇陳年威士忌或上等的蘭姆酒。

- 用美好的錯覺帶來驚喜，例如以杜絲（Dulcey）巧克力的打發甘納許取代咖啡穆斯林奶餡。但注意這可能導致成品變得更甜，要靠你自己找出平衡點……

創意變化食譜

獨創歐培拉

by 皮耶・艾爾梅
PIERRE HERMÉ
Paris

———

綠竹抹茶歐培拉

by 青木定治
SADAHARU AOKI
Paris

———

歐培拉

by 尼可拉・帕希洛
NICOLAS PACIELLO
Le Prince de Galles, Paris

———

快速簡易食譜
搖滾歐培拉

PIERRE HERMÉ
Paris
—

OPÉRA À MA FAÇON

獨創歐培拉

份量	準備時間	烘烤時間	靜置時間	浸泡時間
6 人份 x 2 個	3 小時 20 分鐘	約 35 分鐘	8 小時	12 小時

黑巧克力圓片

64% 黑巧克力…………250 公克
玉米油……………… 20 公克
核桃油………………15 公克

反式折疊千層派皮

奶油（1）…………… 375 公克
T45 麵粉（1）…………150 公克
礦泉水………………150 公克
白醋…………………2.5 公克
鹽之花………………17.5 公克
奶油（2）…………… 112 公克
T45 麵粉（2）…………350 公克

千層派皮烘烤與焦糖化

砂糖…………………適量
糖粉…………………適量

巴西伊帕（Iapar）紅咖啡浸泡液

牛奶…………………… 275 公克
巴西伊帕紅咖啡粉（L'Arbre à
Café 有售）……………40 公克

義式蛋白霜

礦泉水………………35 公克
砂糖（1）……………125 公克
蛋白（約 3 顆的量）……65 公克
砂糖（2）…………… 5 公克

巴西伊帕紅咖啡奶油霜

咖啡浸泡液…………… 90 公克
蛋黃（約 2-3 顆的量）70 公克
砂糖…………………40 公克
常溫軟化奶油 …………450 公克
義式蛋白霜 …………175 公克

無盡巧克力甘納許

奶油…………………42 公克
64% 黑巧克力 …………170 公克
鮮奶油（含脂量 35%）…………
………………………200 公克

喬孔達蛋糕體

奶油………………… 20 公克
T45 麵粉………………30 公克
杏仁粉………………113 公克
花蜜…………………10 公克
糖粉………………… 90 公克
全蛋（約 3 顆的量）…150 公克
蛋白（約 3 顆的量）…95 公克
砂糖（含表面使用）……15 公克

濃烈巴西伊帕紅咖啡糖漿
（1）香濃巴西伊帕紅咖啡液
礦泉水………………900 公克
巴西伊帕紅咖啡粉……300 公克
（2）糖漿
砂糖………………… 315 公克
礦泉水……………… 285 公克
（3）完成
香濃巴西伊帕紅咖啡液…………
………………………500 公克
糖漿………………600 公克

完成‧裝飾

可可粉…………………適量
金箔…………………適量

黑巧克力圓片

1. 將黑巧克力隔水加熱融化至 45℃，加入玉
米油與核桃油。將 250 公克巧克力抹平在
60x40 公分的巧克力調溫塑膠膜上，然後夾在
兩個烤盤之間放入冷藏，以保持巧克力平整。
用溫熱的刀裁出 6 個直徑 20 公分的圓片。

反式折疊千層派皮

2. 攪拌機裝上槳狀頭把奶油（1）打軟，接著加
入麵粉（1）打至均勻即可，盡可能避免過度
攪拌。在矽膠墊上將麵團擀成方形，再覆蓋
上一張烘焙紙，冷藏 1 小時。

3. 用微波爐加熱奶油（2）使其軟化。攪拌機裝
上勾狀頭加入剩餘材料攪打，製作千層基礎調
和麵團。將麵團放在置有矽膠墊的烤盤上塑成
正方形後，包覆保鮮膜冷藏靜置 1 小時。

4. 將調和麵團包進步驟 2 中，注意兩個麵團的
質地必須相同。將麵團擀長並像皮夾一樣折
疊，進行一次雙折後，立刻再進行一次雙折。
放進冷藏休息 2 小時，之後再進行兩次雙折。

5. 裁切麵團之前再進行一次單折（將麵團分為
三等份從兩端向中心折疊）。以擀麵棍擀成 2
公釐厚，用叉子戳出小洞，然後裁切成烤盤的
大小。將麵團放進置有矽膠烤墊的烤盤，冷藏
休息至少 2 小時，才能確保在烘烤時順利膨發
且不會內縮。可以將千層麵團放入冷凍保存。

千層派皮烘烤與焦糖化

6. 預熱烤箱至 230℃。取出冷凍庫的千層麵
團，撒上砂糖後放入烤箱，並立刻降溫至
190℃烘烤 10 分鐘。壓上一層烤架，防止繼續
膨脹，續烤 8 分鐘。接著蓋上第二個烤盤，再
烤 10 分鐘。取出並翻轉烤盤，讓原本在上方
的烤盤變成在下方，再將上方烤盤與烘焙紙取
下。在轉為表面的底面灑上糖粉，放進烤箱以

250℃烘烤。出爐後用刀子裁切出兩個直徑 20 公分的圓形。

注意：切記不要過度焦糖化，否則會讓蛋糕產生苦味。

巴西伊帕紅咖啡浸泡液

7. 鍋內煮滾牛奶，加入咖啡粉後，蓋上保鮮膜浸泡不超過 3 分鐘。過濾備用。

義式蛋白霜

8. 將礦泉水與糖（1）一起煮滾至121℃。加熱至 115℃時，同時打發蛋白與糖（2）直到拉起前端呈鳥嘴狀，切勿過發。

9. 將 121℃的糖漿沖進打發好的蛋白中，持續以中速攪打直到蛋白霜冷卻為止。

巴西伊帕紅咖啡奶油霜

10. 在鍋內加熱步驟 7 的咖啡浸泡液。

11. 在另一個鍋裡混合蛋黃與糖攪打至泛白，再倒入咖啡浸泡液快速攪拌。以小火加熱一邊攪打，一邊煮到 85℃。由於此配方含蛋量較高，要小心奶餡容易黏在鍋底。均質過後倒進攪拌機中，裝上球狀頭以中速打到降溫。

12. 攪拌機裝上槳狀頭，將奶油打到軟化。加入步驟 11 放涼的咖啡英式蛋奶醬，再次均質後倒入大盆中。輕輕拌入義式蛋白霜。

無盡巧克力甘納許

13. 將奶油回溫。巧克力隔水加熱融化至 35-40℃。在鍋內加熱鮮奶油，分三次倒入融化的巧克力中，每次倒入都要攪拌均勻。接著拌入常溫奶油，均質成為均勻的甘納許。

喬孔達蛋糕體

14. 在鍋內融化奶油。過篩麵粉。攪拌機裝上球狀頭，依序加入杏仁粉、花蜜、糖粉以及一半的全蛋，攪打 8 分鐘至乳化。再加入剩下的蛋，攪打 10-12 分鐘至乳化。取少許蛋糊加進融化奶油中拌勻。另外打發蛋白與糖，然後拌進先前的蛋糊中。撒入麵粉輕輕拌勻，最後加入融化奶油。

15. 預熱烤箱至 230℃。準備 400 公克的喬孔達麵糊，用 L 型抹刀抹平在鋪有烘焙紙的烤盤上。

16. 進烤箱烘烤約 5 分鐘。將烘焙紙與喬孔達蛋糕體一起移至涼架上放涼。在矽膠烤墊上撒糖，將巧孔達蛋糕體倒放於其上，撕下烘焙紙。用刀子裁出兩個直徑 20 公分的圓片，蓋上保鮮膜。

濃烈巴西伊帕紅咖啡糖漿

17. **（1）香濃巴西伊帕紅咖啡液**：煮滾水，倒入咖啡粉混合並於常溫放置一晚。以極細濾布過濾。

（2）糖漿：煮滾所有材料，撈除雜質。冷卻後放進密封容器冷藏保存。

（3）完成：混合以上兩種材料。

組裝與完成

18. 重新加熱咖啡糖漿後，刷在喬孔達蛋糕體上。

19. 在鋪有烘焙紙的烤盤擺上兩片蛋糕體圓片以及兩個直徑 20 公分的圈模。填入 250 公克的甘納許，冷藏 2 小時凝固。脫模後以甘納許那面朝下，放在千層派皮上。

20. 兩個蛋糕體都以 10 號圓形擠花嘴擠上咖啡奶油霜，黏上第一片巧克力圓片。外緣預留 0.5 公分的邊，先擠上一圈球狀的奶油霜，再將中間填滿，疊上第二層巧克力片。重複相同動作，疊上第三層巧克力片。

21. 以過篩可可粉與金箔裝飾。

22. 品嚐前，記得從冷藏取出先退冰 1 小時。

SADAHARU AOKI
Paris

BAMBOO, OPÉRA AU THÉ VERT

綠竹抹茶歐培拉

份量
30 人份

準備時間
2 小時 30 分鐘

烘烤時間
8-10 分鐘

抹茶喬孔達蛋糕體

蛋	560 公克
杏仁粉	500 公克
糖粉	500 公克
蛋白	420 公克
特砂	160 公克
抹茶粉	20 公克
麵粉	115 公克
澄清奶油	100 公克

抹茶糖漿

水	750 厘升
特砂	500 公克
櫻桃酒	250 厘升
抹茶粉	25 公克

抹茶奶油霜

牛奶	110 厘升
香草莢	1/2 根
蛋黃	65 公克
特砂（1）	125 公克
特砂（2）	150 公克
水	50 厘升
蛋白	75 公克
奶油	450 公克
抹茶粉	40 公克

甘納許

鮮奶油（含脂量 35%）	600 公克
葡萄糖	100 公克
55% 厄瓜多黑巧克力	500 公克
奶油	50 公克

白巧克力噴砂

白巧克力	700 公克
可可脂	300 公克

抹茶鏡面（會有剩）

鮮奶油	400 公克
鏡面果膠	400 公克
白巧克力	700 公克
抹茶粉	40 公克

完成・裝飾

特砂	適量
糖粉	適量
抹茶粉	適量
馬卡龍	適量

抹茶喬孔達蛋糕體

1. 以攪拌機混合蛋、杏仁粉、糖粉。在另一個攪拌機內打發蛋白與特砂。在第一個攪拌機裡加入預先混合好的抹茶粉與麵粉，接著加入打發蛋白輕輕拌勻。拌入澄清奶油後，鋪平在矽膠烤墊上，放進烤箱以 220℃ 烤 8-10 分鐘。此份量可裁切出 12 片邊長 18 公分的蛋糕體，每 10 人份的蛋糕會需要 4 片。

抹茶糖漿

2. 煮滾水與特砂。加入櫻桃酒與抹茶粉，混合均勻。

抹茶奶油霜

3. 將牛奶與香草一起煮滾。接著製作英式蛋奶醬，混合蛋黃與特砂（1），倒入熱牛奶混勻後，重新加熱至 85℃。以均質機打勻，攪拌直到冷卻。

4. 加熱特砂（2）與水至 118℃，再與打發的蛋白混合，製成義式蛋白霜。在英式蛋奶醬中拌入奶油，再加入蛋白霜輕拌混勻。以少量抹茶糖漿溶化抹茶粉，混入奶油霜裡。

甘納許

5. 混合鮮奶油與葡萄糖一起煮滾，倒入預先搗碎的巧克力中，攪拌直到乳化。40℃ 時加入奶油混勻。

白巧克力噴砂

6. 將兩種材料分別加熱融化至 40℃，混合均勻。

抹茶鏡面

7. 混合鮮奶油與鏡面果膠一起煮滾，倒入切碎的白巧克力裡。混合直到乳化，再加入抹茶粉拌勻。

組裝與完成

8. 在抹茶喬孔達蛋糕體抹上薄薄一層甘納許。於表面撒上特砂，放入冷藏冷卻。

9. 將蛋糕體塗上甘納許的那面朝下，放入不銹鋼框模中。表層依序塗上 300 厘升左右的抹茶糖漿，以及一半的甘納許。

10. 蓋上第二層喬孔達蛋糕體，表面重新塗上約 300 厘升的抹茶糖漿。填入抹茶奶油霜後蓋上第三層喬孔達蛋糕體。再次塗上 300 厘升的抹茶糖漿以及剩下的甘納許。

11. 蓋上第四層喬孔達蛋糕體，塗上抹茶糖漿與抹茶奶油霜。放入冷凍庫。

12. 取下框模，表面噴上白巧克力噴砂，並淋上薄薄一層抹茶鏡面。

13. 撒上糖粉與抹茶粉，最後以馬卡龍裝飾。

NICOLAS PACIELLO
Le Prince de Galles, Paris

OPÉRA

歐培拉

份量	準備時間	烘烤時間	靜置時間	浸泡時間
15 個	*2 小時*	*6-8 分鐘*	*18 小時*	*2 小時*

喬孔達蛋糕體

奶油	40 公克
糖粉	100 公克
杏仁粉	100 公克
全蛋	240 公克
蛋白	110 公克
砂糖	20 公克
麵粉	55 公克

打發咖啡甘納許
（前一天製作）

吉利丁片	5 片
白巧克力	40 公克
咖啡萃取液	45 公克
鮮奶油	975 公克

巧克力甘納許

70% 黑巧克力	600 公克
鮮奶油	680 公克
葡萄糖	100 公克
蜂蜜	100 公克
奶油	60 公克

咖啡糖漿

咖啡豆	265 公克
水	600 公克
砂糖	115 公克
橘子皮	1/2 顆

完成・裝飾

黑巧克力	適量
巧克力細條裝飾	適量

喬孔達蛋糕體

1. 融化奶油。將糖粉與杏仁粉混合後，加入全蛋，用打蛋器攪打至泛白。
2. 混合蛋白與糖打至全發。將麵粉混入步驟 1 的蛋糊，再加入融化的奶油。接著以橡皮刮刀輔助，輕輕拌入打發蛋白。準備邊長 30 公分的方模，倒入麵糊抹平成 3 公釐厚。放進烤箱以 175℃ 烤 6-8 分鐘。

打發咖啡甘納許（前一天製作）

3. 將吉利丁片於冰水中浸泡 20 分鐘。
4. 融化切碎後的白巧克力，加入咖啡萃取液。慢火加熱 1/3 的鮮奶油，接著加入吉利丁。將此鮮奶油分兩次加入白巧克力中，製成甘納許。完成後倒入剩下的冷鮮奶油，以橡皮刮刀拌勻。冷藏 12 小時備用。
5. 將甘納許以打蛋器打發到理想的質地後使用，小心不要打過發。

巧克力甘納許

6. 融化切碎的巧克力。在鍋中加熱鮮奶油、葡萄糖與蜂蜜，接著分次倒入巧克力中製成甘納許。
7. 甘納許完成後加入切塊奶油，均質混勻。

咖啡糖漿

8. 打碎咖啡豆，在鍋裡乾烤 5 分鐘。
9. 將糖、水、橘子皮製成糖漿。
10. 將烘烤過的咖啡豆趁熱加入糖漿裡，浸泡 2 小時。

組裝與完成

11. 在喬孔達蛋糕體上塗抹薄薄一層黑巧克力。將塗上巧克力的那面朝下，放入 30x30x0.5 公分的框模。表面刷上糖漿，疊上第二層相同尺寸的框模，抹平一層打發咖啡甘納許後放入冷藏。疊上最後一層方模，放入另一層刷好糖漿的喬孔達蛋糕體，接著直接淋上巧克力甘納許。冷藏 6 小時。
12. 全部脫模後，每人份的蛋糕裁切成 12x2 公分，再把兩個蛋糕疊在一起。
13. 最後以聖多諾黑擠花嘴擠上打發咖啡甘納許，再以極細的巧克力細條裝飾。

OPÉRA ROCK

搖滾歐培拉

為何如此簡單？

· 超美味的巧克力蛋糕體完全不會失手，甚至不需要將蛋白打發。

· 再也不需要製作複雜的穆斯林奶餡，只要幾分鐘便能完成濃郁的甘納許。

 份量 6 人份	 準備時間 45 分鐘	 烘烤時間 40-60 分鐘

白巧克力 ……………………………… 220 公克
鮮奶油……………………………………10 厘升
上等研磨咖啡粉 ………………………… 1 茶匙
奶油 ………………………………………150 公克
黑巧克力（1）…………………………… 300 公克
蛋 …………………………………………5 顆
麵粉 ………………………………………30 公克
砂糖 ………………………………………150 公克
黑巧克力（2）…………………………… 200 公克
過濾水 ……………………………………30 厘升
咖啡利口酒 ………………………………30 厘升
鹽 …………………………………………1 小撮
可可粉 ……………………………………適量

1. 搗碎白巧克力。將鮮奶油與咖啡粉一起煮滾，過濾掉咖啡渣後倒入白巧克力中。以橡皮刮刀輕輕攪拌，使其乳化。置於冷藏保存，同一時間可以準備烤蛋糕。

2. 融化奶油與黑巧克力（1）。在打散的蛋裡加入麵粉與糖，拌入巧克力奶油混合均勻。倒入邊長 22 公分的方模，以 190℃ 烤 40-60 分鐘。假如蛋糕中心仍有些濕軟的話，再延長烘烤時間。

3. 融化黑巧克力（2），塗抹薄薄一層在烘焙紙上，使其冷卻。凝固後裁切成邊長 6 公分的正方形以及閃電狀飾片。

4. 將蛋糕切成六個正方體，再由中間橫切成兩片。

5. 混合水與咖啡利口酒。於每片蛋糕體刷上咖啡利口酒液，在第一片蛋糕體抹上步驟 1 的甘納許後，疊上第二片蛋糕體。

6. 再抹上一層甘納許，並放上巧克力方形飾片。

7. 最上面擠上球狀的甘納許擠花，擺上閃電狀巧克力飾片並撒上可可粉即完成。

實用美味建議

· 提前一天製作好巧克力蛋糕體，會變得更加美味。

· 也可以用濃縮咖啡加糖取代咖啡利口酒。

· 這個食譜雖然超簡單，卻能享受到正統歐培拉蛋糕的風味。

LE PARIS-BREST
巴黎－布雷斯特

巴黎－布雷斯特以車輪造型驅動了甜點界！它是泡芙甜點的王者，閃耀著金色光芒，擁有令人夢寐以求的帕林內香氣。即便當代的甜點師讓巴黎－布雷斯特的蹤跡甚至遍及東京與雪梨，它的存在依舊永遠銘刻在法國美食文化遺產當中。

歷史

甜點與自行車愛好者都很熟悉的巴黎－布雷斯特誕生於 1910 年，由「Maison-Laffitte」的甜點師路易・杜宏（Louis Durand）為了向同名的自行車賽致敬而發明，而這間店也正好位在賽道途中。《Petit Journal》的主編兼賽事創辦人的皮耶・吉法（Pierre Giffard）委託杜宏設計一款甜點來見證這場賽事，這位甜點師於是發揮創意，創造了車輪狀的蛋糕。起初巴黎－布雷斯特的尺寸非常大（直徑30-50公分），且以麵包麵團為基底製作，由眾人一起分食享用。如今幸運的杜宏有其繼承者們維繫著這份傳統，在催生出這個經典甜點的店面裡，繼續販售美味的巴黎－布雷斯特。

組成

傳統的巴黎－布雷斯特是在車輪形狀的泡芙內填入榛果帕林內奶餡（根據不同版本，會以卡士達醬、奶油霜或穆斯林奶餡為基底），再撒上杏仁碎薄片。它的厲害之處就在於以極有效率的方式呈現出美味。

今日

甜點界經過這幾年的風水輪流轉，巴黎－布雷斯特終於重新獲得大眾的青睞。現代版的巴黎－布雷斯特與「重返經典」的改良，使其更加精緻且減少糖分，再加上存在感強烈的濃郁帕林內，都讓它受到高度歡迎；不僅變得更為輕盈，也成為符合 21 世紀美食潮流的甜點。巴黎－布雷斯特的多變性很容易激發甜點師的創意靈感，將他們導向布雷斯特以外的美好城市：巴黎－芒通的檸檬、巴黎－東京的抹茶或柚子、巴黎－紐約的胡桃，甚至是巴黎－迪納爾的蕎麥，任君挑選！即使不去改變泡芙搭配奶餡的經典構成，如今我們還是可以自由添加各式各樣的元素，例如不同夾心、酥菠蘿以及果乾等等。

JEAN-FRANÇOIS FOUCHER
尚‧方思瓦‧富歇

*Cherbourg, Deauville,
Neuilly-sur-Seine*

低調且穩重的富歇，必然是為將來甜點界樹立新典範的工匠之一。他過去曾是環遊世界的旅人，在凱悅集團旗下以甜點遊歷世界，到了 2010 年才終於放下行李箱並落腳法國瑟堡，在此追求製作出更自然、更貼近季節變化的甜點。過沒多久，他摒除色素與人工添加物以及優先使用當地食材的獨到作風成功地打動人心，位於諾曼第的店面因此成為所有甜點愛好者必須朝聖的熱點；隨後新的店面也陸續在多維爾（Deauville）、塞納河畔納依（Neuilly-sur-Seine）開張。他對季節感有著近乎瘋狂的堅持，夏季提供柔和的覆盆子或杏桃慕斯蛋糕，到了冬季如果靈感一來，則讓白花椰菜變身主角。異於常人的技術加上豐富的創作靈感，富歇無疑是同世代公認最有才華的甜點師之一。

關於巴黎－布雷斯特的幾個問題

關於巴黎－布雷斯特的回憶？

對我來說，這蛋糕是極為重要的甜點遺產。當我還小的時候，是只有週日才能吃到的甜點。我以甜點師身分第一次製作巴黎－布雷斯特是在波爾多的「Antoine」，記得配方裡使用了皮埃蒙特榛果。當時 17 歲的我是生平第一次看到這種作法。

您至今依然使用皮埃蒙特榛果嗎？

沒有，因為我們使用的是 100% 法國產的原料。自從 10 年前我在奧德（Aude）發現了非常棒的榛果，就沒必要再往外尋覓了。

您是否有調整過巴黎－布雷斯特的原始配方？

以構造上來說，當然有。作為專業人士我們也必須與時俱進，只顧著做出與 20 年前一樣的奶油霜並沒有意義。最大的挑戰在於追求清爽細膩，同時又不能失去濃郁的風味。

翻轉巴黎－布雷斯特的建議？

我曾做過腰果口味的版本，然而由於巴黎－布雷斯特的經典味道已經深植人心，結果導致我的客人十分困惑……不過在我的店裡，他們已經很習慣我不按常理出牌了（笑）。這次我以加入了帶有可可碎的奴軋汀（nougatine）呈現，不但帶出苦味也提升口感。不過嘗試變化必須要循序漸進，以保有巴黎－布雷斯特的靈魂。

LE PARIS-BREST

PARIS-BREST
巴黎－布雷斯特

BY JEAN-FRANÇOIS FOUCHER

Cherbourg, Deauville, Neuilly-sur-Seine

份量	準備時間	烘烤時間	冷凍時間
6 人份	2 小時	28 分鐘	3 小時

奴軋汀

砂糖	750 公克
NH 果膠	15 公克
葡萄糖	250 公克
奶油	615 公克
水	50 公克
杏仁	500 公克
可可碎	375 公克

酥菠蘿

麵粉	90 公克
奶油	145 公克
砂糖	180 公克
鹽	5 公克

泡芙麵團

水	250 公克
牛奶	250 公克
奶油	225 公克
蛋	375 公克
鹽	10 公克
麵粉	300 公克

帕林內脆片

牛奶巧克力	125 公克
榛果帕林內	250 公克
可可芭芮脆片	300 公克

帕林內夾心

帕林內	125 公克
牛奶巧克力	32 公克
榛果油	15 公克

帕林內穆斯林奶餡

牛奶	500 公克
砂糖	105 公克
蛋黃	105 公克
澱粉	60 公克
依思尼（Isigny）奶油（1）	150 公克
依思尼奶油（2）	150 公克
榛果帕林內	160 公克

完成・裝飾

糖粉	適量

奴軋汀

混合糖、NH 果膠、水、葡萄糖和奶油一起煮到 105℃，直到糖完全溶解為止。

加入杏仁和可可碎。

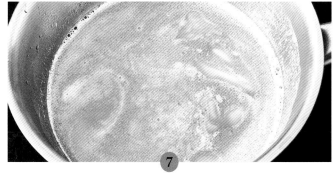

鋪平於矽膠烤墊上,放入烤箱以 170℃ 烤 12 分鐘。裁切成空心的圓形,外圈直徑 22 公分,內圈直徑 11 公分。

酥菠蘿

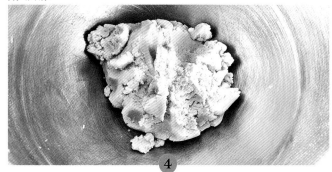

將所有材料放入攪拌機攪打至沙布列狀態並均勻成團。

將麵團置於兩張烘焙紙之間,擀成 1 公釐厚。

冷凍 3 小時,再裁切成直徑 3 公分的小圓。烤泡芙前,記得放在泡芙麵團上方一起烘烤。

泡芙麵團

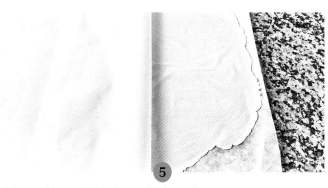

煮滾水、牛奶、奶油和鹽。

加入麵粉。

以中火炒乾 2 分鐘。

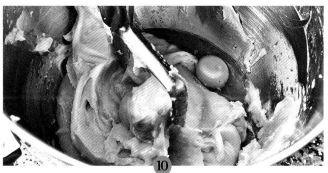

移至攪拌機中攪打冷卻至 40℃。再慢慢加入蛋混合均勻。

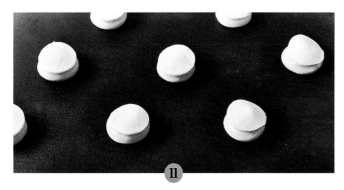

在鐵製烤盤上擠出 12 個直徑 4 公分的泡芙,上面擺放酥菠蘿圓片。

放進烤箱以 160℃ 烤 16 分鐘。

帕林內脆片

混合帕林內和融化巧克力。加入可可芭芮脆片。

夾在兩張烘焙紙之間擀成 2 公釐厚。待其完全冷卻後裁切成直徑 3 公分的圓片。保存備用。

帕林內夾心

帕林內穆斯林奶餡

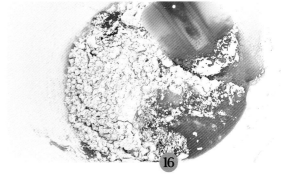

混合所有材料,裝進擠花袋中。

加熱牛奶。混合糖、蛋黃與澱粉。

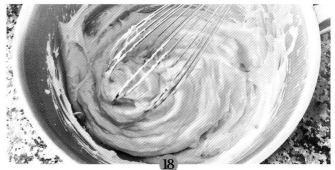

牛奶煮滾後倒入混合好的蛋糕中,再全部倒回鍋裡續煮 4 分鐘。

煮到質地濃稠為止。

19

加入帕林內和常溫軟化的奶油（1），使其完全冷卻到 3℃。

20

將冰涼的奶餡於攪拌機中打發，再加入剩下的奶油（2）。

組裝

21

將泡芙從中間剖半。

22

在奴軋汀上擺放 12 顆小泡芙，先不加蓋。

23

依序填入帕林內夾心以及穆斯林奶餡。

24

放上帕林內脆片，再重新擠上穆斯林奶餡。

25

最後擺上灑有糖粉的酥菠蘿泡芙上蓋即完成。

主廚建議

· 請盡量使用諾曼第產的高品質小農牛奶。

· 穆斯林奶餡要等到完全冷卻之後，才能移至攪拌機中
　打發。

· 奶油請記得一定要先置於常溫軟化。

重點材料

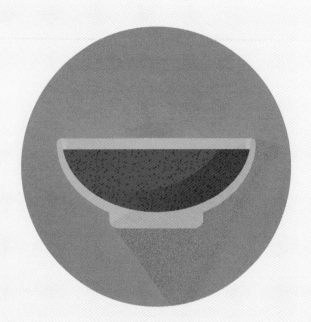

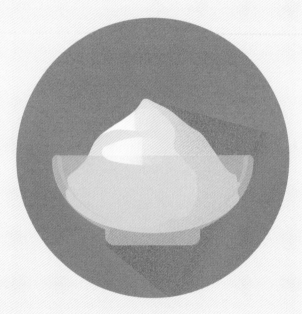

帕林內（praliné）

將經過焦糖化的烘烤堅果打碎磨製而成的帕林內宛如施有魔法一般，在嘴裡不斷地激盪出美味火花且香氣猶存，帶來至高無上的味覺體驗。然而它的製作過程既複雜又充滿風險（看看那些甜點學徒身上的各種燙傷！）一個小錯誤便會使帕林內產生無法挽回的苦澀。精確的操作以及抓好「時間點」非常重要，這可不是能一邊打電話給奶奶聊天一邊製作的東西。磨碎的步驟也很講究，更重要的是需要一台好用的食物調理機，最好是有不銹鋼盆的那種（而不是塑膠材質），所以在家裡製作帕林內算得上是一種體力活（而且很有壓力）。值得慶幸的是，市面上已經有許多廠商提供了高品質的現成帕林內，只不過基本上還是要透過專業管道才能取得，因此不如一次買多一點或者團購吧（好消息是，它很好保存）。

卡士達醬

卡士達醬（甜點師奶醬）是甜點裡不可或缺的材料，這種添加了澱粉（麵粉或其他澱粉）增稠的蛋奶餡具有許多優點。首先，它與其親戚英式蛋奶醬不同，卡士達醬很難失敗（除非你煮焦了）；此外，綿密且濃稠的質地也使得組裝蛋糕時不會有倒塌的危險。如果使用好的材料（尤其是高品質的香草），單獨品嚐就令人愉悅，不過若是與其他材料結合——例如打發鮮奶油或奶油霜——還能變身成外交官奶餡或穆斯林奶餡。這裡補充一個小常識：卡士達醬有個惱人的特性，就是容易在表層凝固一層毫無價值的薄膜，因此才會建議用保鮮膜緊貼表面保存。

＊譯注：帕林內是由焦糖化的堅果打成膏狀質地的醬。一般是用糖和堅果（如榛果、杏仁、或開心果等）以 1:1 的比例製作。常見的製法大略可分為三種：1. 將堅果烘烤後與煮好放涼的焦糖一起以食物調理機研磨打碎。2. 先將糖漿煮至 118-121℃，加入未烘烤的堅果一起炒至白色反砂狀，再繼續炒至焦糖化且均勻裹覆。放涼後以食物調理機打碎成膏狀質地。3. 製作焦糖，加入烘烤過的堅果同時拌炒至焦糖均勻裹覆。放涼後再以食物調理機打碎。打碎程度也會因為個人追求的質地有所差異，有些是打至滑順的泥狀，有些則刻意保留了些微的顆粒感，取決於甜點最終想呈現的口感。

烤箱

所有的一切都要經過烤箱！在製作甜點時，它是你最好的盟友，卻也可能成為你的損友。如今專業甜點師們能選擇好比 F1 賽車一般精密的烤箱（似乎連價格也很像），可以精確地設定溫度、排風、以及不同的濕度。只可惜這些神奇的科技至今仍是一般大眾難以親近的，而一般家庭用的烤箱通常不太好掌控成果。唯一能使烤箱聽話的方法，就是不斷練習（不妨安慰一下自己，去想想以前的甜點師使用的烤箱可是沒辦法控溫的，必須將紙張黏在長棍上猜測溫度，看看是會從前端還是從靠近下面的地方開始燒焦。）

食物調理機（Robot Coupe）

甜點當中說到「robot」一般都是指攪拌機（也稱「甜點機」），但今天還有另一種擅於「切碎」的「robot」，通常具備底部裝有旋轉刀片的不銹鋼容器，可用來絞碎、均質、磨粉，功能十分強大；如今也與各種超級攪拌機以及美善品（Thermomix®）的產品相互競爭，後者尤其因為擁有精細的研磨品質以及加熱功能，而被廣泛地使用在專業領域。

不過值得注意的是，這類調理機還有其他適用於廚房的實用功能，因為它一般會附帶許多切片與切碎的配件，無論對製作甜點或鹹食都很有用處。

＊譯注：Robot Coupe 為法國知名食物調理機品牌，在法式甜點專業廚房中是不可或缺的重要工具。常用於帕林內製作，可快速將焦糖化的堅果打成質地均勻的膏狀。在食譜當中常以此品牌名來代替工具名稱，就如同 Bamix 可以取代均質機，Sopalin 可以代替廚房紙巾，Flexipan 可以泛指矽膠模具。

LE PARIS-BREST

成功的小祕訣

- 製作泡芙時，蛋要先打勻（而不是直接加進去）。除了比較好混合，也可以在製作麵團時掌握確切需要的量，得到理想的質地。

- 泡芙麵團能否成功，烘烤永遠是最講究的一環，記得多多測試你的烤箱。

- 假如是第一次製作巴黎－布雷斯特，請先從少人份的開始，會比做大尺寸更容易成功。

- 雖然製作泡芙上層的酥菠蘿需要額外的步驟，但它能夠確保泡芙好好膨發。秘訣在於提前幾天就先做好酥菠蘿，放進冷凍。

- 注意奶油霜相當脆弱，一旦油水分離了就無法再繼續，只好全部重來。

- 別忘了加點鹽之花，可以提升味道的層次。

翻轉 巴黎－布雷斯特

- 喀滋、喀滋，添增一點酥脆的口感吧！巴黎－布雷斯特的整體質地偏軟，因此可以加上一些焦糖堅果、可可芭芮脆片或酥菠蘿來添加口感。

- 如果想平衡濃郁的帕林內，可以加點柑橘類讓它更有變化：柚子、小柑橘，或單純地加點檸檬，比方說檸檬醬夾心。

- 可以把泡芙當作拼磚，玩出巴黎－布雷斯特的不同形狀：長型、三角形、迷你型。

- 在中間的餡裡加入薄薄的巧克力片，可以添增口感與味道的深度。

- 試著製作不同口味的帕林內：芝麻、花生、腰果等，跟著帕林內一起環遊香氣的世界吧！

創意變化食譜

巴黎－布雷斯特
by 塞巴斯蒂昂·德賈丁
SÉBASTIEN DÉGARDIN
Pâtisserie du Panthéon, Paris

—

巴黎－芝麻
by 喬安娜·霍克
JOHANNA ROQUES
Jojo & Co, Paris

—

開心果巴黎－布雷斯特
by 賽提克·葛雷
CÉDRIC GROLET
Le Meurice, Paris

—

快速簡易食譜
巴黎－芒通－孟買

SÉBASTIEN DÉGARDIN
Pâtisserie du Panthéon, Paris

PARIS-BREST

巴黎－布雷斯特

份量	準備時間	烘烤時間	急速冷凍
12-15 個	3 小時	45-55 分鐘	3 小時

杏仁砂糖
杏仁碎···· 100 公克
二砂········ 100 公克

酥菠蘿
麵粉········ 110 公克
二砂······ 120 公克
奶油········· 90 公克

泡芙麵團
牛奶······· 250 公克
水········· 250 公克
砂糖··········· 10 公克
鹽之花·········· 10 公克
奶油······· 230 公克
麵粉······· 260 公克
全蛋······· 450 公克

奶油霜
砂糖······· 300 公克
水············· 80 公克
全蛋········· 90 公克
蛋黃········ 40 公克
奶油······ 500 公克

香草卡士達醬
牛奶······275 公克
波旁香草莢··········
················· 1/2 根
蛋黃········· 88 公克
砂糖······· 120 公克
麵粉········· 60 公克
冷藏奶油··············
··········· 65 公克

帕林內穆斯林奶餡
奶油霜··1000 公克
滑順杏仁榛果帕林
內······· 400 公克
卡士達醬················
··········· 600 公克

酥脆流動帕林內
顆粒杏仁榛果帕林
內······· 500 公克
礦泉水······ 50 公克

奴軋汀
牛奶······130 公克
葡萄糖······ 120 公克
奶油······315 公克
砂糖······ 380 公克
NH 果膠······6 公克
杏仁碎····375 公克

完成·裝飾
糖粉··············· 適量
焦糖杏仁榛果·······
··········· 適量

杏仁砂糖
1. 混合二砂與杏仁碎，存放於乾燥容器。

酥菠蘿
2. 混合麵粉與二砂。加入切塊冷藏奶油後，放入攪拌機裡以槳狀頭攪拌，直到均勻成團。將麵團夾在兩張烘焙紙之間擀平，放入冰箱冷藏。取出並裁切成直徑 4 公分的圓片。冷藏保存備用。

泡芙麵團
3. 鍋內加熱牛奶、水、糖、鹽與奶油。待煮滾後，一次倒入過篩好的麵粉。用木湯匙用力攪拌炒乾，直到麵糊不黏鍋。取出放入攪拌機，以槳狀頭分次加入蛋液攪打。
4. 將攪拌完成的麵糊放入擠花袋，以 12 號圓形花嘴擠成直徑 6 公分的球狀。在每個泡芙麵團上放置一片酥菠蘿，再撒上杏仁砂糖。放入烤箱以 180℃ 烤 30 分鐘。完成後取出保存待組裝時使用。

奶油霜
5. 鍋內加入糖與水煮到 121℃，製成糖漿。同時在攪拌機裡以球狀頭打發蛋與蛋黃。將煮好的糖漿倒入蛋裡，以第三轉速打發。降至微溫後換成槳狀頭，加入冷藏奶油以第二轉速打發。保存備用。

香草卡士達醬
6. 一起煮滾牛奶與香草。
7. 將蛋黃與糖打至泛白後，拌入麵粉。
8. 將煮滾的香草牛奶倒入麵糊中，再一起倒回鍋內加熱。
9. 煮滾後倒入調理盆中，待奶餡冷卻至 45℃ 時加入奶油。攪拌均勻後鋪於烤盤上，放入冷藏保存。

帕林內穆斯林奶餡
10. 將奶油霜一邊微微加熱一邊打發。依序加入帕林內與卡士達醬，以攪拌機打發。保存備用。

酥脆流動帕林內
11. 混合帕林內與水，倒入直徑 3 公分的矽膠模具內冷凍成形（約 3 小時）。脫模並保存備用。

奴軋汀
12. 牛奶與葡萄糖一起在鍋內煮滾。加入奶油，一邊用打蛋器攪拌，接著加入糖與 NH 果膠混合均勻。煮滾到 106℃。
13. 加入杏仁碎，平鋪在烘焙紙之間擀薄。
14. 冷凍成形。
15. 放在烤盤上，以 170℃ 烤 15 分鐘。
16. 出爐後切成邊長 5.5 公分的正方形，剩下的以均質機打碎。保存備用。

組裝與完成
17. 從頂部 1/3 處將泡芙裁切成兩半。
18. 在泡芙下半部以星形花嘴擠入穆斯林奶餡，中間塞進酥脆流動帕林內與打碎的奴軋汀。接著擠上玫瑰球狀的穆斯林奶餡，稍微冷藏後，蓋上泡芙頂。
19. 撒上糖粉並擺上奴軋汀方片，再放上一顆焦糖榛果與一顆焦糖杏仁完成裝飾。

LE PARIS-BREST

JOHANNA ROQUES
Jojo & Co, Paris

———

PARIS-SÉSAME

巴黎－芝麻

份量	準備時間	烘烤時間	靜置時間	冷藏時間
6 人份	2 小時	50 分鐘	12 小時	1 小時

自製芝麻膏
（前一天製作）
烘烤芝麻粒…………
…………190 公克
風味中性的植物油
…………7 厘升

芝麻輕奶餡
（前一天製作）
吉利丁片………5 片
蛋黃……100 公克
砂糖………60 公克
玉米粉……40 公克
全脂牛奶……………
…………50 厘升
芝麻膏……6 湯匙
鮮奶油…300 公克

芝麻酥菠蘿
麵粉……240 公克
二砂……240 公克
有機白芝麻…………
…………90 公克
切塊奶油……………
…………200 公克

泡芙麵團
水…………125 公克
牛奶………125 公克
鹽之花………4 公克
奶油………110 公克
麵粉………150 公克
蛋…………225 公克

烘烤芝麻
帕林內
烘烤有機芝麻……
…………300 公克
水…………10 厘升
砂糖……240 公克
葡萄籽油……適量
鹽之花………適量

完成・裝飾
白芝麻…………適量
糖粉……………適量
榛果酥菠蘿…適量

自製芝麻膏（前一天製作）

1. 將芝麻放在烤盤上以 190℃ 烤 10 分鐘，其間不時以木湯匙攪動。出爐後放涼。

2. 將烤好的芝麻放入食物調理機中打碎，慢慢加入油。不時用刮刀刮下沾黏在容器邊緣的芝麻膏。混合均勻後倒入罐子裡，冷藏保存備用。

芝麻輕奶餡（前一天製作）

3. 泡軟吉利丁片。在調理盆內以打蛋器混合蛋黃、糖以及玉米粉。於鍋內煮滾牛奶，先將一半的熱牛奶倒入蛋糊中，再全部倒回鍋內加熱，持續攪拌 2 分鐘直到奶餡變濃稠。加入瀝乾吉利丁片攪拌均勻，拌入芝麻膏。將奶餡鋪於長型淺盤中，冷藏保存（1 小時以上，靜置一晚更佳）。

4. 隔日，將鮮奶油打發。芝麻奶餡攪打均勻後加入打發鮮奶油，混合直到質地滑順。

芝麻酥菠蘿

5. 混合所有材料，放入攪拌機以槳狀頭攪拌（或直接用手將麵團沙布列化直到均勻成團）。將麵團夾在兩張烘焙紙間擀薄（2 公釐厚），放入冷凍保存。

泡芙麵團

6. 加熱水、牛奶、鹽之花與切塊奶油，注意要在煮滾前讓奶油完全融化。沸騰後一次倒入過篩麵粉混合，再重新回到爐上將麵團炒乾。放入攪拌機內以槳狀頭攪打。

7. 一邊攪打一邊分次加入蛋液，直到呈現光滑且柔軟的理想質地。

8. 準備好泡芙麵團後，在抹油的烤盤或矽膠烤墊上，擠出六個相連成一圈如皇冠狀的泡芙。用直徑 4 公分的切模裁切芝麻酥菠蘿，放在每個小泡芙上面。放進旋風烤箱以 180℃ 烤 20 分鐘。

烘烤芝麻帕林內

9. 在烤箱中烘烤芝麻 20 分鐘後放涼。

10. 待芝麻完全冷卻後，在鍋內加熱糖與水（水的高度要剛好蓋住糖）製成糖漿，煮到 118℃。加入芝麻、鹽，轉中火加熱，並用木湯匙不停攪拌。糖會先呈現白色反砂狀包覆住芝麻，再漸漸焦糖化。當芝麻焦糖化後，取出放涼。

11. 將冷卻的焦糖芝麻（大約 1 小時）放入食物調理機均質，分三次打碎以免過度加熱而損害帕林內的香氣。依情況可以加入一點葡萄籽油，讓質地更柔順。完成後裝在密封容器裡冷藏。

組裝與完成

12. 以鋸齒刀切下泡芙頂部 1/3，於泡芙下半部擠入芝麻輕奶餡，中間加入等量的烘烤芝麻帕林內。抹平奶餡後撒上白芝麻，再擠上一小球芝麻輕奶餡，蓋上泡芙頂。以榛果酥菠蘿粒裝飾，最後撒上糖粉。

LE PARIS-BREST

CÉDRIC GROLET
Le Meurice, Paris

PARIS-BREST PISTACHE

開心果巴黎－布雷斯特

份量	準備時間	烘烤時間	靜置時間
10 個	3 小時	1 小時 5 分鐘	3 小時 30 分鐘

泡芙麵團（20公克／人）

牛奶⋯⋯ 250 公克
水 ⋯⋯⋯ 250 公克
轉化糖漿⋯⋯⋯⋯⋯
⋯⋯⋯⋯⋯ 30 公克
鹽 ⋯⋯⋯⋯ 10 公克
奶油⋯⋯ 220 公克
麵粉⋯⋯ 300 公克
蛋 ⋯⋯⋯⋯⋯ 8 公克

開心果酥菠蘿

奶油⋯⋯ 100 公克
麵粉⋯⋯⋯ 125 公克
二砂⋯⋯⋯ 125 公克
脂溶性綠色色素⋯
⋯⋯⋯⋯⋯⋯ 1 公克
脂溶性紅色色素⋯
⋯⋯⋯⋯ 0.07 公克
蛋白⋯⋯⋯⋯ 適量
開心果⋯⋯⋯⋯ 適量

奶油霜

牛奶⋯⋯⋯ 112 公克
蛋黃⋯⋯⋯ 87 公克
砂糖（1）⋯ 112 公克
奶油⋯⋯⋯ 500 公克
水 ⋯⋯⋯⋯ 49 公克
砂糖（2）⋯ 146 公克
蛋白⋯⋯⋯ 73 公克

卡士達醬

泡水瀝乾吉利丁⋯
⋯⋯⋯⋯⋯ 10.5 片
牛奶⋯⋯⋯ 900 公克
鮮奶油⋯⋯ 100 公克
砂糖⋯⋯⋯ 100 公克
布丁粉⋯⋯ 50 公克
麵粉⋯⋯⋯ 50 公克
蛋黃⋯⋯⋯ 180 公克
可可脂⋯⋯ 60 公克
奶油⋯⋯⋯ 100 公克
馬斯卡彭乳酪⋯⋯
⋯⋯⋯⋯⋯ 60 公克
香草莢⋯⋯⋯ 4 根

開心果帕林內奶餡

卡士達醬⋯⋯⋯⋯⋯
⋯⋯⋯⋯⋯ 600 公克
開心果帕林內⋯⋯
⋯⋯⋯⋯⋯ 90 公克
奶油霜⋯ 520 公克

烘烤開心果

帶皮開心果⋯⋯⋯
⋯⋯⋯⋯⋯ 100 公克

完成・裝飾

開心果帕林內⋯⋯
⋯⋯⋯⋯⋯⋯ 適量
糖粉⋯⋯⋯⋯⋯ 適量
開心果皮⋯⋯⋯ 適量

泡芙麵團

1. 在鍋裡煮滾牛奶、水、轉化糖漿、鹽與奶油。一口氣倒入麵粉，均勻混合後在爐上將麵團炒乾。
2. 攪拌機裝上槳狀頭攪打麵團，再逐次加入蛋液。
3. 以 8 號圓形擠花嘴擠出泡芙麵團。

開心果酥菠蘿

4. 攪拌機裝上槳狀頭，混合奶油、麵粉、二砂與色素。用丹麥機或擀麵棍擀成 0.5 公分厚。冷凍 30 分鐘。
5. 在冷凍的酥菠蘿上以毛刷刷上蛋白，撒上開心果。表面蓋上烘焙紙，用擀麵棍輕壓讓開心果嵌進酥菠蘿裡。用直徑 6 公分的切模切出 10 個圓，並用直徑 2 公分的圓形擠花嘴在中心挖洞。若是要做比較大的尺寸，可以裁切出直徑 18 公分的圓，於中心挖出直徑 12 公分的洞。

奶油霜

6. 以牛奶、蛋黃、糖（1）製作英式蛋奶醬。攪拌機裝上球狀頭，一邊攪打奶油，一邊慢慢倒入英式蛋奶醬。打發。
7. 製作義式蛋白霜。將水與糖（2）煮到 121℃後倒入打發好的蛋白中，一起攪打至冷卻。
8. 將兩者以橡皮刮刀混合。

卡士達醬

9. 混合糖、布丁粉、麵粉與蛋黃打至泛白，倒入煮滾的香草牛奶與鮮奶油。接著回鍋繼續煮滾 2 分鐘，加入可可脂。
10. 加入泡水瀝乾的吉利丁與奶油，最後加入馬斯卡彭乳酪。
11. 均質混合後快速冷卻。

開心果帕林內奶餡

12. 將卡士達醬攪打至滑順後，加入開心果帕林內混勻。
13. 用打蛋器打發奶油霜直到滑順，再輕輕拌入步驟 12 的卡士達醬。保存備用。

烘烤開心果

14. 烤箱預熱至 150℃，放入開心果烘烤約 15 分鐘直到均勻上色。

組裝與完成

15. 將旋風烤箱預熱至 180℃。在泡芙麵團上擺放裁切好的酥菠蘿，並撒上糖粉。放進烤箱先烤 40 分鐘，再以 160℃烤 10 分鐘烘乾。
16. 放涼後，將泡芙橫切對半。壓平泡芙下半部的內部組織，以星形擠花嘴填入螺旋狀的開心果帕林內奶餡，再放入烘烤開心果。擠上六個點狀的開心果帕林內奶餡。
17. 用切模將泡芙頂部切成適當大小的圓，蓋在泡芙上。
18. 撒上烘烤開心果、糖粉與開心果皮作為裝飾。

LE PARIS-BREST

LE PARIS-BREST

PARIS-MENTON VIA MUMBAI

巴黎－芒通－孟買

為何如此簡單？

· 把珍珠糖泡芙灌餡排成圈狀，很容易就能做出巴黎－布雷斯特的感覺。

· 不需要烤泡芙（哇！）

· 不會有製作奶油霜失敗的風險：只需要帶有香味的卡士達醬，不用幾分鐘的功夫就完成了。

份量　　　　**準備時間**
2 人份　　　　35 分鐘

珍珠糖泡芙⋯⋯⋯⋯⋯⋯⋯⋯⋯5 個	
全脂牛奶⋯⋯⋯⋯⋯⋯⋯⋯50 厘升	
小荳蔻（非必要）⋯⋯⋯⋯⋯1 顆	
（芒通產當季的）檸檬果肉與果皮⋯⋯1/2 顆	
蛋黃⋯⋯⋯⋯⋯⋯⋯⋯⋯⋯4 顆	
砂糖⋯⋯⋯⋯⋯⋯⋯⋯100 公克	
麵粉⋯⋯⋯⋯⋯⋯⋯⋯75 公克	
鮮奶油⋯⋯⋯⋯⋯⋯⋯30 厘升	
紅茶粉⋯⋯⋯⋯⋯⋯⋯⋯適量	
糖粉⋯⋯⋯⋯⋯⋯⋯⋯⋯適量	

1. 盡可能地擦去泡芙上的糖粒（糖可以留到明天加進優格裡）。

2. 小火煮滾牛奶，放入小荳蔻與檸檬皮一起加熱。將蛋黃與砂糖打至泛白後，拌入過篩麵粉。一邊倒入煮滾的牛奶一邊用打蛋器攪打，接著重新回到爐上繼續以打蛋器攪拌直到沸騰且質地變濃稠。取出小荳蔻，放涼。

3. 將鮮奶油打發成香緹，再用橡皮刮刀拌入放涼的卡士達醬裡。

4. 將泡芙橫切對半，在中間灌入卡士達奶餡。擺在盤子上，可以依個人喜好擺放三至五顆。最後以少許檸檬皮、檸檬果肉、紅茶粉和糖粉裝飾。

實用美味建議

· 也可以向甜點店訂購沒有加珍珠糖的泡芙。

· 小荳蔻在印度料理中經常使用，擁有美味濃郁的樟腦香氣。不偏好這種味道的話請省略！

· 為了增加味覺上的刺激，不妨在奶餡中間添加一點檸檬丁。

LA RELIGIEUSE

歷史

在過去，修女泡芙指的是表面有網狀紋路（象徵修道院的鐵柵門）的塔，而如今我們看到以泡芙為基底的版本，則是在 1856 年由甜點師法斯凱提（Frascati）所研發。然而修女泡芙的外型與大小隨著時間歷經了千百種姿態，最後才成為今天人們所熟悉的豐腴且有彈性的模樣：堆疊兩個大小不同的泡芙，中心灌入奶餡，並以奶油霜與糖霜做裝飾。以前，製作修女泡芙就如同打造一棟宏偉的建築，會將長形的閃電泡芙堆疊在甜塔皮上形成一座巨大的高塔。但這個令人印象深刻、製作工程精細且口感與風味都相當豐富的甜點，後來漸漸地被今日常見的單人份修女泡芙所取代。如今巴黎的甜點店「Stohrer」仍持續製作傳統的大尺寸修女泡芙，一定要去朝聖看看！

組成

即使曾經隨著時代演進不斷變化形態，修女泡芙一路走來都保留著基本元素：泡芙、「聖多諾黑」奶餡（以前通常會填入希布斯特奶餡，今天則以卡士達居多），以及作為裝飾的糖霜與奶油霜（這圈裝飾擠花通常是小朋友最先舔掉的部分）。經典口味如香草、巧克力、咖啡與焦糖，如今依然相當受到歡迎。

今日

在當代甜點師的巧手之下，改頭換面的修女泡芙穿上了酥菠蘿或是杏仁膏製成的新衣裳，既漂亮又美味。翻轉修女泡芙的號角就此響起！其口味變得更自由奔放，例如無花果、鳳梨、柑橘或黑醋栗；有時甚至可以是花草風味的馬鞭草、玫瑰、薰衣草或紫羅蘭。而糖霜由於糖分太多不受青睞，於是讓位給了鏡面，或者乾脆大膽地完全消失在新的配方裡。我們可以注意到修女泡芙的裝飾變得更加細膩，而為它打造甜美可愛的淑女形象也讓甜點師們變化不疲。

LA RELIGIEUSE CARAMEL

焦糖修女泡芙

BY CHRISTOPHE MICHALAK

Paris

———

份量 10 個	準備時間 2 小時 30 分鐘	烘烤時間 23 分鐘	靜置時間 12 小時

酥菠蘿

奶油·····················50 公克
二砂·····················60 公克
麵粉·····················60 公克

泡芙麵團

水························55 公克
低脂牛奶···················55 公克
砂糖······················2.5 公克
鹽·······················2.5 公克
奶油······················48 公克
T55 麵粉···················60 公克
全蛋······················112 公克

焦糖輕盈奶餡（前一天製作）

砂糖（1）·················120 公克
低脂牛奶··················340 公克
香草莢·····················1 根
蛋黃······················50 公克
砂糖（2）··················18 公克
鹽·······················1.5 公克
玉米粉·····················25 公克
奶油······················190 公克
泡軟吉利丁片·················1 片

焦糖香緹

砂糖·······················8 公克
鮮奶油（含脂量 35%）··········40 公克

馬斯卡彭乳酪···············6.5 公克
泡軟吉利丁片·················1 片

杏仁膏圓片

杏仁膏····················150 公克
焦糖色素···················2.5 公克

杜絲巧克力裏層

杜絲巧克力··················10 公克

完成・裝飾

鮮奶油（含脂量 35%）··········70 公克
牛奶糖丁（0.5 公分）···········10 顆

酥菠蘿

1

調理盆內混合常溫軟化的奶油與二砂、麵粉，直到質地均勻。

2

夾在兩張烘焙紙之間，擀成 2 公釐厚。

泡芙麵團

用切模裁切出 10 個大圓（直徑 5 公分）與 10 個小圓（直徑 3 公分）。

煮滾水、牛奶、砂糖、鹽與奶油。

離火，一次倒入麵粉。不停快速攪拌並回到爐上炒乾 1 分鐘。

將麵團取出放入調理盆，分次加入蛋液，混合攪拌。

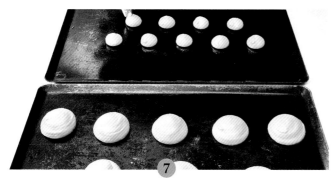

在抹好薄薄一層油的烤盤上，以擠花袋和 14 號圓形擠花嘴，擠上 10 個大泡芙（直徑 7.5 公分）與 10 個小泡芙（直徑 3 公分）。

在每個泡芙上擺上酥菠蘿。

焦糖輕盈奶餡（前一天製作）

將烤箱預熱至 220℃後，關掉烤箱。放入泡芙靜置 15 分鐘，再重新加熱烤箱到 170℃（小泡芙烤 20 分鐘，大泡芙烤 23 分鐘）。

在鍋內，分三次倒入砂糖（1）煮成焦糖。

11

同時，將牛奶與刮下的香草籽一起加熱，過濾後倒入焦糖裡停止繼續焦化。

12

將蛋黃、砂糖（2）、鹽與玉米粉打至泛白。倒入焦糖牛奶，全部一起煮滾後，加入奶油與吉利丁。

13

均質乳化並快速冷卻。以保鮮膜貼緊表面，放入 4℃冷藏一晚。

焦糖香緹

14

與製作輕盈奶餡相同，先將砂糖煮成焦糖，然後倒入煮滾的鮮奶油以及泡軟的吉利丁。使其冷卻後加入馬斯卡彭乳酪。以保鮮膜貼緊表面冷藏保存一晚，隔天使用前打發。

杏仁膏圓片

15

在攪拌機裡混合軟化的杏仁膏與焦糖色素。

16

夾在兩張烘焙紙之間，擀成 2 公釐厚。

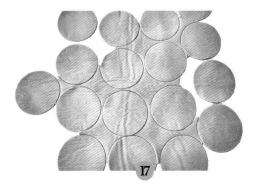

17

再用切模切成數個直徑 7 公分的圓片。

18

將杏仁膏圓片放入抹好油的印模裡壓出紋路。

杜絲巧克力裏層

19

將巧克力以微波爐加熱融化。

21

在所有泡芙裡灌入焦糖輕盈奶餡（大泡芙由底部灌入）。

23

切下小泡芙的圓頂。

25

打發焦糖香緹，放入擠花袋以 6 號星形擠花嘴在頂部擠出玫瑰螺旋狀。

完成

20

將鮮奶油打發與焦糖奶餡混合，使其更輕盈。

22

將杏仁膏圓片放在大泡芙上，使其貼合弧形。

24

以小泡芙沾取杜絲巧克力裏層至約一半高度，疊放在大泡芙中央。

26

將牛奶糖切成 0.5 公分塊狀，每個修女泡芙上裝飾一個。

LA RELIGIEUSE

重點材料

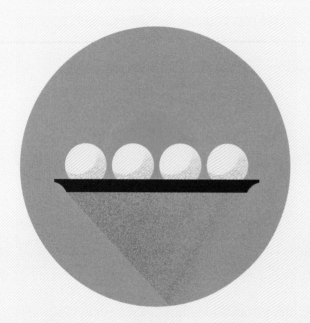

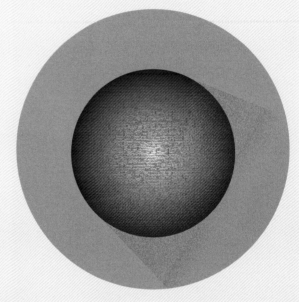

泡芙麵團
——

覺得泡芙麵團看起來很簡單？一點也不。這是甜點藝術最古老的配方之一，由麵糊（將麵粉團在鍋子裡炒乾）搭配添增豐富滋味的蛋，令人玩味的配方比例介在蛋糕與舒芙蕾之間。除了泡芙與閃電泡芙外，這種萬用的麵團甚至可以用在幾乎任何地方（菲利浦‧科蒂契尼（Philippe Conticini）就曾以此為主題寫過一本書），包括蛋糕捲、布里歐許、法式薄脆餅或美味的奶餡，猶如甜點師手上施展魔法的魔杖。

要注意的是，泡芙麵團就好像活的一樣，經常會在烘烤時帶來出乎意料的狀況。許多業餘甜點愛好者因此看著他們夢想中的閃電泡芙或聖多諾黑變得奇形怪狀，或是變成令人哀傷的可麗餅，卻只能站在烤箱前無能為力（相信大家都能體會）。除了烘烤過程中絕對「禁止」打開烤箱，烤出成功泡芙的唯一解方就是練習！

酥菠蘿（craquelin）
——

酥菠蘿是由糖、奶油、麵粉簡單混合而成，如果以圓盤狀擺在生泡芙麵團上可以帶來許多優點。它賦予泡芙整體酥脆的口感與風味，尤其有助於泡芙在烘烤過程中穩定膨脹，還能讓烤過的泡芙外殼維持更久。更棒的是，甜點師終於不需要再用翻糖淋面了——必須坦白說，翻糖真是一大敗筆。

根據克里斯多夫‧米榭拉克的說法，酥菠蘿是甜點師史蒂凡‧勒胡（Stéphane Leroux）在 2004 年法國最佳工匠（Meilleurs Ouvriers de France，簡稱 MOF）比賽中改良成符合現代人的口味，如今則被廣泛使用在各種地方。

＊譯注：無論是源自法國的 craquelin（原意：脆餅乾）、德國的 streusel（原意：分散的），抑或是英國的 crumble（原意：崩潰、弄碎）其口感和味道都非常相似。這些單字在法文食譜中經常交替使用，端看甜點師的習慣。在英國或德國，crumble 或 streusel 都是指在水果上擺放這層酥脆餅乾一起烤製的甜點。嚴格來說，三者都是由糖、奶油以及麵粉以 1:1:1 的比例混合而成，但是在比例調配上有些微差距。傳統的德國酥菠蘿除了遵照此比例外，還會加上等比例的杏仁粉或少許肉桂等香料增添風味。

實用器具

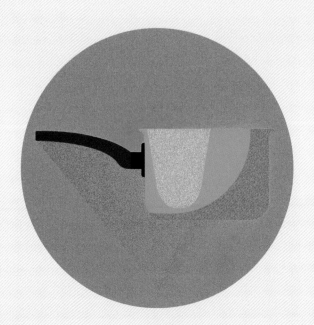 

單柄鍋

歷史悠久的單柄鍋，是一個值得在購買前好好三思的工具。因為平均來說它可以傳承兩代，一年會使用2,375,646次。要做出成功的甜點，通常偏好使用不銹鋼的單柄鍋（避免用不沾鍋，因為很容易刮傷，然後你就會看到不沾鍋塗層與泡芙麵團混在一起）。記得選擇底部較厚、品質有保障的產品，才能準確傳導熱量而不至於讓一切在轉瞬之間燒焦（沒錯，這會有影響）。最後，誠心建議不要去買那種不知道哪來的危險分子設計的手柄會燙手的鍋子。

蘇丹擠花嘴（Douille sultane）

這種經過改良的大型擠花嘴讓人可以一次擠出修女泡芙上漂亮的襯圈裝飾。某些正統派人士對此不屑一顧，偏好自己一條一條地擠上襯邊，而這也是永遠受到學院派讚賞的方式（總之，至少避免在 MOF 比賽上使用這種擠花嘴）。但我們得老實承認，蘇丹擠花嘴能讓每個業餘甜點製作者欣喜不已（至少在奶餡、鏡面、烤泡芙都很成功的情況下）。注意它有分為開口和鋸齒呈水平（rasant）以及開口超出鋸齒（dépassant）兩種款式，修女泡芙則建議使用後者，而且蘇丹擠花嘴也比一般其他擠花嘴貴一些。

成功的小祕訣

- 修女泡芙最複雜的地方就在於大泡芙的塑形，以及能否在烘烤時順利膨發：多多練習吧。

- 不要省略酥菠蘿，它能提高烘烤的成功率，讓泡芙形成漂亮且勻稱的外觀。

- 注意奶餡的質地：千萬不要過於液態，否則保證是一場災難！

翻轉修女泡芙

- 在如同可愛老婦人的外型上加點巧思：為她加上一個包包、一頂帽子或一把小陽傘。

- 在大泡芙裡灌入驚喜，例如添加一點帕林內、榛果脆片、覆盆子或酥菠蘿餅乾。

- 更大膽一點，還可以在大泡芙內塞進小泡芙。是的，這做得到，但需要技術。

- 為了讓濃郁順口的奶餡更有力道，可以灌入一點「前衛」的奶餡：濃烈大黃、帶酸味的柚子、或者何不試著在巧克力奶餡裡加點辣椒？

創意變化食譜

草莓馬鞭草修女泡芙

by 克蕾兒・艾茲蕾兒
CLAIRE HEITZLER
pour la Maison Ladurée, Paris

———

榛果修女泡芙

by 馬克辛・費德希克
MAXIME FRÉDÉRIC
George V, Paris

———

雙人修女泡芙

by 傑佛瑞・卡涅
JEFFREY CAGNES
Storher, Paris

———

快速簡易食譜
迷你小姐

CLAIRE HEITZLER
pour la Maison Ladurée, Paris

RELIGIEUSE FRAISE-VERVEINE

草莓馬鞭草修女泡芙

份量	準備時間	烘烤時間	浸泡時間	冷凍時間
12 個	1 小時 30 分鐘	45 分鐘	1 小時	2 小時

酥菠蘿

T45 麵粉	90 公克
二砂	90 公克
奶油	75 公克
鹽	1 公克

泡芙麵團

牛奶	150 公克
水	150 公克
奶油	150 公克
砂糖	6 公克
鹽	6 公克
T45 麵粉	175 公克
蛋	315 公克

馬鞭草卡士達醬

牛奶	500 公克
新鮮馬鞭草	20 公克
香草莢（將籽取出）	1 根
砂糖	100 公克
蛋黃	90 公克
布丁粉	35 公克
T45 麵粉	15 公克
奶油	50 公克

馬鞭草外交官奶餡

馬鞭草卡士達醬	600 公克
泡水瀝乾吉利丁片	8 片
打發鮮奶油	240 公克

草莓糖漬

草莓果泥	500 公克
砂糖	100 公克
果膠	7 公克
香草莢（將籽取出）	3 根
黃檸檬汁	20 公克

完成・裝飾

新鮮草莓	適量
紅色杏仁膏圓片	適量
鏡面果膠	適量
乾燥草莓	適量
奶油霜	適量

酥菠蘿

1. 將所有材料放進攪拌機，以槳狀頭攪拌。擀到極薄後，裁切成直徑 5 公分與 3 公分的圓片。

泡芙麵團

2. 混合牛奶、水、奶油、糖與鹽一起煮滾後，倒進已加入麵粉的攪拌機裡，裝上槳狀頭以中速攪打。麵團降溫到 40℃ 時，加入蛋攪拌。接著裝入擠花袋擠出直徑 7.5 公分（約 45 公克）與直徑 5 公分（約 15 公克）的圓球，上頭擺放酥菠蘿。

3. 放入烤箱（非旋風）以 160℃ 烤約 45 分鐘。

馬鞭草卡士達醬

4. 煮滾牛奶，加入馬鞭草。均質後密封浸泡 1 小時，再過濾並盡可能擠壓以萃取出更多香氣。然後與剩餘所有材料一起製成卡士達醬。

馬鞭草外交官奶餡

5. 將卡士達醬打至滑順，加入加熱融化的吉利丁，接著拌入打發鮮奶油。

草莓糖漬

6. 加熱草莓果泥與檸檬汁至 40℃，再倒入剩餘材料混合並煮滾。

7. 倒進 Flexipan® 半圓矽膠模內，放入急速冷凍。

組裝與完成

8. 在小泡芙裡灌進馬鞭草外交官奶餡以及半顆新鮮草莓。大泡芙同樣灌進馬鞭草外交官奶餡，並塞入半圓形的草莓糖漬，再以外交官奶餡與新鮮草莓填滿。

9. 在每個泡芙上覆蓋紅色杏仁膏圓片，刷上鏡面果膠，最後在頂端放上一顆乾燥草莓。以奶油霜裝飾泡芙襯邊。

LA RELIGIEUSE

MAXIME FRÉDÉRIC
George V, Paris

RELIGIEUSE NOISETTE

榛果修女泡芙

份量 10-12 個	**準備時間** 3 小時	**烘烤時間** 42 分鐘	**靜置時間** 15 小時	**浸泡時間** 20 分鐘	**冷凍時間** 4 小時	

榛果輕盈奶餡
（前一天製作）

鮮奶油⋯⋯⋯⋯⋯⋯⋯350 公克
烘烤榛果⋯⋯⋯⋯⋯⋯50 公克
有機蔗糖⋯⋯⋯⋯⋯⋯16 公克
拉帕杜拉紅糖（或其他未
　精煉糖）⋯⋯⋯⋯⋯16 公克
X58 果膠⋯⋯⋯⋯⋯⋯⋯1 公克
蛋黃⋯⋯⋯⋯⋯⋯⋯⋯60 公克
可可脂⋯⋯⋯⋯⋯⋯⋯⋯5 公克
奶油⋯⋯⋯⋯⋯⋯⋯⋯10 公克
甘蔗膳食纖維粉（可在日
　本超市購得）⋯⋯2.5 公克

泡芙麵團

水⋯⋯⋯⋯⋯⋯⋯⋯150 公克
牛奶⋯⋯⋯⋯⋯⋯⋯150 公克
薰衣草蜂蜜⋯⋯⋯⋯15 公克
鹽⋯⋯⋯⋯⋯⋯⋯⋯⋯5 公克
奶油⋯⋯⋯⋯⋯⋯⋯110 公克
麵粉⋯⋯⋯⋯⋯⋯⋯150 公克
蛋⋯⋯⋯⋯⋯⋯⋯⋯⋯4 顆

榛果帕林內

砂糖⋯⋯⋯⋯⋯⋯⋯125 公克
水⋯⋯⋯⋯⋯⋯⋯⋯⋯40 公克
榛果⋯⋯⋯⋯⋯⋯⋯250 公克
鹽之花⋯⋯⋯⋯⋯⋯⋯5 公克

修女泡芙頂蓋披覆淋醬

金黃巧克力⋯⋯⋯⋯200 公克
牛奶巧克力⋯⋯⋯⋯100 公克
可可脂⋯⋯⋯⋯⋯⋯150 公克

榛果色鏡面

吉利丁片⋯⋯⋯⋯⋯⋯10 片
水⋯⋯⋯⋯⋯⋯⋯⋯150 公克
有機蔗糖⋯⋯⋯⋯⋯300 公克

葡萄糖漿⋯⋯⋯⋯⋯300 公克
含糖煉乳⋯⋯⋯⋯⋯175 公克
75% 巧克力⋯⋯⋯⋯320 公克

巧克力鹽之花沙布列

秘魯可可膏⋯⋯⋯⋯185 公克
奶油⋯⋯⋯⋯⋯⋯⋯185 公克
拉帕杜拉紅糖（或其他未
　精煉糖）⋯⋯⋯⋯150 公克
有機蔗糖⋯⋯⋯⋯⋯60 公克
香草膏⋯⋯⋯⋯⋯⋯⋯6 公克
鹽之花⋯⋯⋯⋯⋯⋯⋯3 公克
麵粉⋯⋯⋯⋯⋯⋯⋯215 公克
可可粉⋯⋯⋯⋯⋯⋯⋯35 公克
小蘇打粉⋯⋯⋯⋯⋯⋯6 公克

完成・裝飾

黑巧克力⋯⋯⋯⋯⋯⋯⋯適量
烤過的搗碎榛果粒⋯⋯⋯適量
榛果皮⋯⋯⋯⋯⋯⋯⋯⋯適量

榛果輕盈奶餡（前一天製作）

1. 榛果與鮮奶油一起加熱。均質後浸泡 20 分鐘。

2. 過濾後，重新秤重並補加鮮奶油至原來的重量。將鮮奶油加熱，倒入事先混合好的 X58 果膠與兩種糖，煮滾 2 分鐘後倒進蛋黃裡。加入可可脂與奶油，均質。冷藏 12 小時後再使用。

泡芙麵團

3. 在鍋內加入牛奶、水、薰衣草蜂蜜、鹽與奶油一起煮滾，離火後一次倒入麵粉。混合並回到爐上炒乾麵團，接著移至盆內分次加入蛋混合均勻。將麵團冷藏靜置 3 小時。

4. 在鋪有矽膠烤墊的烤盤上，以 10 號擠花嘴擠出直徑 5 公分約 17 公克的泡芙麵團。在麵團外圍擺上直徑 6 公分、高 3 公分的不鏽鋼圈模，內側貼上一層烘焙紙。

5. 在模上依序覆蓋一層烘焙紙以及兩層鐵烤盤。放入烤箱以 170℃烤 17 分鐘，再微開烤箱烤 17 分鐘。

榛果帕林內

6. 將水與糖加熱至 110℃，加入榛果。煮至焦糖化後加入鹽之花，使其冷卻。先以均質機稍微打碎，再放入攪拌機內以槳狀頭攪打至質地更細緻。

修女泡芙頂蓋披覆淋醬

7. 融化巧克力，於 40℃時倒入可可脂，一起均質。

榛果色鏡面

8. 泡軟吉利丁片。將水、蔗糖、葡

萄糖漿煮滾到 108℃。先後加入含糖煉乳與瀝乾吉利丁片，然後倒進巧克力中一起均質，盡量避免混入空氣。

巧克力鹽之花沙布列

9. 搗碎可可膏。混合軟化奶油、拉帕杜拉紅糖、有機蔗糖、香草膏和鹽之花。拌入過篩麵粉、可可粉與小蘇打粉，最後加入可可膏。夾在兩張烘焙紙之間擀成 3 公釐厚（最好使用丹麥機）。

10. 冷凍 2 小時後，裁切成直徑 3.5 公分的圓片。置於黑色帶孔矽膠烤墊上，放入旋風烤箱以 160℃烤 8 分鐘。

組裝與完成

11. 在直徑 2.5 公分的球型模具裡填入榛果輕盈奶餡，中間加入榛果帕林內，作為修女泡芙上層。放入冷凍。

12. 用 12 號星形擠花嘴在泡芙中間戳洞，灌入 25 公克榛果輕盈奶餡，再用擠花袋擠入約 8 公克的榛果帕林內。

13. 以微波爐加熱鏡面 1 分 30 秒後均質，小心避免混入空氣。將鏡面裝入小擠花袋，淋在泡芙上。

14. 將冷凍的輕盈奶餡球沾裹巧克力披覆淋醬。接著再裹上約 1/3 的榛果鏡面後，擺在泡芙上。

16. 用烘焙紙摺出錐形擠花袋，於泡芙兩側擠上融化黑巧克力，以便黏上巧克力沙布列。

17. 最後以對半切的烘烤榛果與榛果皮做裝飾。

JEFFREY CAGNES
Storher, Paris

RELIGIEUSES POUR DEUX

雙人修女泡芙

份量	準備時間	烘烤時間	靜置時間
2 個	2 小時 30 分鐘	50 分鐘	1 小時

※ 一個泡芙為兩人份

泡芙麵團

牛奶	100 公克
水	100 公克
鹽	4 公克
砂糖	6 公克
奶油	100 公克
T45 麵粉	120 公克
蛋	230 公克

巧克力輕盈奶餡

低脂鮮奶油（含脂量 18%）	150 公克
牛奶	150 公克
蛋黃	54 公克
砂糖	45 公克
65% 巧克力	150 公克
可可膏	30 公克

牛奶巧克力香緹

鮮奶油（含脂量 35%）	200 公克
牛奶巧克力	80 公克
香草魚子醬（或香草膏）	0.4 公克

巧克力甜塔皮

奶油	117 公克
糖粉	51 公克
麵粉	102 公克
杏仁粉	66 公克
全蛋	18 公克
可可粉	18 公克
鹽	1 公克

閃電泡芙巧克力翻糖

水	35 公克
砂糖	35 公克
翻糖	200 公克
裝飾用紅色色素液	2 公克
可可膏	65 公克

完成・裝飾

融化巧克力	適量

泡芙麵團

1. 將牛奶、水、鹽、砂糖與切成小塊的奶油一起在鍋內煮滾。加入過篩麵粉拌勻，直到麵團不黏鍋。將麵團移至小調理盆，分次加入少許預先打散的蛋液攪拌，直到麵團呈現光滑柔軟的質地。烤盤塗上一層薄薄的奶油，用 10 號圓形擠花嘴擠出小閃電泡芙與圓形泡芙。一個修女泡芙會用到六個閃電泡芙與一個圓泡芙。在泡芙表面刷上蛋液並用叉子劃出紋路，放入烤箱以 180-200℃ 烤 35 分鐘，注意膨脹程度。

巧克力輕盈奶餡

2. 混合蛋黃與砂糖攪打至泛白，先倒入一半的加熱鮮奶油與牛奶，接著全部回鍋煮成英式蛋奶醬。倒入切碎的巧克力中，一起均質乳化。

牛奶巧克力香緹

3. 將煮滾的鮮奶油倒進其餘混合好的材料中，攪拌製成甘納許。冷藏備用。

巧克力甜塔皮

4. 將奶油與糖粉打成乳霜狀，然後與剩下材料混合一起製成甜塔皮。冷藏至少 1 小時後，將塔皮裁切成直徑 8 公分與 2 公分的圓，放入烤箱以 160℃ 烤 15 分鐘。

閃電泡芙巧克力翻糖

5. 在鍋內將砂糖與水煮滾成糖漿，接著加入翻糖、色素與預先融化的可可膏，冷藏備用。使用前，須重新加熱到 37℃。

組裝與完成

6. 烤好的圓泡芙和閃電泡芙冷卻後，先灌入巧克力輕盈奶餡，再以巧克力翻糖進行淋面。

7. 用打蛋器打發牛奶巧克力香緹。以 10 號圓形擠花嘴在大片的甜塔皮中間擠上一大球香緹，周圍以豎立方式擺上閃電泡芙，貼合處塗抹融化巧克力以增加穩定度。將小片的甜塔皮圓片疊在上方，再放上圓泡芙。最後用 6 號星形擠花嘴，在閃電泡芙的縫隙之間擠上小火花狀的牛奶巧克力香緹。

LA RELIGIEUSE

LA RELIGIEUSE

MINI-MISS
迷你小姐

為何如此簡單？

· 不用做泡芙！

· 不需烘烤。

· 不用準備翻糖或複雜的裝飾，只要一點點杏仁膏就能完成。

· 如果趕時間，還可以簡化修女泡芙的內餡：不加果醬，把覆盆子點綴在一旁一起上桌。

份量　　　　準備時間
6 人份　　　45 分鐘

※ 以每人 2 顆泡芙計算

在甜點店訂購的珍珠糖泡芙（或一般泡芙）…	18 顆
馬斯卡彭乳酪	125 公克
鮮奶油	250 公克
糖粉	6 湯匙
茴芹籽	1 小撮
覆盆子果醬	適量
覆盆子	18 顆
白色杏仁膏	適量
茴芹籽	18 粒

1. 盡可能除去小泡芙上面的糖粒（糖粒可以留待早餐配優格吃）。

2. 用橡皮刮刀將馬斯卡彭乳酪攪拌至柔順，加入鮮奶油、磨碎成粉的茴芹籽後，全部一起打發成香緹，分次加入過篩的糖粉。

3. 先預留六顆小泡芙備用。

4. 其餘小泡芙切下頂部，在下半部中間小心地挖洞，每個小泡芙塞入 1/2 小匙的覆盆子果醬和一顆覆盆子（配合每個泡芙大小填餡）。

5. 用擠花嘴在每個泡芙中擠入香緹。

6. 擀薄杏仁膏，也可以加入一些茴芹籽。用切模切成兩種大小的圓片，較大的圓片放在灌餡的泡芙頂部。

7. 在泡芙上頭以香緹擠出漂亮的螺旋狀擠花。如果想要看起來更像修女泡芙的話，可以沿著螺旋擠花擠上一圈淚滴狀的香緹。

8. 將保留備用的六顆小泡芙各切下兩個小圓，作為修女泡芙的頂蓋並放上杏仁膏。為迷你小姐戴上帽子，立即享用。

實用美味建議

· 馬斯卡彭乳酪可以幫助奶餡保持形態，請不要省略。

· 這道甜點無法維持太久，可於品嚐前再開始準備，不要提早做。

· 擀平杏仁膏時，可以在工作檯上灑點糖粉，以免沾黏。

LE SAINT-HONORÉ
聖多諾黑

聖多諾黑是法式甜點藝術的精華，其凝聚的各種美味組成令人印象深刻。充滿奶油香的千層派皮、希布斯特奶餡與泡芙，聖多諾黑可謂集結了所有美味元素於一身，堪稱是甜點界的國王。

LE SAINT-HONORÉ

組成

經典的聖多諾黑是由底部的千層派皮，以及灌入希布斯特奶餡或香緹的小泡芙所組成。傳統上小泡芙會沾上一層焦糖，來增加香脆的口感。

今日

聖多諾黑在這幾年強勢回歸，主要歸功於當代的甜點師們為它的外觀賦予了現代化的風貌。無論長型或圓形，聖多諾黑始終無比誘人，而使用知名的聖多諾黑花嘴使出的精湛擠花技巧更是讓它成為真正的藝術品。如今我們幾乎可以在每間甜點店的櫥窗裡發現其蹤跡，口味亦是千變萬化（巧克力、咖啡、榛果、水果，甚至是蒙布朗、玫瑰荔枝覆盆子等等）。

歷史

1847 年誕生於巴黎聖多諾黑街，這個佳節甜點是以糕點界的守護聖人來命名的。它由知名甜點店「Chiboust」的主廚奧古斯特‧朱利安（Auguste Julien）所發明，起初是以布里歐許為基底，搭配與這間店的店主同名的希布斯特奶餡。後來朱利安開了自己的店，改用泡芙取代布里歐許，並在底部加上油酥塔皮。而在甜點的世界裡，好點子總是很快就流傳開來──於是希布斯特先生便以此改良出屬於他的聖多諾黑。

CÉDRIC GROLET
賽提克・葛雷

Le Meurice, Paris

還需要再次介紹這位新世代優秀甜點師的代表嗎？年少時代害羞內向的他由於在學業上沒有太大成就，於是轉而投身甜點界。多虧他超級積極的個性與對甜點的熱忱，葛雷很快就在這條路上脫穎而出。他過去的同事與良師們都一致認為，葛雷比別人更加勤奮努力，也更有效率。儘管他堅持己見、追求完美且充滿野心，卻依然是個好同事，總而言之就是擁有成為王者的特質。歷經多方訓練與學習，包括進入法國國立甜點學院與加入名店 Fauchon 由克里斯多夫・亞當（Christophe Adam）帶領的團隊，無疑都使他站上卓越的地位。在進入 Le Meurice 酒店後，他更以強烈的意志、勤奮的工作態度與才華，成為世界上最多人欣賞的年輕甜點師，以及 Instagram 上的超級巨星。如今葛雷帶領著飯店及其店鋪的菁英團隊，持續以風格強烈且藝術品般的甜點創作驚豔世人。

關於聖多諾黑的幾個問題

為何聖多諾黑會為成為您的最愛？

這種甜點的組成終究是很單純的，沒有任何特異或極其複雜的味道或工程。這也是我最早學會的甜點，而它從來沒有離開過！

———

怎麼樣算是成功或者失敗的聖多諾黑？

好的聖多諾黑一定要能完美結合超級清爽的奶餡與酥脆的千層，這才是關鍵。太早製作反而是個錯誤，這樣會導致千層受潮變軟，變得一點也不好吃。

———

如何才能像甜點世界冠軍一樣熟練地使用聖多諾黑花嘴呢？

多加練習（笑）！

LE SAINT-HONORÉ

LE SAINT-HONORÉ

步驟詳解

LE SAINT-HONORÉ VANILLE-CARAMEL

香草焦糖聖多諾黑

BY CÉDRIC GROLET

Le Meurice, Paris

———

份量
10-12 人份

準備時間
2 小時 45 分鐘

烘烤時間
33 分鐘

靜置時間
6 小時

反式折疊千層派皮（會有剩）

千層基礎調和麵團

水	320 公克
鹽	30 公克
白醋	7 公克
軟化奶油	255 公克
高蛋白精製麵粉*	790 公克

折疊用奶油

片狀奶油	840 公克
高蛋白精製麵粉	330 公克

泡芙麵團

牛奶	125 公克
水	125 公克
轉化糖漿	15 公克

鹽	5 公克
奶油	110 公克
麵粉	150 公克
蛋	4 顆

酥菠蘿

奶油	50 公克
麵粉	62 公克
二砂	62 公克

卡士達奶餡

牛奶	450 公克
鮮奶油	50 公克
香草莢	2 根
砂糖	90 公克
布丁粉	25 公克

麵粉	25 公克
蛋黃	90 公克
可可脂	30 公克
吉利丁片	4 片
奶油	50 公克
馬斯卡彭乳酪	30 公克

焦糖

砂糖	500 公克
水	200 公克

香草打發鮮奶油

鮮奶油	500 公克
馬斯卡彭乳酪	50 公克
砂糖	17 公克
香草莢	2.5 根

＊譯注：高蛋白精製麵粉（farine de gruau）較一般的麵粉質地細緻，膨發的效果也特別好，適用於製作布里歐許、維也納麵包、或是需要膨發的蛋糕和麵團。

反式折疊千層派皮

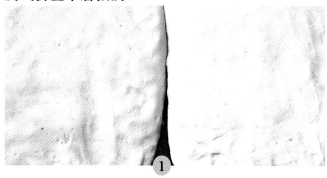

1

將基礎調和麵團的所有材料放進攪拌機，以槳狀頭攪拌均勻。冷藏靜置 2 小時。以同樣方式製作折疊用奶油。

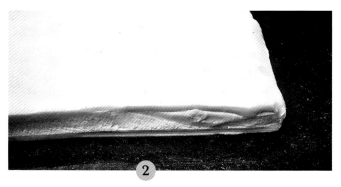

2

擀平調和麵團與折疊用奶油，塑成三個相同大小的長方形：兩個折疊用奶油、一個調和麵團。將調和麵團夾在折疊用奶油中間，冷藏 1 小時。

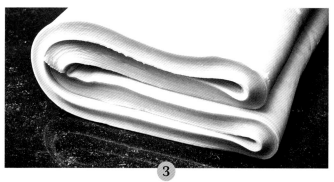

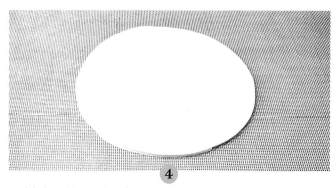

將麵團擀成 2 公釐厚，進行一次雙折，再次冷藏 1 小時。重複此步驟兩次，且每次都需要同樣時間冷藏休息。

最後把麵團擀開，裁切成直徑 18 公分的圓片。

泡芙麵團

夾在兩層烤盤中間，放進旋風烤箱以 180℃ 烤 10 分鐘。將烤盤翻面，續烤 15 分鐘。

鍋內煮滾牛奶、水、轉化糖漿、鹽與奶油。離火後，一次倒入麵粉。

混合均勻並回到爐上炒乾麵團。將麵團移到攪拌機裡。

以槳狀頭攪拌，並分次加入預先打散的蛋液。

酥菠蘿

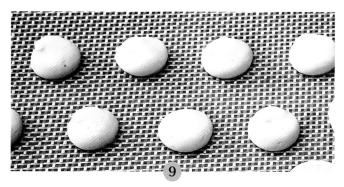

在矽膠烤墊上，以 6 號圓形擠花嘴擠出 20 幾個迷你泡芙麵團。冷藏備用。

將所有材料放入攪拌機，以槳狀頭攪拌。

烘烤泡芙

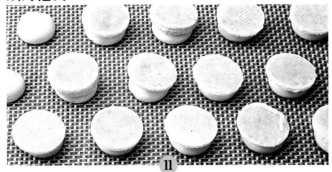

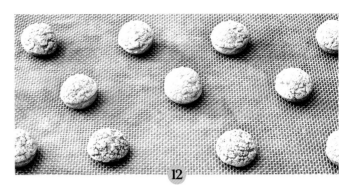

11

將酥菠蘿夾在兩張烘焙紙之間，擀成 1.5 公釐厚。冷凍過後裁切成直徑 2 公分的圓片，放在泡芙上。

12

放入烤箱以 180℃烤 8 分鐘。

卡士達奶餡

13

在牛奶與鮮奶油中加入香草籽浸泡。

14

將糖、布丁粉、麵粉、蛋黃預先混合並攪打至泛白。接著過濾浸泡過香草籽的牛奶鮮奶油，重新煮滾後倒入蛋糊裡混合，再次煮滾 2 分鐘。最後加入可可脂與泡水瀝乾的吉利丁。

15

接著拌入奶油，最後再加入馬斯卡彭乳酪。均質並快速冷卻，冷藏保存。

製作焦糖

16

加熱糖與水一起煮成深色焦糖。

17

將泡芙沾上焦糖鏡面，然後以頂部朝下的方式放入直徑 3 公分的半圓矽膠模內，讓焦糖冷卻凝固。靜置 1 分鐘定形。

香草打發鮮奶油

在調理盆內混合所有材料。以攪拌機打發後冷藏。

組裝

在千層派皮中間擠上螺旋狀的卡士達奶餡,邊緣保留1公分。

小泡芙內同樣灌入卡士達奶餡。

將小泡芙沿著派皮邊緣擺放成一圈,再抹平中間的奶餡。

將打發鮮奶油裝進擠花袋,從外圈開始以聖多諾黑擠花嘴擠出規則的大淚滴狀。

繼續以交錯方式擠上數圈的打發鮮奶油。最後在中間擺上一顆泡芙作為裝飾。

主廚建議

- 製作泡芙麵團時先把蛋打散,可以更容易與麵團融合且精準地掌握份量。一旦麵團達到理想質地,就請停止再倒入蛋液。

- 要將淚滴形擠花擠在前一圈的兩個擠花之間,需要一定的技巧。先在烤盤上練習吧!

重點材料

希布斯特奶餡

希布斯特奶餡由 3/4 的卡士達醬與 1/4 的義式蛋白霜所組成，在過去相當受歡迎，除了是傳統的聖多諾黑會使用的奶餡，也能夠搭配帕林內，用來填入巴黎－布雷斯特。然而希布斯特奶餡一旦遇熱就容易變質的特性以及豐富的糖分（甚至經常被視為過量），都成了它逐漸失寵的原因。如今甜點師們則偏好使用穆斯林奶餡（卡士達醬加奶油）或外交官奶餡（卡士達醬加香緹，有時會加入吉利丁）。

MEMO

希布斯特奶餡	穆斯林奶餡	外交官奶餡
義式蛋白霜	奶油	打發鮮奶油 / 吉利丁
卡士達醬	卡士達醬	卡士達醬

奶油

作為法式甜點的關鍵材料，奶油無疑是法國甜點藝術得以高度發展的原因之一（也因此熱帶國家很難發展高端甜點）。它以品質為關鍵，不僅決定了風味，也在麵團與奶餡的結構中扮演著重要角色。

千層派皮通常會需要使用片狀奶油來使麵團在擀製時不易碎裂；對此我們可以發現一些折疊專用奶油的融點比一般奶油高（不妨請教專業烘焙材料行）。相反的，製作布里歐許的時候則會尋找質地滑順柔軟的奶油，才比較好混入麵團中。

一般來說，不要猶豫選擇高品質、有機的或是法國 AOC 產區認證奶油，例如依思尼（Isigny）或者夏朗德－普瓦圖（Charentes-Poitou），品質「絕對」不一樣。

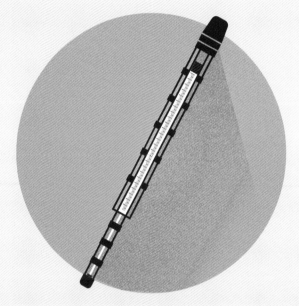

聖多諾黑擠花嘴

這種開口在單側的擠花嘴只要使用起來夠熟練的話，就能用奶餡擠出既優雅又可口的特別造型。注意奶餡的質地必須要足夠滑順又緊實，才適合使用聖多諾黑擠花嘴。

之所以備受喜愛的原因，在於它的用途廣泛，能夠做出許多不同的裝飾：例如在長方形平面上做 Z 字型擠花，或是在圓面上擠出太陽狀或螺旋狀。這個物美價廉的道具將為你的蛋糕造型帶來前所未有的改變，只要你好好練習如何使用它。

煮糖專用溫度計

這種溫度計（幾乎是）業餘甜點師不可或缺的工具，能夠準確測量煮糖時的溫度是否達到 121℃，而這正是製作義式蛋白霜的必經步驟。

此外，它也能用來測量製糖與煮焦糖時所需的溫度。過去人們得靠比較粗糙的方法，從煮滾的糖水中撈出一滴丟到冰水裡來判斷當下的質地，然而這種做法既不夠精確也很危險，因此我們應該要好好感謝煮糖專用溫度計的發明者。

在購買之前，記得確定是否為煮糖專用的溫度計，其刻度應該要從 80 到 200℃。請選擇品質比較好的溫度計，而且最好是能掛在鍋邊的（好消息是，這種溫度計也能用於測量油炸溫度）。

成功的小秘訣

· 製作聖多諾黑的成功關鍵在於規劃流程！做好計畫，並事前開始準備各個配料。

· 烘烤泡芙時請多加留意，尤其是當你還不夠熟練，或是不在熟悉的家裡做的時候（意味著你必須面對陌生的烤箱）。別忘了多多測試烤溫，可以有效避免失敗。

· 聖多諾黑的風味是由奶油、鮮奶油與蛋構成，因此對於食材品質應毫不妥協。

· 同理，獻出你的錢包為聖多諾黑購買上等的香草吧！如果因為香草莢而使得風味不佳且平庸，只能說是前功盡棄，實在可惜。

翻轉聖多諾黑

· 奶餡可以加入香草以外的香氣，例如肉桂、番紅花、小荳蔻、茴芹。

· 加入新鮮水果或水果乾、可可碎、焦糖碎片等來為多諾黑加分。比方說也可以把前述材料藏在泡芙內餡裡，就能在品嚐時帶來令人驚喜的酥脆。

· 改變形狀：長條形、圓形、正方形，聖多諾黑的型態可謂千變萬化。不妨從社群網站上尋找靈感，有些作品令人嘆為觀止。快搜尋「#sthonoré」！

· 嘗試使用杏仁、椰子、芝麻或腰果奶等植物奶，成果既驚豔又美味（最後，我們相信你一定辦得到的……）

創意變化食譜

香蕉聖多諾黑
by 艾迪・班葛南
EDDIE BENGHANEM
Le Trianon Palace, Versailles

———

聖多諾黑
by 阿德利安・伯佐洛
ADRIEN BOZZOLO
Le Mandarin Oriental, Paris

———

茉莉花紅果聖多諾黑
by 于格・普傑
HUGUES POUGET
Hugo & Victor, Paris

———

快速簡易食譜
橙花聖多諾黑

EDDIE BENGHANEM
Le Trianon Palace, Versailles

—

SAINT-HONORÉ BANANE

香蕉聖多諾黑

份量	準備時間	烘烤時間	靜置時間
8 人份	1 小時 30 分鐘	40 分鐘	15 小時

香蕉百香果芒果義式奶酪

吉利丁 .... 10 公克
鮮奶油 .... 300 公克
白巧克力 .... 250 公克
香蕉果泥 .... 150 公克
百香果泥 .... 100 公克
芒果泥 .... 50 公克
馬斯卡彭乳酪 .... 100 公克

酥菠蘿

奶油 .... 60 公克
二砂 .... 60 公克
T55 麵粉 .... 50 公克

泡芙麵團

牛奶 .... 100 公克
水 .... 100 公克
砂糖 .... 20 公克
鹽 .... 2 公克
奶油 .... 88 公克
麵粉 .... 115 公克
全蛋 .... 180 公克

異國風焦糖

芒果果泥 .... 100 公克
百香果果泥 .... 100 公克
新鮮芒果泥 .... 50 公克
砂糖 .... 230 公克
葡萄糖 .... 30 公克
鮮奶油 .... 90 公克
奶油 .... 50 公克

沙布列酥餅

軟化奶油 .... 150 公克
砂糖 .... 80 公克
鹽 .... 2 小撮
轉化糖漿 .... 10 公克
T55 麵粉 .... 210 公克

黑麥麵粉 .... 30 公克
泡打粉 .... 5 公克

焦糖

水 .... 30 公克
葡萄糖 .... 10 公克
砂糖 .... 100 公克

馬斯卡彭香緹

馬斯卡彭乳酪 .... 150 公克
鮮奶油 .... 225 公克
砂糖 .... 30 公克
蘭姆酒 .... 10 公克

完成・裝飾

杜絲巧克力長條飾片 ... 8 片
香蕉圓片、芒果片、綠檸
　檬皮 .... 適量

香蕉芒果百香果義式奶酪
（前一天製作）

1. 將吉利丁放入冷水中泡軟。鍋內加熱鮮奶油，倒入巧克力與泡水瀝乾的吉利丁裡，均質。接著加入水果泥，再次均質。冷藏保存 12 小時，加入馬斯卡彭乳酪以攪拌機打發。

酥菠蘿

2. 混合所有材料後，置於兩張烘焙紙之間擀薄，冷藏 1 小時。用切模切成適當大小。

泡芙麵團

3. 煮滾牛奶、水、糖、鹽與奶油。加入過篩麵粉，一邊攪拌一邊炒乾，直到麵團不黏鍋。

4. 將麵團放進調理盆，分次加入蛋液混合直到質地光滑柔順。將麵團裝進擠花袋，擠出直徑 3 公分的泡芙。上頭擺放裁切好的酥菠蘿，放入烤箱以 160℃ 烤 18-22 分鐘。

異國風焦糖

5. 在鍋內加入所有果泥、砂糖、葡萄糖、鮮奶油，以中火加熱至 106℃，其間要不停攪拌。煮至指定溫度後離火，加入奶油，以打蛋器攪拌均勻。冷藏保存備用。

沙布列酥餅

6. 攪拌機裝上槳狀頭，混合軟化奶油、糖、鹽與轉化糖漿。最後加入過篩好的麵粉與泡打粉。

7. 冷藏 2 小時。取出擀成 2 公釐厚，裁切成所需形狀。放進烤箱以 150℃ 烤 20 分鐘。

焦糖

8. 鍋內加熱水、葡萄糖與砂糖。當焦糖開始變稠且轉為深褐色時，關火。

馬斯卡彭香緹

9. 混合馬斯卡彭乳酪、鮮奶油與糖，用打蛋器打發直到拉起尖端呈現鳥嘴狀質地。慢慢拌入蘭姆酒，接著放入塑膠擠花袋裡，並裝上聖多諾黑擠花嘴。

組裝與完成

10. 用攪拌機將義式奶酪打發成慕斯狀。灌進泡芙內，接著再填入異國風焦糖。

11. 於小鍋內融化焦糖，沾裹在泡芙頂端。

12. 將泡芙黏在沙布列酥餅上，上頭再擺上巧克力長條飾片。

13. 於巧克力飾片上擠出波浪狀的香緹擠花。

14. 以香蕉圓片、芒果片、綠檸檬皮裝飾。

ADRIEN BOZZOLO
Le Mandarin Oriental, Paris

SAINT-HONORÉ
聖多諾黑

份量	準備時間	烘烤時間	冷凍時間
6 個	4 小時	4 小時	3 小時

酥菠蘿

奶油······57 公克
二砂······71 公克
T55 麵粉······71 公克

泡芙麵團

水······33 公克
低脂牛奶······33 公克
奶油······28 公克
砂糖······1 公克
鹽······1 公克
T55 麵粉······38 公克
全蛋······67 公克

焦糖香草玻璃糖粉
（阿爾萊特千層酥用）

水······18 公克
葡萄糖······40 公克
砂糖······60 公克
可可芭芮脆片······16 公克
香草粉······3 公克

阿爾萊特千層酥*
（Arlettes）

千層麵團（兩個烤盤份）······
······適量
焦糖香草玻璃糖粉······適量
可可脂······適量

糖漿（會有剩）

特砂······1160 公克
水······870 公克
葡萄糖粉······230 公克

無烘烤香草烤布蕾

鮮奶油（含脂量 35%）······
······200 公克
波旁香草莢······3 公克
砂糖······24 公克
X58 果膠······1.4 公克
寒天······0.2 公克
蛋黃······40 公克

香草帕林內

波旁香草莢······25 公克
帶皮杏仁······150 公克
水······66 公克
砂糖······100 公克
葡萄籽油······適量

香草馬斯卡彭香緹

馬斯卡彭乳酪······20 公克
糖粉······10 公克
香草籽······1.2 公克
鮮奶油（含脂量 35%）······
······100 公克

柔軟焦糖

鮮奶油（含脂量 35%）······
······54 公克
波旁香草莢······0.4 公克
葡萄糖······20 公克
砂糖······19 公克
吉利丁（泡水瀝乾後重量）
······4.5 公克
奶油······14 公克

酥菠蘿

1. 混合所有材料後，放在兩張烘焙紙之間擀成 1.5 公釐厚。冷藏保存。

泡芙麵團

2. 在鍋內煮滾水、牛奶、奶油、糖與鹽。離火，一次加入麵粉拌勻，再回到爐上將麵團炒乾。移至攪拌機中以槳狀頭攪拌，讓麵團更乾。拌入蛋液攪拌，並視情況調整加入的量。
3. 以 4 號圓形擠花嘴在矽膠烤墊上擠出 10 顆直徑 1 公分的迷你泡芙。放進烤箱以 170℃ 烤約 12 分鐘。

閃電泡芙

4. 直接將泡芙麵團抹在酥菠蘿上，利用製糖尺壓成 5 公釐厚，再蓋上第二層酥菠蘿。冷凍。
5. 裁切成 4x1 公分的長條，放在鋪有矽膠烤墊的平烤盤上。
6. 放進烤箱以 150℃、風速 7，烤 18 分鐘。

焦糖香草玻璃糖粉（阿爾萊特千層酥用）

7. 在鍋內加熱水、葡萄糖與砂糖至 185℃。加入可可芭芮脆片與香草粉，混合後平鋪於矽膠烤墊上。
8. 冷卻後攪打成細末，裝入密封容器中。

阿爾萊特千層酥

9. 在烤盤上將千層麵團擀成 2.5 公釐厚，撒上焦糖香草玻璃糖粉。從麵團長邊橫切對半，並將兩片千層麵團的頭尾接在一起後捲起。沿著長邊擀平成厚 2 公分的長方形，冷藏定形。
10. 在第二個烤盤上擀平千層麵團，並均勻撒上焦糖香草玻璃糖粉。將步驟 9 冰過的長方形千層麵團裁切成寬 1.5 公釐的長條，以切面朝上緊密並排於第二個烤盤的千層麵團上。沿著長邊撒上糖粉，用丹麥機擀成 1.5 公釐厚。接著拍除多餘糖粉，將麵團放在鋪有黑色帶孔矽膠烤墊的網洞烤盤上。再蓋上第二片黑色帶孔矽膠烤墊，放入烤箱以 180℃ 烤 6 分鐘。出爐後冷卻。
11. 將千層裁切成 3x9 公分（每份兩個）、3x7 公分（每份一個）的長條，以及 7x8.8x8.8 公分的三角形（每份一個）。
12. 把裁切好的千層放在鋪有黑色帶孔矽膠烤墊的網洞烤盤上，再蓋上一層黑色帶孔矽膠墊。以 180℃ 烤約 6 分鐘（到呈現焦糖色為止）。塗上可可脂防止受潮。盡可能放入乾燥箱保存。

＊譯注：阿爾萊特千層酥是一種類似於蝴蝶酥的焦糖化千層薄餅，有時會添加肉桂增加風味。與蝴蝶酥的差異在於會將千層派皮加入糖後如蛋糕捲一般捲起，切片後擀至極薄。可以搭配冰淇淋和雪酪品嚐，或作為甜點擺盤裝飾，近年有些甜點大師甚至會以阿爾萊特千層酥取代一般的千層派皮。

糖漿（會有剩）

13. 在鍋內煮滾所有材料，裝進密封容器。使用前，將糖漿放入鍋內煮至焦糖色。

14. 用牙籤刺進泡芙底部，以泡芙頂部沾裹焦糖，保存備用。

無烘烤香草烤布蕾

15. 將鮮奶油與香草籽在鍋內加熱到 40℃。撒入預先混合好的砂糖、X58 果膠與寒天。煮滾後，續煮 1 分鐘。

16. 過濾後加進蛋黃裡一起均質，接著倒入長方形矽膠模具內，高約 1 公分。冷凍後裁切成數個 7x8.8x8.8 公分的三角形，冷凍保存備用。

香草帕林內

17. 用剪刀將香草莢剪成小段，與杏仁一起放在烤盤上，以 160℃烤 15 分鐘。

18. 在鍋內將水與糖加熱至 116℃。加入烤過的杏仁與香草混合。不斷攪拌至反砂狀態後，形成焦糖化（約 150-151℃）。倒在鋪有矽膠烤墊的烤盤上攤平，使帕林內快速冷卻。放入 Robot Coupe 食物調理機以最高速絞碎 4 分鐘（帕林內的溫度不能超過 50℃）。裝入密封容器，以冷凍冷卻 3 小時。

19. 將帕林內再度均質。加入適量葡萄籽油調整濃稠度。

香草馬斯卡彭香緹

20. 將前三種材料以打蛋器混合，接著逐次加入鮮奶油。過濾。

21. 放入攪拌機以中速打發。將香緹裝入擠花袋但不須裝上花嘴，而是將開口剪成聖多諾黑花嘴的形狀。

柔軟焦糖

22. 煮滾鮮奶油與香草的同時，在另一個鍋內加入葡萄糖與砂糖，煮至焦糖色。倒入熱鮮奶油停止焦化，再重新加熱至 107℃。降溫至 70℃時加入吉利丁，並於 40℃加入切塊奶油（請務必遵守加入奶油的溫度）。均質後保存備用。

組裝與完成

23. 將冷凍的香草烤布蕾放在三角形的阿爾萊特千層酥上，記得讓千層酥有「木紋」效果的那面朝下。於三角形兩側貼上阿爾萊特千層酥長條（木紋面朝外），擠上香草帕林內（約 6 公克）。接著在香草烤布蕾上以 Z 字型擠滿柔軟焦糖。

24. 將閃電泡芙沿著長邊對切，平放並完全蓋住香草烤布蕾（一個聖多諾黑大約需要三個「半條」閃電泡芙）。

25. 從三角形頂端開始往下，整齊地擠上水滴狀的香草馬斯卡彭香緹。最後貼上長 7 公分的千層酥長條形成完整的三角形。將迷你泡芙放在左下角，再讓聖多諾黑站立起來，底部以少許柔軟焦糖固定。

HUGUES POUGET
Hugo & Victor, Paris

—

SAINT-HONORÉ FRUITS ROUGES & JASMIN

茉莉花紅果聖多諾黑

份量	準備時間	烘烤時間	靜置時間
6 人份	2 小時 45 分鐘	1 小時 20 分鐘	48 小時

反式折疊千層派皮（提前兩天製作）
千層基礎調和麵團
T55 麵粉 ⋯348 公克
醋 ⋯⋯⋯⋯⋯⋯1 湯匙
鹽 ⋯⋯⋯⋯⋯⋯10 公克
水 ⋯⋯⋯⋯⋯ 150 公克
鮮奶油 ⋯⋯⋯ 17 公克

折疊用奶油
奶油 ⋯⋯⋯⋯348 公克
糖粉 ⋯⋯⋯⋯ 21 公克
T45 麵粉 ⋯ 105 公克
糖粉 ⋯⋯⋯⋯⋯⋯適量

茉莉花茶香緹
（前一天製作）
鮮奶油 ⋯⋯⋯445 公克
砂糖 ⋯⋯⋯⋯ 44 公克
茉莉花茶茶葉 ⋯適量
吉利丁片 ⋯⋯⋯3 公克

酥菠蘿
奶油 ⋯⋯⋯⋯ 55 公克
麵粉 ⋯⋯⋯⋯ 45 公克
二砂 ⋯⋯⋯⋯ 55 公克

泡芙麵團
奶油 ⋯⋯⋯⋯ 75 公克
水 ⋯⋯⋯⋯⋯ 85 公克
牛奶 ⋯⋯⋯⋯ 85 公克
鹽 ⋯⋯⋯⋯⋯⋯3 公克
砂糖 ⋯⋯⋯⋯⋯3 公克
麵粉 ⋯⋯⋯⋯ 92 公克
全蛋 ⋯⋯⋯⋯ 160 公克

草莓輕盈奶餡
草莓果泥 ⋯ 290 公克
蛋黃 ⋯⋯⋯⋯ 70 公克
砂糖 ⋯⋯⋯⋯ 35 公克
布丁粉 ⋯⋯⋯ 30 公克
奶油 ⋯⋯⋯⋯ 15 公克
打發鮮奶油 ⋯⋯⋯⋯
⋯⋯⋯⋯⋯⋯ 60 公克

紅色莓果糖漬
冷凍覆盆子 ⋯⋯⋯⋯
⋯⋯⋯⋯⋯⋯ 130 公克
冷凍藍莓 ⋯ 130 公克
冷凍櫻桃 ⋯ 100 公克
砂糖 ⋯⋯⋯⋯ 50 公克
NH 果膠 ⋯⋯⋯5 公克
黃檸檬汁 ⋯⋯ 15 公克

完成・裝飾
紅色莓果 ⋯⋯⋯⋯適量
茉莉花 ⋯⋯⋯⋯⋯適量

反式折疊千層派皮（提前兩天製作）
1. 基礎調和麵團：在攪拌機裡加入麵粉與醋。將鹽以溫水溶解，並加入鮮奶油。全部材料以勾狀頭開一速揉打，直到麵團混合均勻即停止。塑形成正方形以保鮮膜包覆，放入冷藏一晚。
2. 折疊用奶油：將奶油、糖粉、麵粉以勾狀頭混合揉打，直到均勻成團即可停止。塑形成正方形以保鮮膜包覆，放入冷藏一晚。
3. 隔天，以折疊用奶油包覆調和麵團，擀成 10 公釐厚，進行一次雙折。接著擀成 12 公釐厚，進行一次單折，放入冷藏休息 24 小時。取出並擀成 12 公釐厚，進行一次單折，再擀成 10 公釐厚，進行一次雙折。包覆兩層保鮮膜，放入冷凍保存（或冷藏一晚，隔日擀平使用）。
4. 製作當天，將千層派皮擀薄並放在兩個烤盤之間，放入烤箱以 155℃ 烤 45-50 分鐘。
5. 烤好後，先預熱烤箱到 240℃。於千層表面撒上薄薄一層糖粉，進烤箱烤至焦糖化。

茉莉花茶香緹（前一天製作）
6. 將一半的鮮奶油與糖在鍋中加熱，煮滾後加入茶葉，浸泡 3 分鐘，再加入泡水瀝乾的吉利丁與剩下的鮮奶油。冷藏靜置至少 12 小時。

酥菠蘿
7. 將所有材料秤重放入攪拌機，以槳狀頭開二速揉打。質地均勻後，將 300 公克麵團夾在兩張烘焙紙之間擀平，裁切成與泡芙同樣大小的圓片。

泡芙麵團
8. 將奶油切成小塊，以小火煮至融化。
9. 奶油融化後，加入水、牛奶、鹽與糖一起煮滾。拌入麵粉並以小火加熱 1 分鐘炒乾麵團。放入攪拌機，以槳狀頭攪打 5 分鐘。

10. 分次少量加入全部蛋液，再以第二轉速攪拌 5 分鐘。
11. 擠出直徑 3 公分的泡芙，於上方擺放酥菠蘿。放入旋風烤箱以 170℃ 烤 20-30 分鐘。

草莓輕盈奶餡
12. 加熱草莓果泥。
13. 將蛋黃與糖、布丁粉混合。加入草莓果泥後，全部材料一起加熱直到類似卡士達醬的質地。完成後混入軟化奶油。
14. 冷卻到 10-15℃，加入打發鮮奶油，以橡皮刮刀小心輕拌。
15. 預留 150 公克作為泡芙餡。其餘的鋪平在 25x5 公分的框模裡。

紅色莓果糖漬
16. 前一晚先將冷凍莓果放在鍋內解凍，並加入一半的糖。
17. 全部一起以小火加熱。煮到 40℃ 時，加入剩下一半的糖以及 NH 果膠混合。續滾 2 分鐘後離火，加入檸檬汁。
18. 預留 150 公克莓果糖漬作為泡芙餡。將剩下的糖漬平鋪在已填入草莓輕盈奶餡的框模裡。冷凍保存。

組裝與完成
19. 以鋸齒刀將千層派皮裁切成 27x11 公分的長方形。
20. 將草莓輕盈奶餡內嵌夾心切成 23x3.5 公分的長方形，置於千層派皮中央。
21. 泡芙內依序灌入草莓輕盈奶餡與紅色莓果糖漬，最後沾上焦糖鏡面。
22. 在派皮兩側以等距各擺上六顆泡芙。
23. 打發茉莉花茶香緹，以聖多諾黑花嘴擠花。
24. 在擠花上裝飾紅色莓果與茉莉花。

LE SAINT-HONORÉ

快速簡易食譜

SAINT-HO FLEUR D'O

橙花聖多諾黑

為何如此簡單？

· 跳過令人厭世的千層製作工序。

· 連泡芙也不用做！

· 可以預先準備好卡士達醬。

份量	準備時間	烘烤時間
6 個	1 小時	1 小時

市售長方形純奶油千層派皮 ····························1 片
糖粉（1）····························1 湯匙
全脂牛奶 ····························50 厘升
蛋黃 ····························4 顆
砂糖（1）····························120 公克
麵粉 ····························75 公克
橙花水 ····························1 湯匙
冰涼鮮奶油 ····························66 厘升
糖粉（2）····························50 公克
珍珠糖泡芙 ····························18 顆
砂糖（2）····························200 公克
搗碎開心果（無鹽）····························適量

1. 將現成的千層派皮擀薄後切成六個長方形，放在鋪有烘焙紙的烤盤上。

2. 放入烤箱以 170℃ 烤 55 分鐘，注意千層中心要烤熟，但不要烤焦。在烤好前 5 分鐘，用濾茶篩網撒上糖粉（1）。重新烘烤 5 分鐘，直到糖融化並稍微焦糖化。取出派皮放涼。

3. 以小火煮滾牛奶。將蛋黃與砂糖（1）打至泛白，加入過篩麵粉，再倒入煮滾的牛奶以打蛋器攪拌。接著全部倒回鍋內重新煮滾，直到奶餡變稠。離火，等稍微降溫後加入橙花水，即完成卡士達醬。

4. 將冰涼的鮮奶油以攪拌機打成香緹，一邊加入過篩糖粉（2）。冷藏保存備用。

5. 盡可能除去小泡芙上的糖粒（可以將珍珠糖粒保留到隔天與優格一起享用）。

6. 將砂糖（2）煮成焦糖，沾在小泡芙頂部。待焦糖冷卻定型後，小心地以擠花袋與小型花嘴從泡芙底部灌入卡士達醬。

7. 在千層派皮上以聖多諾黑擠花嘴擠上香緹。每片派皮擺上三個小泡芙，再以開心果碎裝飾，立即品嚐。

實用美味建議

· 想跟喜歡的甜點師訂購千層派皮？當然可以！

· 既然都去了，不妨也跟對方預訂無糖粒的小泡芙來取代珍珠糖泡芙。

· 如果趕時間，泡芙也可以改沾焦糖口味的巧克力（甜點材料區架上有售）。

· 真的很趕的話，可以省略卡士達醬，直接搭配滿滿的紅色莓果一起享用。

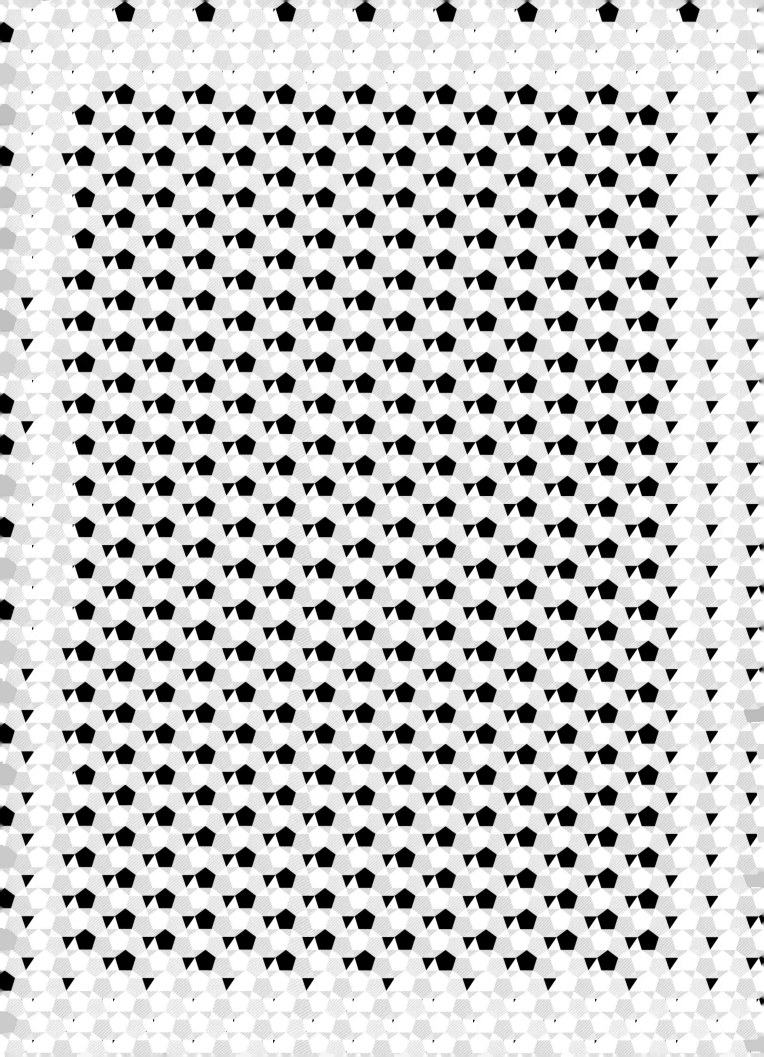

LE SUCCÈS
成功蛋糕

成功蛋糕正如其名，儘管低調卻實在地發揮其影響力。
這個不同凡響的甜點上所點綴的粉雪帶來輕盈的幻象，
好似稍縱即逝般輕巧，但裙擺下卻隱藏著由蛋白霜、帕
林內與奶油霜組成的濃郁美味。請盡情享用吧，這就是
成功蛋糕！

歷史

成功蛋糕在 20 世紀曾以許多不同的形式與稱呼出現並受到歡迎，但我們仍不清楚它確切登場的時間。可以確定的是，名店「Lenôtre」讓它成為 1970 年代的「當代」甜點之星，不過作為源頭的食譜應該要回溯到更早以前。相較於當時以厚重系的蛋糕為主流，由杏仁（或榛果）蛋白霜搭配簡單的帕林內奶油霜組成的成功蛋糕，被視為是一款輕盈而樸實的甜點。如今人們經常將成功蛋糕與俄羅斯歐洛洪蛋糕（Russe d'Oloron）或聖安特摩（Saint-Anthelme）相提並論，而實際上它們的配方也的確很接近。

組成

請注意，這道甜點相當脆弱。在 Lenôtre 的廚房裡如今依舊以徒手攪拌製成的杏仁蛋白霜，很可能在烘烤前就塌下來。另一方面奶油霜同樣難以預料，需要耐心與專注力才不會導致油水分離。而裝飾用的杏仁碎與糖粉則能夠在嘴裡交織出極其豐富的口感。

今日

時至今日，成功蛋糕還是擁有狂熱的愛好者，但脆弱的特性導致它變得更稀有，甜點師們寧可提供其他風險較小的甜點。也因此，那些持之以恆的人通常都是真正的擁護者，使得成品的美味程度鮮少讓人失望。雖然一般以經典款最為常見，但也可以做些調整，例如換成堅果或開心果口味。值得留意的是，一些受到童年時代品嚐過的成功蛋糕所啟發的甜點師，有時也會用這個名稱來命名與經典的成功蛋糕相去甚遠的甜點。

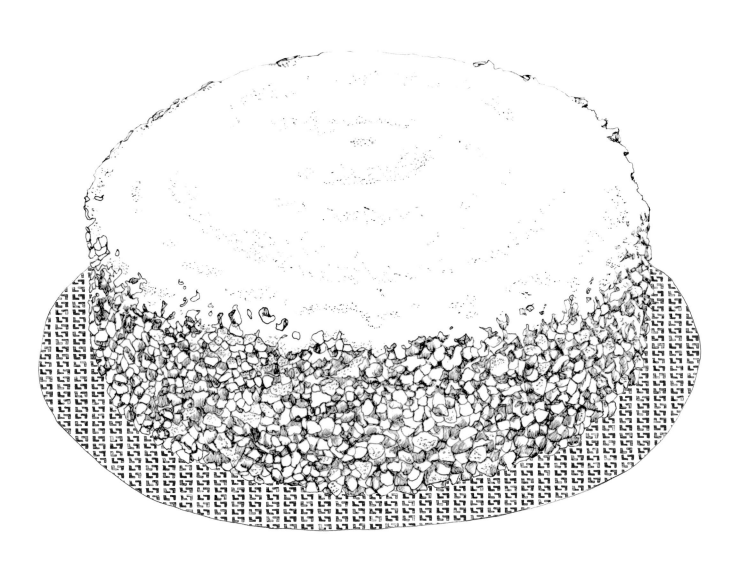

CHRISTOPHE APPERT
克里斯多夫・阿貝爾

Angelina, Paris
——

雖然在大眾間的名氣沒那麼高，克里斯多夫・阿貝爾卻是世界頗負盛名的甜點店「Angelina」的鎮店主廚。他最先在 Fauchon 接受皮耶・艾爾梅（Pierre Hermé）的訓練，歷經幾個短暫的工作後，加入了塞巴斯蒂昂・高達（Sébastien Gaudard）與克里斯多夫・亞當（Christophe Adam）領導的團隊，成為踏足頂尖甜點店巔峰的黃金世代。如今，他是象徵 Angelina 的靈魂人物，確保這間店具有傳奇地位的招牌蒙布朗以及其他精緻甜點能夠滿足來自世界各地的老饕。只要親眼見識過 Angelina 位於里沃利街的店鋪前面的排隊人龍，就能看出他確實圓滿達成了任務。熱愛直接且突出的風味、同時也是完美主義者與工作狂的阿貝爾，可以説是頂尖法式甜點的卓越代表。

關於成功蛋糕的幾個問題

您對成功蛋糕最早的記憶為何？

是皮耶・艾爾梅在 Fauchon 的食譜。這款覆蓋著牛奶巧克力波浪裝飾的成功蛋糕（有點像秋葉蛋糕）超級棒，但裝飾需要耗費不少功夫。

——

您喜歡成功蛋糕的哪一點？

它很簡單，基本上就像是馬卡龍餅皮加入帕林內的夾餡，柔軟與酥脆口感的對比非常迷人。只可惜很少甜點師會提供這款蛋糕。我想也許對很多甜點大師來說成功蛋糕看起來有點老派，所以就不再做了；這真的非常可惜，因為它確實廣受大眾喜愛。我們不應該輕易放棄過時的經典，舉例來說我們在中國市場推出了最傳統的摩卡蛋糕，結果卻獲得巨大的成功。

——

成功蛋糕的致勝關鍵？

好好把蛋白打發！我知道很多業餘人士容易在這步驟遇到麻煩。對於一個大量使用蛋白的甜點來說，這是最重要的關鍵。

——

會想改良成功蛋糕嗎？

當然，我很想試試看結合水果，做成內嵌夾層放進成功蛋糕裡，相信會很成功的。

LE SUCCÈS

LE SUCCÈS
步驟詳解

SUCCÈS NOISETTE

榛果成功蛋糕

BY CHRISTOPHE APPERT

Angelina, Paris

份量	準備時間	烘烤時間	靜置時間
6-8 個	1 小時 30 分鐘	30 分鐘	13 小時

酥脆帕林內

牛奶巧克力 ································· 40 公克
奶油 ·································35 公克
杏仁榛果帕林內（堅果：糖＝1：1）····
································· 80 公克
可可巴芮脆片（或搗碎的法式薄脆餅）
·································45 公克

榛果杏仁打發甘納許
（前一天製作）

白巧克力 ·······························117 公克

榛果膏 ·································· 90 公克
杏仁帕林內 ·································100 公克
鮮奶油（含脂量 35%）·········660 公克
泡水瀝乾吉利丁片 ··············· 5 片

榛果達克瓦茲

蛋白 ··································· 170 公克
砂糖 ································ 50 公克
糖粉 ································ 150 公克
榛果粉 ································ 130 公克
杏仁粉 ································適量

堅果裝飾

核桃 ································ 100 公克
開心果碎 ································150 公克
杏仁碎 ································100 公克

完成・裝飾

糖粉 ································適量

酥脆帕林內

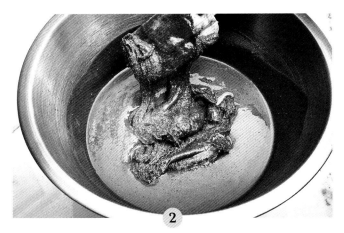

1　隔水加熱融化巧克力（或用 50% 火力微波加熱）。加入融化奶油混合均勻。

2　加入杏仁榛果帕林內，再次混合直到質地滑順有光澤。

加入可可巴芮脆片。

以抹刀抹平在鋪有烘焙紙的烤盤上約 5 公釐厚，冷藏 1 小時。

凝固後，切成邊長 4 公分的正方形。常溫保存備用。

榛果杏仁打發甘納許（前一天製作）

盆內倒進白巧克力、榛果膏與杏仁帕林內，備用。

在鍋內加熱一半的鮮奶油。煮滾後加入泡水瀝乾吉利丁混合，直到融化。將煮好的鮮奶油倒進步驟 6。

均質。一邊加入剩下的鮮奶油一邊均質，直到質地滑順。

以保鮮膜貼緊表面包覆，放入 4℃冷藏直到隔天。

榛果達克瓦茲

預熱烤箱至 180℃。蛋白先加入少許糖打發。

等到蛋白成形後，加入剩下的糖完成打發。以橡皮刮刀輔助，加入糖粉與榛果粉，小心輕拌。

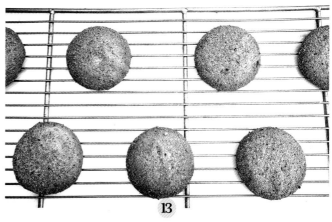

放入擠花袋，用大的 14 號圓形擠花嘴，在 30x40 公分的烘焙紙上擠出 16 個直徑 6 公分的圓，撒上杏仁粉。

放進烤箱烤 15-20 分鐘（每台烤箱烤製時間略有差異）。烤到一半的時候將烤盤轉向，繼續烘烤。出爐後置於烤架上使其完全冷卻。

堅果裝飾

14

所有堅果以 180°C 烘烤 10 分鐘。用刀子將核桃切成小塊。

組裝與完成

15

在攪拌機裡輕輕地打發榛果杏仁甘納許，直到打發成兩倍的量。一點一點地慢慢加速，小心不要讓甘納許溫度過高。

16

使用擠花袋與擠花嘴，將打發甘納許擠在達克瓦茲上（平坦的那面）。再放上一片酥脆帕林內方塊。

17

再次擠上打發甘納許（約 2 公分高）。放上第二片達克瓦茲。

18

組裝完成後，在混合堅果碎上滾動（堅果會黏在甘納許上）。

19

以星形擠花嘴在達克瓦茲頂端中心處擠上一小球打發甘納許。最後撒上糖粉即完成。

重點材料

成功蛋糕基底

———

成功蛋糕的基底是添加了（粉狀或碎片）堅果的蛋白霜圓盤，與達克瓦茲非常類似，有時甚至會被視作同樣的東西。然而在配方上還是有些微差異，成功蛋糕的基底通常更脆，而不像達克瓦茲那麼酥軟（因此還會先擠上奶餡放置 24 小時來軟化質地）。由於蛋白含量非常高，因此打發的狀態必須掌握得非常完美（換句話說，如果你正好在親戚家度假而且身邊只有舊式的打蛋器，那可累人了）。然而，這可以說是成功蛋糕在技術層面上唯一要面對的難關，一旦掌握了絕竅，就會發現這種可口的材料具有成千上百種用途：類馬卡龍殼、配咖啡的蛋白霜、搭配冰品的蛋白霜脆片……保證能「成功」！

奶油霜

———

所以說，我們到底該怎麼評斷奶油霜呢？沒錯，它的確是個卡路里爆表的聚合體，但也沒有人逼你每天把它當早餐吃啊！還不如留待重要場合，並且只在一流的甜點店享用。如果你要自己製作，請選擇高品質的美味奶油（看一下你會用上的奶油量，當然是愈優質愈好吧）。上個世紀的甜點確實讓人們對周日才能享用的蛋糕留下加了滿滿奶油霜的濃厚回憶，而當今世間的味蕾則尋求更無負擔且細緻的味道。不過我們也沒必要完全拒之於門外，只要多去考慮蛋糕整體的平衡並加上恰到好處的量，就能讓甜點美味升級。

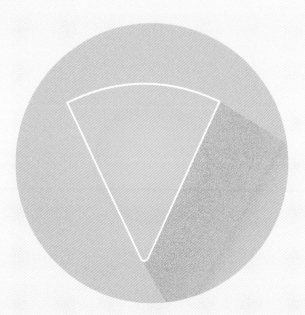

擠花袋

這是專為甜點師量身打造，只有甜點師能駕馭的道具，也因此讓專業甜點師與一般大眾有所區別。知道怎樣控制擠花袋其實不難，然而要成就這門藝術最終只要求一件事，就是練習。關於購買方面，通常有兩種選擇：

- 可以重複使用的擠花袋。如果只是偶爾做甜點，建議選擇這種比較環保。
- 捲筒拋棄式的擠花袋。假如你有很多不同的奶餡要擠花，這種比較實用。

除此之外的例如「擠花筒」或「擠花筆」都稱不上是好主意，應該極力避免。選擇擠花袋準沒錯！

圓形涼架

這個外觀毫不起眼的涼架甚至可以決定蛋糕的命運！千萬別以為這只是拿來擺放剛出爐餅乾的托架而已，其存在有著確切的理由——讓蛋糕、塔、餅乾或是布里歐許可以均勻地放涼和乾燥，藉由讓空氣流通避免累積濕氣。圓形涼架也很適合用於淋面：只需要放上蛋糕，任鏡面或果膠往下流就好。

要注意的是涼架本身有很多不一樣的外型，這裡介紹的則是圓形款（volette）。

成功的小祕訣

· 成功蛋糕基底的蛋白需要完美打發；假如有結塊的情況，可能導致在混入堅果粉類時塌陷。

· 添加一點塔塔粉，可以讓蛋白保形，避免結塊。這是在釀造葡萄酒時產生的天然成分，可以在專業烘焙材料行找到。

· 別把事情複雜化，製作奶餡也需要技術。好好跟隨大師的指示，特別是關於材料的溫度控制。

· 如果能提前 24 小時開始備料，就能保證成功蛋糕柔軟又好吃。若是放入冰箱保存，記得品嚐之前要先退冰。

翻轉成功蛋糕

· 將經典的堅果換成時下最流行的種類：腰果、花生甚至是南瓜籽。

· 假如害怕穆斯林奶餡的奶油使用量，可以用比較輕爽的奶餡取代，例如輕盈奶餡或是打發甘納許。

· 添增水果風味：杏桃、紅色或黑色莓果、葡萄、無花果，為成功蛋糕點綴新鮮的滋味！

· 榛果＋柚子＝永恆之戀。所以，不妨在奶餡裡加一點柚子皮……

· 想要來點苦甜的嗎？試試看可可風味，一樣很到位。

創意變化食譜

蓬塔穆松

by 塞巴斯蒂昂·高達
SÉBASTIEN GAUDARD
Paris

———

成功蛋糕

by 吉爾·瑪夏爾
GILLES MARCHAL
Paris

———

成功蛋糕

by 帕斯卡·卡費
PASCAL CAFFET
Troyes

———

快速簡易食譜
好成功蛋糕

GILLES MARCHAL
Paris

—

SUCCÈS

成功蛋糕

| 份量 20 個 | 準備時間 2 小時 30 分鐘 | 烘烤時間 1 小時 15 分鐘 | 冷藏時間 6 小時 | 冷凍時間 1 小時 |

杏仁蛋白霜
蛋白⋯⋯⋯⋯⋯150 公克
砂糖⋯⋯⋯⋯⋯130 公克
過篩糖粉⋯⋯⋯100 公克
杏仁粉⋯⋯⋯⋯30 公克
杏仁片⋯⋯⋯⋯⋯適量

成功蛋糕基底
過篩糖粉⋯⋯⋯120 公克
榛果粉⋯⋯⋯⋯90 公克
T45 麵粉⋯⋯⋯25 公克
新鮮蛋白⋯⋯⋯120 公克
砂糖⋯⋯⋯⋯⋯120 公克
榛果片⋯⋯⋯⋯30 公克

焦糖鏡面
砂糖⋯⋯⋯⋯⋯400 公克
礦泉水（1）⋯300 公克
鮮奶油（含脂量 35%）
⋯⋯⋯⋯⋯⋯280 公克
過篩澱粉⋯⋯⋯25 公克
礦泉水（2）⋯⋯50 公克
金級吉利丁片（泡水瀝
乾）⋯⋯⋯⋯⋯10 公克

焦糖核桃
核桃⋯⋯⋯⋯⋯200 公克
砂糖⋯⋯⋯⋯⋯100 公克
礦泉水⋯⋯⋯⋯30 公克
波旁香草籽⋯⋯1/2 根

義式蛋白霜
蛋白⋯⋯⋯⋯⋯80 公克
砂糖⋯⋯⋯⋯⋯160 公克
礦泉水⋯⋯⋯⋯40 公克

原味奶油霜
全脂牛奶⋯⋯⋯90 公克
砂糖⋯⋯⋯⋯⋯125 公克
全蛋⋯⋯⋯⋯⋯50 公克
法國 AOP 奶油⋯⋯⋯⋯
⋯⋯⋯⋯⋯⋯500 公克

帕林內穆斯林奶餡
原味奶油霜⋯480 公克
法國 AOP 奶油⋯⋯⋯⋯
⋯⋯⋯⋯⋯⋯400 公克
杏仁榛果帕林內⋯⋯⋯⋯
⋯⋯⋯⋯⋯⋯580 公克
鮮奶油（含脂量 35%，
打發）⋯⋯⋯200 公克
冷卻義式蛋白霜⋯⋯⋯⋯
⋯⋯⋯⋯⋯⋯250 公克

完成・裝飾
金箔⋯⋯⋯⋯⋯⋯適量

杏仁蛋白霜
1. 預熱烤箱至 100℃。在烤盤或烤架上鋪上烘焙紙（或矽膠烤墊）。用打蛋器將蛋白打發，中途加入砂糖。
2. 加入過篩糖粉與杏仁粉，小心輕拌。
3. 將蛋白霜裝入擠花袋，以 10 號圓形擠花嘴在烘焙紙上擠出直徑 10 公分與直徑 6 公分的圓片各四片，以及數條 8-10 公分的長條，並撒上杏仁片。另外擠出 60 多顆小球，不用撒上杏仁片。
4. 放入烤箱烘烤至少 1 小時。
5. 放涼後，將烤好的蛋白霜放進密封罐，置於乾燥處保存。可以提前幾天先做好。

成功蛋糕基底
6. 預熱烤箱至 180℃。在烤盤或烤架鋪上烘焙紙（或矽膠烤墊）。於直徑 12 公分的不銹鋼圈模內抹上奶油，準備好擠花袋並裝入 10 號圓形擠花嘴。
7. 混合過篩糖粉、榛果粉與麵粉。
8. 將蛋白打發。中途加入砂糖，打發至輕盈奶餡般的質地。接著小心加入混合好的粉類輕拌。
9. 用擠花袋在蛋糕圈模內均勻擠入麵糊，高度約 15 公釐。撒上榛果片。
10. 放入烤箱烘烤至少 12 分鐘。趁熱脫模。

焦糖鏡面
11. 將糖煮成深色焦糖。加入礦泉水（1）與鮮奶油，一邊以打蛋器攪拌以停止焦化。煮滾後拌入過篩澱粉與礦泉水（2），一起混勻。
12. 重新煮滾後，加入吉利丁。
13. 過濾並冷藏。使用前加熱至 30-32℃ 左右；要淋上鏡面的蛋糕一定要非常冰。

焦糖核桃
14. 將核桃放入烤箱以 140℃ 烘烤 3 分鐘。放涼。
15. 於鍋內加熱砂糖、礦泉水與波旁香草籽至 125℃。加入核桃後以小火煮製並不停攪拌，直到核桃均勻焦糖化。立刻倒在烘焙紙上，將核桃一個個分開，靜置放涼。先保留 20 多顆作為最後裝飾使用，再將剩下的焦糖核桃搗碎，放入乾燥密封容器中保存。

義式蛋白霜

16. 將水與糖加熱至 121℃，同時打發蛋白。在打發蛋白中加入 121℃的糖漿攪打均勻。

原味奶油霜

17. 攪拌機裝上球狀頭。準備細篩網或過濾漏斗。

18. 在鍋內加熱全脂牛奶、砂糖及蛋，一邊以橡皮刮刀攪拌直到煮滾。過濾奶餡，倒進攪拌機中以低速攪打，同時少量分次加入切塊奶油。提高轉速，將奶餡打至泛白且質地均勻、輕盈。取 480 公克的奶油霜置於常溫以製作穆斯林奶餡，剩下的則放入冷藏保存。

帕林內穆斯林奶餡

19. 擠花袋裝上 10 號圓形花嘴。在攪拌機內慢速攪打奶油霜、奶油與杏仁榛果帕林內，同時微微加熱攪拌缸外緣，直到奶餡滑順且顏色變淡。

20. 混合打發鮮奶油與義式蛋白霜，然後加入先前的奶餡中。裝入擠花袋。

組裝與完成

21. 準備直徑 12 公分的半圓模具，先在底部擠上帕林內穆斯林奶餡，用不鏽鋼刮刀抹平表面。撒上幾顆焦糖核桃後，放入直徑 6 公分的杏仁蛋白霜圓片，填入奶餡。再次撒上幾顆焦糖核桃，放入直徑 10 公分的杏仁蛋白霜圓片。再次填入奶餡與焦糖核桃，最後蓋上成功蛋糕基底。記得最後一層要與半圓模同高。

22. 放入冷藏 6 小時，接著放進 -20℃的冷凍庫中，冷凍 1 小時。

23. 準備一個直徑 26 公分且高度超過半圓模具的容器，裝滿 60℃的水。將模具的圓頂部分浸入水中 2-3 秒後脫模。準備帶邊烤盤並放上涼架，接著將蛋糕置於其上，淋上焦糖鏡面。

24. 將長條杏仁蛋白霜裝飾在蛋糕頂部。小的蛋白霜球則沿著底部圍繞一圈擺放。最後加上切半的焦糖核桃與金箔裝飾。

PASCAL CAFFET
Troyes

—

SUCCÈS

成功蛋糕

份量	準備時間	烘烤時間	靜置時間
8 個	1 小時 30 分鐘	55 分鐘	1 小時 30 分鐘

帕林內奶油霜

低脂牛奶⋯⋯⋯⋯⋯⋯⋯⋯⋯60 公克
特砂⋯⋯⋯⋯⋯⋯⋯⋯⋯⋯⋯150 公克
全蛋⋯⋯⋯⋯⋯⋯⋯⋯⋯⋯⋯50 公克
奶油（含脂量 82%）⋯⋯⋯⋯365 公克
杏仁帕林內⋯⋯⋯⋯⋯⋯⋯⋯90 公克

蛋白霜蛋糕體

蛋白⋯⋯⋯⋯⋯⋯⋯⋯⋯⋯⋯109 公克
特砂⋯⋯⋯⋯⋯⋯⋯⋯⋯⋯⋯91 公克
糖粉（含裝飾用）⋯⋯⋯⋯⋯82 公克
杏仁粉⋯⋯⋯⋯⋯⋯⋯⋯⋯⋯82 公克
麵粉⋯⋯⋯⋯⋯⋯⋯⋯⋯⋯⋯33 公克
杏仁碎⋯⋯⋯⋯⋯⋯⋯⋯⋯⋯16 公克

完成・裝飾

杏仁碎⋯⋯⋯⋯⋯⋯⋯⋯⋯⋯25 公克
杏仁帕林內⋯⋯⋯⋯⋯⋯⋯⋯50 公克
糖粉⋯⋯⋯⋯⋯⋯⋯⋯⋯⋯⋯30 公克

帕林內奶油霜

1. 鍋內加熱牛奶與特砂至 90℃。加入蛋，快速攪拌混合並煮滾。煮滾後直接倒入攪拌機中，裝上球狀頭以高速打發並降溫至 50℃。分次加入常溫奶油，一邊攪打。於室溫放涼，最後輕輕拌入杏仁帕林內。

蛋白霜蛋糕體

2. 用攪拌機打發蛋白與特砂（糖分三次倒入）。
3. 將糖粉、杏仁粉與麵粉一起過篩。
4. 蛋白打發後，拌入過篩粉類（不要在攪拌缸裡混合）。
5. 立刻裝入擠花袋，以直徑 14 公釐的擠花嘴在烘焙紙上擠出蛋白霜，撒上杏仁碎與少許糖粉。
6. 放入旋風烤箱以 170℃烤約 25 分鐘（請留意烘烤時間會因蛋白霜大小而異）。

組裝與完成

7. 將烤箱降溫至 150℃，放入杏仁碎烘烤 30 分鐘。放涼。
8. 取一個蛋白霜蛋糕體，上面擠上數個直徑 2 公分的帕林內奶油霜球，並於內圈填入同樣高度的奶油霜。
9. 用烘焙紙摺出錐形擠花袋，擠上杏仁帕林內，然後撒上烤過的杏仁碎。
10. 蓋上第二片蛋白霜蛋糕體，撒上糖粉。
11. 冷藏至少 1 小時。品嚐前最好先取出退冰 30 分鐘。

LE SUCCÈS

QUEL SUCCÈS !

好成功蛋糕

為何如此簡單？

・這款成功蛋糕基底配方，不會比做蛋白霜複雜。

・可以放心地提前準備蛋糕基底，當天就只剩下打發鮮奶油而已。

份量	準備時間	烘烤時間
4-6 人份	1 小時	1 小時 15 分鐘

蛋白⋯⋯⋯⋯⋯⋯⋯⋯⋯⋯⋯⋯⋯⋯6 顆
砂糖⋯⋯⋯⋯⋯⋯⋯⋯⋯⋯⋯⋯⋯200 公克
糖粉（1）⋯⋯⋯⋯⋯⋯⋯⋯⋯⋯100 公克
榛果粉⋯⋯⋯⋯⋯⋯⋯⋯⋯⋯⋯⋯50 公克
堅果粉⋯⋯⋯⋯⋯⋯⋯⋯⋯⋯⋯⋯60 公克
肉桂粉⋯⋯⋯⋯⋯⋯⋯⋯⋯⋯⋯⋯1 茶匙
鮮奶油⋯⋯⋯⋯⋯⋯⋯⋯⋯⋯⋯300 公克
馬斯卡彭乳酪⋯⋯⋯⋯⋯⋯⋯⋯150 公克
無花果果醬⋯⋯⋯⋯⋯⋯⋯⋯⋯⋯2 茶匙
糖粉（2）⋯⋯⋯⋯⋯⋯⋯⋯⋯⋯⋯3 茶匙
無花果⋯⋯⋯⋯⋯⋯⋯⋯⋯⋯⋯⋯4 顆
堅果碎⋯⋯⋯⋯⋯⋯⋯⋯⋯⋯⋯⋯適量

1. 打發蛋白與砂糖，並持續攪打讓質地更緊實。過篩糖粉（1），與榛果粉和堅果粉混合。倒入蛋白中，用橡皮刮刀小心輕拌。

2. 在烤盤上鋪烘焙紙，以擠花袋將蛋白霜擠出兩個圓盤狀。放入烤箱以 130℃烤 1 小時 15 分鐘後，放涼。可以提前一天或兩天先做好。

3. 將肉桂粉與鮮奶油混合，加熱但不煮沸。使其冷卻。

4. 用橡皮刮刀攪軟馬斯卡彭乳酪，輕輕倒入無花果果醬。加入冰涼的肉桂鮮奶油打發成香緹，再拌入過篩好的糖粉（2）。

5. 於第一片蛋白霜圓片擠上步驟 4 的奶餡，撒上少許堅果碎。蓋上另一片蛋白霜圓片，最後擺放數個切成 1/4 大小的無花果與堅果碎裝飾。

實用美味建議

・可隨著季節變換水果：水蜜桃、草莓、荔枝⋯⋯

・根據烤箱的不同可能會影響成功蛋糕基底的口感脆度，請依個人喜好調整。

・注意成功蛋糕基底在冷卻後會變乾（與變硬）。

・如果手邊剛好有兩個蛋糕圈模的話，可以用來將蛋白霜擠在底部，讓圓盤形狀更漂亮。

LA TARTE AU CHOCOLAT
巧克力塔

神聖不可侵犯的巧克力塔是最原始、純粹而濃烈的甜點，卻也能誘使人墮落，無法回頭。由簡單的甜塔皮、散發濃厚可可味的甘納許所組成，其存在本身就宛如獻給巧克力國王的頌歌。巧克力塔擁有尊爵不凡的地位，以濃郁的風味令所有愛好者為之瘋狂。

歷史

以極致濃烈的可可風味為特徵的巧克力塔算是相對近代的甜點，直到 1970 年代左右才崛起，當時正好是人們開始對巧克力展現高度興趣的時代。然而巧克力塔當中重要的組成「甘納許」則可追溯到更早以前，一般相傳是 1850 年在甜點師西侯丁（Siraudin）的工作室中，因為一位學徒不小心將熱的鮮奶油打翻到巧克力裡而誕生的。主廚見狀稱他是「甘納許」（ganache），因為這個字在當時意指「蠢蛋」。然而一直要等到許久以後，甘納許才終於與塔皮相遇。在 1960 年代，賈斯東·雷諾特研發了一款外觀與現在相當接近的巧克力塔，只不過塔皮的部分是由奴軋汀代替（相當美味！）如今我們所熟知的巧克力塔直到 1980 年代才真正標準化，特別是透過兩位傑出的巧克力師之手：尚·保羅·艾凡（Jean-Paul Hévin），以及「La Maison du Chocolat」的創辦人侯貝·蘭克斯（Robert Linxe）。

組成

巧克力塔當中最經典的元素就非塔皮（沙布列塔皮或油酥塔皮）與甘納許莫屬，賦予了視覺上的純粹與味覺上的濃烈印象。根據版本的不同，甘納許可以是生的（追求純粹風味者的最愛）或煮過的；或者有時也會以奶油或香料提味，甚至加上一層巧克力蛋糕體添增不同口感。

今日

如今巧克力塔已經成為甜點店不可或缺的招牌，不論是作為佳節晚餐的甜點，或者在街頭大快朵頤的美味點心，可以適用於各種目的與場合。當代的甜點師們經常使用莊園可可豆搭配上辣椒、胡椒甚至是續隨子，讓可可的味道更為突出；抑或是加入穀物增添香脆口感，其中巧克力塔與蕎麥更是絕配。這些極具現代風格的組合，都使得巧克力塔成為名副其實的當代甜點。

這位法國頂尖甜點界的年輕天才，也同樣參與過克里斯多夫・亞當所領導的 Fouchon 團隊。與賽提克・葛雷、尼可拉・巴希赫 以及博奴瓦・庫宏（Benoît Couvrand）等人並駕齊驅，帕希洛展開了他登峰造極的職業生涯；先後經過 Hôtel de Crillon、La Pâtisserie Cyril Lignac、La Réserve 等地的歷練，最後終於來到 Le Prince de Galles 飯店，加入了史蒂芬妮・勒克列克（Stéphanie Le Quellec）的團隊，並將她視為導師。帕希洛冷靜穩重卻不缺乏野心，優雅且純粹的甜點隨著四季的更迭大放異彩。當他選擇了某種材料，不論是香草、大黃或蜂蜜，他都知道該如何運用它們去說故事，讓一切感受、視覺與味覺巧妙地合而為一。對美麗作品的熱愛加上勤勉的特質，他得以成功創造出獨有的風格。

關於巧克力塔的幾個問題

第一個令您感動的巧克力塔？

是在 Fouchon 時期吃到的濃郁巧克力塔，上頭搭配一片可可碎瓦片。在 2005 年，當時的我覺得它非常厲害，既經典又不失現代感，而且不會太甜，味道表現得非常出色。

一個好的巧克力塔的關鍵是？

對於巧克力塔，我曾捫心自問：「怎麼樣才能做出『屬於我』的巧克力塔？」也就是一個能被大眾記得的塔，但又希望能保留巧克力塔的基本要素。要在尊重其純粹原貌的同時尋求大膽革新確實是個挑戰，我所追求就是這樣的蕎麥巧克力塔。

製作巧克力塔應該要避免什麼？

不能太甜！又或者太過平淡無味，只因許多人害怕味道太濃，但如果可可加太少或是加太多牛奶，都會缺乏震撼力。最後，對我來說非常重要的關鍵，就是要能滿足口腹之慾。誰都不會想要一個很「沒料」的巧克力塔的！甘納許應該像要滿溢而出一般飽滿圓潤，但為了達到這種效果，就必須在灌餡時讓甘納許維持在最完美的溫度。

LA TARTE AU CHOCOLAT

步驟詳解

TARTELETTES CHOCOLAT & SARRASIN

迷你蕎麥巧克力塔

BY NICOLAS PACIELLO

Le Prince de Galles, Paris

份量	準備時間	烘烤時間	靜置時間
4 個	*1* 小時	*15* 分鐘	*8* 小時

蕎麥甜塔皮

奶油	100 公克
糖粉	65 公克
杏仁粉	20 公克
鹽	2 公克
全蛋	42 公克
蕎麥粉	170 公克

委內瑞拉濃郁巧克力甘納許

鮮奶油	85 公克
葡萄糖漿	15 公克
刺槐蜂蜜	15 公克
委內瑞拉產阿拉瓜尼（Araguani）	
72% 巧克力	75 公克
奶油	10 公克

完成・裝飾

烘烤過的有機蕎麥粒	100 公克
融化的阿拉瓜尼巧克力	20 公克
蓋朗德鹽之花	4 小撮

蕎麥甜塔皮

將秤量好的奶油放進容器內，以微波爐加熱直到軟化（不要融化成液態）。

在攪拌機內混合軟化奶油、糖粉、杏仁粉與鹽。以槳狀頭輕輕攪拌，或用橡皮刮刀小心拌勻。

分次加入常溫蛋液，最後加入蕎麥粉。混合均勻後，用塑膠刮板將沾黏在缸緣的麵團刮乾淨，再次攪拌 1 分鐘後取出。

在烘焙紙上將麵團整形成平均厚度約 2-3 公釐的方形。冷藏 4 小時備用。

將冰過的塔皮以紙卡輔助裁切：用十字形的紙卡將塔皮切成凸邊 12.5 公分 x 凹邊 7.5 公分的形狀。或是先用切模裁切成邊長 12.5 公分的正方形，再裁掉四個角（約 2.3-2.5 公分）。

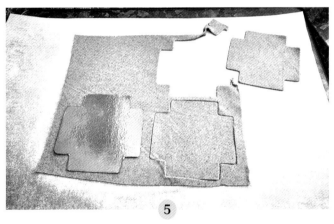

將塔皮放入邊長 8 公分且事先抹上奶油的方模，完成後冷藏靜置 1 小時。

預熱旋風烤箱至 165℃。放入烤箱烘烤 8 分鐘，脫模後再次烘烤 3-4 分鐘。

委內瑞拉濃郁巧克力甘納許

在鍋內加熱鮮奶油、葡萄糖漿與蜂蜜。以打蛋器混合均勻。

在另一個盆裡放入融化的巧克力。待鮮奶油加熱至 80℃ 左右，分次倒入巧克力中。

以橡皮刮刀輕輕混合，每次混入少量的熱鮮奶油，製成甘納許。最後加入切塊奶油。

完成

用刷子在塔皮底部刷上 20 公克的融化黑巧克力，再撒上烘烤過的蕎麥粒。

將甘納許均勻地填入塔內。常溫下放置 3 小時使甘納許凝固。

品嚐前先放進烤箱以 165℃ 快速回烤 30 秒，接著撒上少許鹽之花與烘烤過的蕎麥粒。

主廚建議

- 為了避免塔皮在烤製過程中塌陷，記得讓塔皮冷藏靜置休息 1 小時。如果趕時間的話，可以採用傳統作法，在塔皮上放置派石或烘焙豆。

- 烘烤過的蕎麥粒很容易取得，可以在有機超市裡買到，一般稱之為「卡莎（Kasha）」。

- 假如找不到烘烤蕎麥的現成品，可以將蕎麥放在烤盤上以 165℃ 分兩次各烤 10 分鐘（注意別烤焦）。

OLIVIER HAUSTRAETE
Boulangerie BO, Paris

GRAND BASSAM

偉大巴薩姆

份量	準備時間	烘烤時間	浸泡時間	靜置時間
24 個	2 小時	25 分鐘	20 分鐘	48 小時

黑巧克力香緹
（提前兩天製作）

鮮奶油（含脂量 35%）(1)
.... 220 公克
葡萄糖漿 .... 20 公克
轉化糖漿 .... 20 公克
69% 巴薩姆黑巧克力 ....
.... 146 公克
可可膏 .... 29 公克
鮮奶油（含脂量 35%）(2)
.... 391 公克

無麩質巧克力蛋糕體
（前一天製作）

可可粉 .... 37 公克
帶皮杏仁粉 .... 37 公克
蛋白 .... 158 公克
砂糖 .... 158 公克
蛋黃 .... 105 公克

可可糖漿（前一天製作）

水 .... 100 公克
砂糖 .... 100 公克
可可粉 .... 15 公克

巴薩姆東加豆巧克力輕盈奶餡（前一天製作）

全脂牛奶 .... 157 公克
東加豆 .... 1 公克
鮮奶油（含脂量 20%）.......
.... 157 公克
新鮮蛋黃 .... 80 公克
砂糖 .... 25 公克
69% 巴薩姆黑巧克力 ....
.... 125 公克
可可粉 .... 5 公克

可可鏡面

吉利丁片 .... 20 片
砂糖 .... 694 公克
水 .... 283 公克
鮮奶油（含脂量 35%）......
.... 514 公克
葡萄糖漿 .... 257 公克
轉化糖漿 .... 77 公克
可可粉 .... 116 公克

巧克力杏仁沙布列塔皮

奶油 .... 279 公克
糖粉 .... 158 公克
帶皮杏仁粉 .... 65 公克
蛋 .... 154 公克
鹽 .... 1 公克
T45 麵粉 .... 326 公克
可可粉 .... 116 公克

完成 · 裝飾

烘烤過的芝麻 .... 適量
可可碎 .... 適量
刷上金粉的巧克力球 .. 適量

黑巧克力香緹（提前兩天製作）

1. 煮滾鮮奶油（1）與葡萄糖漿、轉化糖漿，倒入黑巧克力與可可膏中。用均質機打至乳化，再倒入鮮奶油（2）拌勻。裝入密封容器，於 0-4℃間冷藏 24 小時。使用前以攪拌機稍微打發。

無麩質巧克力蛋糕體（前一天製作）

2. 將可可粉與帶皮杏仁粉一起過篩。先混合一半的砂糖與蛋白一起打發，再加入剩下的糖，打成蛋白霜。依序慢慢加入蛋黃以及過篩好的粉類，小心輕拌避免消泡。

3. 將麵糊倒入置於烘焙紙上的框模內抹平，放入烤箱以 190℃烤 8-10 分鐘，烤到一半時將烤盤取出轉向。出爐後移至涼架上。

可可糖漿（前一天製作）

4. 將水、糖與可可粉一起煮滾，移至另一容器備用。

巴薩姆東加豆巧克力輕盈奶餡（前一天製作）

5. 煮滾牛奶與磨碎東加豆，密封浸泡 20 分鐘。過濾後，重新秤重並加入牛奶直到原先的重量，接著加入鮮奶油煮滾。

6. 將砂糖與蛋黃打至泛白。與步驟 5 的牛奶混合並加熱至 85℃，然後倒入巧克力與可可粉中。以均質機混合至乳化。

7. 倒入直徑 4 公分、高 2 公分的圓頂矽膠模內，放入冷凍。脫模後置於 -18 至 -24℃冷凍保存。

組裝（第一部分，前一天製作）

8. 將蛋糕體刷上可可糖漿（最好前一天操作，讓糖漿徹底吸收），再用切模切成直徑 3 公分的圓。

9. 攪拌機裝上球狀頭，輕輕打發一部分的黑巧克力香緹。以擠花袋灌入圓弧形矽膠模內（例如 Silikomart® 的石頭模具），再倒入巧克力輕盈奶餡，並蓋上巧克力蛋糕體。放入急速冷凍直到隔天。

可可鏡面

10. 以冰水浸泡吉利丁片並瀝乾。加熱水與砂糖至 120℃，接著加入鮮奶油、葡萄糖與轉化糖漿，再次煮滾。倒入過篩可可粉再煮滾一次，接著拌入吉利丁，均質後保存。

巧克力杏仁沙布列塔皮

11. 攪拌機裝上槳狀頭，打軟奶油。依序加入糖粉、杏仁粉、蛋、鹽，最後拌入麵粉與可可粉。混合直到麵團均勻成團。

12. 包覆保鮮膜，冷藏休息 3 小時。放在兩張烘焙紙之間擀成 2 公釐厚，冷藏後再用切模裁切成直徑 6 公分的圓片。置於黑色帶孔矽膠烤墊上，放入烤箱以 180℃烤 15 分鐘。

組裝與完成（第二部分）

13. 將步驟 9 脫模後擺在涼架上，放入急速冷凍。加熱可可鏡面至 45-50℃，均質並小心不要混入空氣。將球體放在涼架上進行淋面，直到覆蓋全體表面。輕敲涼架以去除多餘的鏡面，兩側貼上巧克力沙布列塔皮後，垂直放在紙托上。

14. 最後以烘烤過的芝麻粒、可可碎，以及刷有金粉的巧克力球裝飾。

KEVIN LACOTE
KL Pâtisserie, Paris

TARTE CACAO

可可塔

份量	烘烤時間	準備時間	靜置時間
6-8 人份	32 分鐘	1 小時 45 分鐘	4 小時

巧克力甜塔皮

奶油	120 公克
糖粉	75 公克
杏仁粉	24 公克
鹽之花	3 公克
香草莢	1 根
蛋	45 公克
T45 麵粉	180 公克
可可粉	10 公克

58 果膠甘納許

牛奶	100 公克
砂糖	10 公克
58 果膠	2 公克
法芙娜孟加里（Manjari）巧克力	30 公克

無麩質巧克力蛋糕體

法芙娜加勒比（Caraïbe）巧克力	45 公克
可可膏	10 公克
蛋黃	84 公克
砂糖	45 公克
蛋白	105 公克

綠檸檬甘納許

牛奶	75 公克
鮮奶油	75 公克
蛋黃	24 公克
砂糖	21 公克
瓜納拉巧克力	80 公克
綠檸檬皮與汁	1 顆

巧克力可可酥菠蘿

軟化奶油	120 公克
二砂	110 公克
麵粉	120 公克
可可粉	24 公克
榛果粉	60 公克
鹽之花	1 公克

巧克力甜塔皮

1. 混合奶油、糖粉、杏仁粉。接著加入鹽之花、香草籽與蛋，最後加入過篩麵粉與可可粉。冷藏休息後擀成 3 公釐厚，用圈模切成直徑 18 公分的圓片，放入塔模內。以 160℃烤 12 分鐘。

58 果膠甘納許

2. 加熱牛奶至 40℃，加入預先混合好的糖與果膠。煮滾 1 分鐘後倒入巧克力中，均質。
3. 將甘納許倒入塔皮至約一半高度，冷藏使其凝固成形。

無麩質巧克力蛋糕體

4. 隔水加熱融化巧克力與可可膏。將蛋黃與一部分的糖一起打發，蛋白則加入剩下的糖打發。混合蛋黃與蛋白後加入融化巧克力拌勻，接著倒在烘焙紙上用抹刀抹平，放入烤箱以 180℃烤 10 分鐘。將烤好的蛋糕體裁切成直徑略小於塔模的圓片，放在果膠甘納許上。

綠檸檬甘納許

5. 混合煮滾牛奶與鮮奶油，加入預先打至泛白的蛋黃與糖，製成英式蛋奶醬。加熱至 82℃後，倒入巧克力中一起均質。接著加入綠檸檬汁與檸檬皮，再次均質。倒入塔皮直到填平高度，冷藏 4 小時使其凝固成形。

巧克力可可酥菠蘿

6. 在攪拌機內混合奶油與二砂，接著加入麵粉，以槳狀頭攪拌。加入剩下的材料攪拌後，將酥菠蘿過粗篩網，冷凍。取出後倒入與無麩質蛋糕體相同大小的圈模，放在矽膠烤墊上，進烤箱以 170℃烤 10 分鐘。出爐後冷凍 5 分鐘，最後放在塔上。

LA TARTE AU CHOCOLAT

FRANÇOIS PERRET
Le Ritz, Paris

TARTE CHOCOLAT

巧克力塔

份量	準備時間	烘烤時間	冷藏時間	冷凍時間
8 人份	2 小時	22 分鐘	1 小時	2 小時

巧克力沙布列塔皮

麵粉⋯⋯⋯⋯⋯⋯⋯⋯125 公克
可可粉⋯⋯⋯⋯⋯⋯⋯ 18 公克
奶油⋯⋯⋯⋯⋯⋯⋯⋯125 公克
糖粉⋯⋯⋯⋯⋯⋯⋯⋯ 50 公克
香草莢⋯⋯⋯⋯⋯⋯⋯ 1/2 根
鹽⋯⋯⋯⋯⋯⋯⋯⋯⋯⋯1 公克
蛋白⋯⋯⋯⋯⋯⋯⋯⋯ 20 公克

可可碎奶餡（1）

奶油⋯⋯⋯⋯⋯⋯⋯⋯ 62 公克
砂糖⋯⋯⋯⋯⋯⋯⋯⋯ 62 公克
蛋⋯⋯⋯⋯⋯⋯⋯⋯⋯⋯1 顆
可可碎（均質打碎）⋯⋯⋯⋯
⋯⋯⋯⋯⋯⋯⋯⋯⋯⋯ 62 公克

卡士達醬

全脂牛奶⋯⋯⋯⋯⋯ 250 公克
奶油⋯⋯⋯⋯⋯⋯⋯⋯ 10 公克
砂糖⋯⋯⋯⋯⋯⋯⋯⋯ 35 公克
香草莢⋯⋯⋯⋯⋯⋯⋯ 1/2 根
蛋黃⋯⋯⋯⋯⋯⋯⋯⋯⋯2 顆
玉米粉⋯⋯⋯⋯⋯⋯⋯ 20 公克

可可碎奶餡（2）

卡士達醬⋯⋯⋯⋯⋯⋯ 75 公克
可可碎奶餡（1）⋯225 公克

巧克力甘納許

吉利丁片⋯⋯⋯⋯⋯⋯⋯1 片
鮮奶油⋯⋯⋯⋯⋯⋯⋯110 公克
全脂牛奶⋯⋯⋯⋯⋯⋯110 公克
奶油⋯⋯⋯⋯⋯⋯⋯⋯ 22 公克
蛋黃⋯⋯⋯⋯⋯⋯⋯⋯⋯17 公克
歐貝拉薩瑪娜（Samana）
62% 黑巧克力⋯⋯164 公克

歐貝拉塔尼亞（Tannea）
43% 牛奶巧克力⋯55 公克
打發鮮奶油⋯⋯⋯⋯105 公克

可可香緹

鮮奶油⋯⋯⋯⋯⋯⋯ 200 公克
糖粉⋯⋯⋯⋯⋯⋯⋯⋯ 20 公克
過篩可可粉⋯⋯⋯⋯⋯10 公克

完成 · 裝飾

可可粉⋯⋯⋯⋯⋯⋯⋯⋯⋯ 適量

巧克力沙布列塔皮

1. 過篩麵粉與可可粉。將奶油軟化，加入糖粉、香草籽與鹽。接著倒入蛋白與粉類，輕拌數次至均勻即可。包覆保鮮膜，冷藏 1 小時。

2. 將塔皮擀至 2 公釐厚，先裁切成直徑 28 公分的圓，再裁切成八等份。放在黑色帶孔矽膠烤墊上，再蓋上另一片黑色帶孔矽膠烤墊，以 170℃ 烤 10 分鐘。

可可碎奶餡（1）

3. 軟化奶油，加入砂糖、恢復至室溫的蛋，以及可可碎（注意不要打發）。

卡士達醬

4. 加熱牛奶、奶油、1/4 的砂糖與香草籽。將蛋黃與剩下的砂糖打至泛白，加入玉米粉拌勻，再倒入一部分的熱牛奶，接著全部一起回鍋加熱。煮滾 1 分鐘後，倒在鋪有保鮮膜的烤盤上，快速冷卻。

可可碎奶餡（2）

5. 將卡士達醬攪拌至滑順，加入可可碎奶餡（1）。在鋪有矽膠烤墊的烤盤上，將奶餡倒入直徑 26 公分的圈模內，放入烤箱以 170℃ 烤 12 分鐘至微微上色。

巧克力甘納許

6. 吉利丁放入冰水中泡軟。加熱鮮奶油、牛奶與奶油，倒入蛋黃中混合，再重新回到爐上煮至 82℃。過濾後倒入巧克力中，並加入瀝乾吉利丁片，均質。降溫到 40℃ 時，用橡皮刮刀拌入打發鮮奶油。

7. 將一半的甘納許倒入直徑 26 公分的圈模內。放上烤好的可可碎奶餡，然後填入剩下的巧克力甘納許。冷凍後脫模，切成八等份。

可可香緹

8. 全部材料在攪拌機中一起打發，注意不要過發。

完成

9. 將冷凍過、切成三角形的甘納許可可碎奶餡（一定要夠冰）以小刀刀背輔助，在表面沾滿香緹。用刮刀抹平，撒上可可粉後，放在巧克力沙布列塔皮上。

LA TARTE AU CHOCOLAT

快速簡易
食譜

TARTE CROUSTICHOC AUX AGRUMES

柑橘巧克力脆塔

為何如此簡單？

· 因為巧克力塔，只要製作兩種材料組合就行了！

· 不僅如此，你甚至不用自己做塔皮……

份量	準備時間	烘烤時間
6 人份	30 分鐘	20-30 分鐘

現成純奶油沙布列塔皮（或是油酥塔皮）……1 片
黑巧克力………………………………200 公克
全脂鮮奶油……………………………240 公克
柚子汁…………………………………20 公克
綠檸檬汁………………………………20 公克
蜂蜜……………………………………1 茶匙
法式薄脆餅……………………………1/2 包
綠檸檬皮………………………………適量

1. 預熱烤箱至 170℃。將沙布列塔皮放入塔圈，烘烤 20-30 分鐘，直到塔皮烤熟（可以放入烘焙豆以免膨脹變形）。出爐後放涼。

2. 將巧克力切塊。加熱鮮奶油、蜂蜜以及一半的柑橘類果汁。煮滾後離火，加入剩下的果汁。分三次倒入巧克力中，混合直到均勻乳化。

3. 將法式薄脆餅弄碎成大塊，取部分均勻地撒在烤好的塔皮上。接著倒入步驟 2 的柑橘巧克力甘納許，再撒上法式薄脆餅碎片與綠檸檬皮。先放入冷藏讓甘納許凝固成形，再取出恢復至室溫即可品嚐。

實用美味建議

· 「不要」冷藏保存你的巧克力塔，當天就殲滅它吧！

· 完成加熱後再加入一部分新鮮果汁，可以讓柑橘味更明顯且清香。

LA TARTE AU CITRON
檸檬塔

檸檬塔的酸味就好比一股電流竄過全身，總是能激起人們的熱情，為其贏得一群比起單純的甜食，更偏好濃郁與微苦滋味的狂熱粉絲。無論如何，它激發了甜點師的想像力去創造出風味更絕妙的檸檬奶餡、更酥脆的塔皮，甚至是更輕盈的蛋白霜……讓人無可自拔地想一嚐再嚐！

歷史

作為檸檬塔核心的奶餡，據說是 18 世紀初期位於英國的某個桂格教派發明的。而後我們在美國發現了灌有類似奶餡的塔派的蹤跡，也就是知名的「墨西哥萊姆派」（Key lime pie），以濃郁的綠檬香氣廣泛受到佛羅里達州水手們的歡迎。他們會帶著檸檬塔在航海時享用以防壞血病（這真是至今聽過想大口品嚐檸檬塔的最佳藉口）。另一方面在 19 世紀的瑞士法語區，一位名為亞歷山大・福列斯（Alexander Frehse）的甜點師想出了用蛋白霜裝飾的點子，就此讓檸檬塔有了迷人的外型，卻也無可否認地添增了不少糖分。

在法國

在這個美味配方傳入法國之前，似乎很少使用檸檬來製成甜點，而更常見於製作清涼的飲料。不過，我們倒是很常使用檸檬皮來為卡士達醬或法式布丁塔的內餡添增香氣，而法式布丁塔一直到 20 世紀中期也會添加大量的蛋白霜。

組成

傳統檸檬塔是以油酥塔皮為基底，作為內餡的不是水果而是一種在英文裡稱為「凝乳（curd）」的奶餡，由蛋黃、糖、奶油（最常見）與檸檬汁及檸檬皮所組成。透過慢慢熬煮至凝結，使得其質地既滑順又略帶黏稠，散發著美麗的鮮黃色，以及與眾不同的強烈酸味。

今日

檸檬塔如今被視為甜點店裡的不敗經典之一，同時樣貌也十分多元。有的會試著突顯酸味的存在感，像是減糖或者加入其他濃郁的柑橘系水果，如柚子或葡萄柚；相反的，有的則追求更溫和的味道，比方說加入新鮮的香草植物（羅勒、龍蒿、薄荷）。至於義大利蛋白霜的部分，通常會嘗試以比較不甜的打發蛋白或打發鮮奶油替代，甚至也可能就此省略。值得注意的是，在配方裡加入少許帕林內的做法，十分具有畫龍點睛的效果。

HUGUES POUGET

于格·普傑

Hugo & Victor, Paris

———

這位才華出眾的甜點師，經過幾年在主廚季薩瓦（Guy Savoy）身邊的歷練後所創立的甜點店「Hugo & Victor」不僅是首都巴黎最為奢華知名的甜點店之一，在日本的分店亦然。他是個超級積極的企業經營者，近期接下在蒙塔日受人尊敬的老品牌「Mazet」的經營權，展開了「全品項帕林內」的嶄新挑戰計畫。普傑的自我要求極高，也無疑是同一世代最有決心擺脫甜點界陋習的人；特別是他在創作馬卡龍與巧克力時排除色素的使用，稱得上是劃時代的創舉。他的千層派、聖多諾黑以及美味的水果塔都具有指標性，無可取代的柑橘系塔類除了會隨著季節選用橘子、血橙或是葡萄柚等不同組合，添加綠檸檬皮增添濃郁香氣的絕妙檸檬塔亦是不容錯過。

關於檸檬塔的幾個問題

關於檸檬塔的回憶？

在我還小的時候，法國南部有間名叫「Pastor」的甜點店推出了一個以布列塔尼沙布列為基底的檸檬塔，讓我留下美好的回憶。

———

您是如何創作出綠檸皮檸檬塔呢？

當 Hugo & Victor 在邁阿密推出快閃店時，我們想要向美國知名的墨西哥萊姆派展現一點敬意，所以就用了自己的方式加以詮釋。結果相當成功！

———

為什麼加入杏仁奶餡？

如今，這已經成為理所當然的過程：製作塔類的時候就該加上一層杏仁奶餡，而味道也確實很棒。

———

您覺得加還是不加義式蛋白霜比較好呢？

都好！我知道兩派都有各自的擁護者，選邊站並沒有意義。蛋白霜會增加一定的甜度，但同時我也很喜歡它帶來的口感。有時我會傾向不加，讓塔以最原始的方式呈現。比方說我們曾經做過一個極簡路線的芒通檸檬塔，不加杏仁奶餡，只有單純的沙布列塔皮與檸檬奶餡。

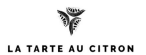

LA TARTE AU CITRON

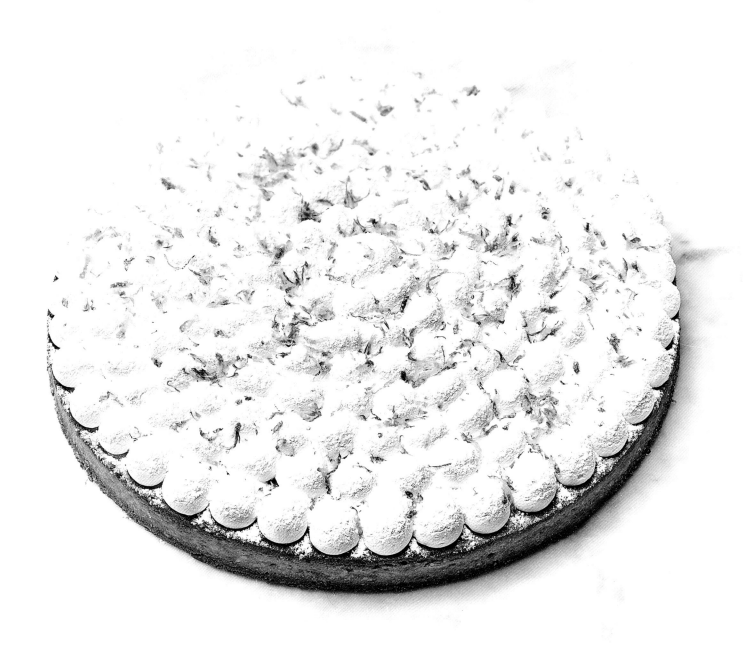

Pâtisserie 檸檬塔 333

LA TARTE AU CITRON ET ZESTES DE CITRON VERT

綠檸皮檸檬塔

BY HUGUES POUGET

Hugo & Victor, Paris

———

份量	準備時間	烘烤時間	靜置時間
6 人份	1 小時 10 分鐘	約 25 分鐘	5 小時 30 分鐘（含冷藏）

原味甜塔皮

奶油	60 公克
糖粉	40 公克
杏仁粉	15 公克
全蛋	20 公克
鹽	1 公克
T55 麵粉	110 公克

杏仁奶餡

奶油	50 公克
砂糖	50 公克
杏仁粉	50 公克
全蛋	50 公克

檸檬輕奶餡

綠檸檬汁	40 公克
黃檸檬汁	25 公克
濃縮黃檸檬汁（非必要）	3 公克
全蛋	75 公克
砂糖	80 公克
奶油	105 公克
綠檸檬皮	1 公克
泡水瀝乾吉利丁片	2.5 片

綠檸檬皮義式蛋白霜

砂糖	240 公克
水	90 公克
蛋白	120 公克
綠檸檬	1 顆

完成・裝飾

糖粉	適量
綠檸檬	1/2 顆

原味甜塔皮

1

將所有材料放進攪拌缸。

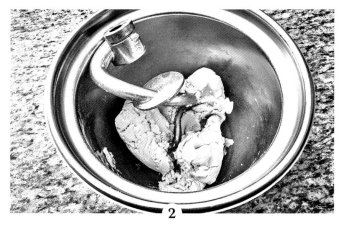

2

攪拌機裝上勾狀頭，以一速攪拌混合直到均勻成團。將麵團包覆保鮮膜後冷藏，直到完全冷卻（3-4 小時）。

將塔皮擀成 2 公釐厚。

裁切出直徑 26 公分的圓,放入直徑 22 公分的塔模內。

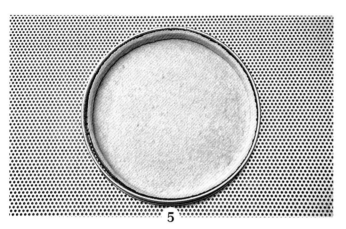

放入烤箱以 150℃ 預烤 15-20 分鐘。

杏仁奶餡

將奶油放入攪拌缸,加入糖與杏仁粉。攪拌機裝上槳狀頭混合均勻後,加入蛋液,再次混勻。

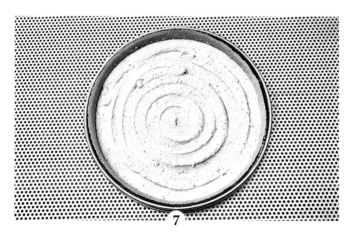

完成後放入擠花袋內,擠入 150 公克在預烤好的塔皮上。

將填好杏仁奶餡的塔皮以 190℃ 烤 5-6 分鐘。出爐後於常溫放涼。

檸檬輕奶餡

9

10

在鍋內倒入黃檸檬與綠檸檬汁,加入濃縮檸檬汁(非必要)、全蛋與糖。一邊以打蛋器攪拌直到煮滾,離火。

加入切塊奶油,綠檸檬皮與泡水瀝乾的吉利丁。

11

12

均質。

用刨刀輕輕修整塔皮邊緣。

13

將檸檬輕奶餡倒在杏仁奶餡上,直到填滿塔皮。放入冷凍靜置1小時 30 分鐘。

綠檸檬皮義式蛋白霜

14

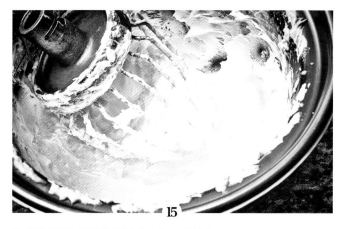

15

加熱水與砂糖,至 115℃ 時開始打發蛋白。待糖水煮到 121℃,倒入正在打發的蛋白中繼續打發。

持續攪打蛋白霜使其降溫(大約 15 分鐘)。

16

17

待義式蛋白霜冷卻後,加入綠檸檬皮。

將檸檬塔從冷凍庫中取出,擠上蛋白霜。

18

主廚建議

· 蛋白霜會有剩,因為我們很難在不影響成品質地的情況下減少配方的量。

· 濃縮檸檬汁可以在專業烘焙材料行找到。可依個人喜好添加,它只是用來增添檸檬的微苦與濃郁風味。

撒上糖粉。將檸檬塔放入烤箱以 210℃ 烤 2-3 分鐘,好讓蛋白霜定形。放涼後再次撒上糖粉與半顆的綠檸檬皮作為裝飾。

重點材料

檸檬

檸檬堪稱是柑橘類水果之王，因帶有酸味與香氣，經常被當作天然提味劑或是用來調節整體口味的平衡。作為檸檬塔的主角，我們應當要選擇品質好的檸檬（是的，檸檬需要挑選，因為它們還是有差別的）。首先，選擇有機或不添加農藥的產品——這點是必要條件，因為我們會使用到檸檬皮——而且要以當季盛產的為主。與其一味追求便宜的進口檸檬，不如選擇尼斯產的，或是更好的芒通產優質檸檬。假如想要來點時髦的柑橘風味，不妨試試以柔和的甜味備受美國人喜愛的梅爾（Meyer）檸檬。

至於萊姆的話，要留意它多半進口自地球的另一端，通常品質不佳，也幾乎擠不出果汁。

義式蛋白霜

對於業餘人士來說義式蛋白霜難以親近，令人印象深刻的原因就在於它尤其需要用到煮糖溫度計（除非你知道如何運用古老的方法辨識煮糖溫度：用湯匙撈起少許煮滾的糖漿滴到冰水裡，看看它的軟硬程度）。

其主要強項在於維持形態，而成功的義式蛋白霜就好比慕斯界的皇后，濃密且無比滑順，像雪一樣白淨，同時又非常穩固（埃及人似乎曾想過用義大利蛋白霜來黏回人面獅身像的鼻子，可惜他們沒有這麼做）。

坦白說，它確實需要一點技術與協調性，因為你必須在適當的時刻加入煮好的糖漿。另一個不可不知的細節就是會需要一台「有底座」的攪拌機，這對於要做出完美乳化的義式蛋白霜來說，幾乎是不可或缺的（更別提將蛋白霜打至冷卻需要很長的時間，有時甚至要花費 20 幾分鐘，光靠老一輩的小型電動打蛋器可能會打到天荒地老）。

今天即便人們為了追求減糖而把矛頭指向義式蛋白霜，我們仍必須承認它確實擁有無法被模仿的獨特口感，以及絕美的時尚外型。

刨刀
———

塔圈
———

以前我們所使用的多半是前端有孔洞的有趣道具,可以刮出長條狀的果皮,然而這已經是新一代的刨刀技術有所突破之前的事了。現在的刨刀十分有型,輕輕滾動就能毫不費力地刮出成堆的果皮細絲。這使得舊一代的刨刀只能黯然退場,與傳統的按壓式打蛋器、木桶冰淇淋機一起被打入冷宮。

不得不說,這種刨刀極有效率且精準,可以取得最好的果皮而不會刮下多數柑橘類水果最令人討厭的白色苦澀部分(內果皮)。如果你很常製作柑橘系甜點(包括蛋糕、塔、雪酪),不要猶豫趕快為自己添購一支,它將改變你的人生(不誇張)。

請注意,獨家消息:千萬不要把塔圈跟蛋糕圈模混為一談!後者的邊緣較高且平整,但真正的塔圈高度偏低(約3公分),且上下邊緣都有捲邊構造,是為了讓入模變得更輕鬆的貼心設計。

問題在於,究竟是否值得投資購買專業塔圈,還是使用家庭用的塔模就好?答案永遠都是肯定的。家庭式塔模的邊緣雖然具有優美的波浪線條,卻不太實用;只要你曾經試過在上面抹奶油或麵粉,就一定知道為什麼。

相較之下塔圈使用起來超級簡單,能烤出工整且令人滿意的成果。注意最近市面上開始推出一種有許多孔洞的塔圈,可以讓烘烤時更均勻受熱 這絕非噱頭,而是真正的加分。

成功的小祕訣

- 塔皮一定要提前準備，讓它有時間冷藏靜置休息，並擀成大圓片（比起圓球狀會更好操作）。

- 塔皮入模後應再次冷藏休息，才不會在烘烤時變形。

- 為了讓塔皮烤好時形狀更工整，可以用刨刀、篩網或小濾網在塔的邊緣輕輕磨擦，使之平整。

- 在預烤塔皮時記得要仔細觀察。一旦有一邊開始上色，就要立刻將塔皮轉向，使其均勻受熱。

- 將奶油加入檸檬奶餡的時候，注意奶餡不能太燙，否則會讓奶油融化。要在奶油不會直接融化的情況下混合，才能得到理想的均勻質地。

- 奶餡同樣需要靜置：試看看，你會發現冷卻後的香氣更加芬芳。

- 避免利用烤箱讓義式蛋白霜出現烤色，這麼做很可能破壞奶餡的質地。建議最好使用噴槍（讓長年以來沉睡在工具箱底部的噴槍派上用場吧）。

- 優先選擇以重量而非顆數為單位標示檸檬汁用量的食譜，因為檸檬的品質、產地與熟度都會導致果汁含量有很大差異。

翻轉檸檬塔

- 最簡單的方法：換一種柑橘系水果。這很自然且符合時節，我們每到冬天都有新的選擇，從柚子到香水檸檬、金桔或佛手柑。該做的就是修正糖的比例，因為不同的水果酸度差異很大。

- 檸檬塔注重清新香氣，不妨加入香草植物吧！只需要少許薄荷、羅勒、檸檬草或龍蒿，就能讓周日享用的簡單水果塔，變成香氣四溢的小小傑作。

- 手邊沒有香草？那就來點櫥櫃裡的香料！小荳蔻、茴香、甘草或香草，都等著你盡情發揮創意（但是在倒入整罐番紅花香料前，請先嚐嚐味道……）

- 在奶餡底下添加一點驚喜：在塔底加上一層融化巧克力、帕林內、焦糖，或者何不來點花生醬？

- 利用打發鮮奶油或打發蛋白取代義式蛋白霜。所有質地滑順、美味又純淨的元素，都值得你嘗試看看。

創意變化食譜

迷你榛果檸檬塔

by 尼可拉‧哈勒維

NICOLAS HAELEWYN

Karamel, Paris

———

輕盈檸檬塔

by 方思瓦‧佩黑

FRANÇOIS PERRET

Le Ritz, Paris

———

柚子檸檬塔

by 方思瓦‧多比涅

FRANÇOIS DAUBINET

Maison Fauchon, Paris

———

快速簡易食譜

香濃檸檬塔

NICOLAS HAELEWYN
Karamel, Paris

—

TARTELETTES CITRON & NOISETTE

迷你榛果檸檬塔

份量	準備時間	烘烤時間	靜置時間
6 個	2 小時 30 分鐘	1 小時	42 小時

榛果甜塔皮

奶油·······················80 公克
糖粉·······················45 公克
蛋·························30 公克
T55 麵粉··················125 公克
帶皮榛果粉·················15 公克
鹽之花·····················1.5 公克

香草鹽之花流心焦糖

水·························15 公克
砂糖·······················100 公克
香草莢·······················1/2 根
鮮奶油·····················50 公克
奶油·······················60 公克
鹽之花·······················1 公克
葡萄糖·····················20 公克

焦糖榛果

榛果······················120 公克
糖漿（水：糖＝1：1）·······
·························15 公克

檸檬酸奶餡

蛋·························65 公克
砂糖·······················45 公克
新鮮黃檸檬汁···············65 公克
布丁粉·····················12 公克
黃檸檬皮·····················2 公克
奶油·······················50 公克

瑪德蓮麵糊

蛋·······················120 公克
糖粉·······················60 公克
奶油······················100 公克
蜂蜜······················120 公克
麵粉······················120 公克
泡打粉·······················5 公克
鹽之花·······················2 公克
黃檸檬皮·····················5 公克

義式蛋白霜

蛋白······················150 公克
砂糖······················300 公克
水························100 公克

完成・裝飾

融化牛奶巧克力··············適量
鹽之花·····················適量
檸檬汁·····················適量
金箔·······················適量
烘烤過的榛果················3 顆
黃檸檬皮·····················適量

榛果甜塔皮

1. 攪拌機裝上槳狀頭將奶油打軟，加入糖粉打至泛白。拌入恢復至室溫的蛋，接著加入預先過篩好的麵粉、榛果粉與鹽之花。混合均勻後取出並包覆保鮮膜，冷藏休息 6 小時。

香草鹽之花流心焦糖

2. 鍋內加入水、砂糖、葡萄糖，煮成金黃色焦糖（185℃）。
3. 加熱鮮奶油與香草莢萃取香氣，然後倒入焦糖中停止焦糖化（譯註：建議香草鮮奶油要在煮製焦糖前先準備好，才能在焦糖達到理想溫度時立刻加入以停止焦糖化。）
4. 重新加熱到 118℃，拌入切塊奶油與鹽之花。常溫保存。

焦糖榛果

5. 將榛果放入烤箱以 170℃烘烤約 8 分鐘。放涼後與糖漿混合，再次放進烤箱以 190℃烤 4-5 分鐘。完成後取出。

檸檬酸奶餡

6. 隔水加熱所有材料（除了奶油外）。不停攪拌直到呈現奶餡質地，再加入切成小塊的奶油。以均質機均質。
7. 冷藏保存 24 小時。

瑪德蓮麵糊

8. 攪拌機裝上球狀頭，打發蛋與糖粉。
9. 於鍋內融化奶油與蜂蜜（必須維持在微溫），撒入麵粉、泡打粉、鹽之花、檸檬皮，再用橡皮刮刀輕輕混入打發的蛋。
10. 冷藏靜置 12 小時後，擠入半圓形的小型矽膠模內。放入烤箱以 150℃烤 15 分鐘。

義式蛋白霜

11. 加熱水與糖至 121℃，同時打發蛋白。待糖漿煮到理想溫度，倒入蛋白中持續攪打。
12. 攪拌到蛋白霜冷卻為止（大約 10 幾分鐘）。

組裝與完成

13. 將塔皮放入直徑 5 公分、高 3 公分的塔圈。放進烤箱以 150℃預烤 20 分鐘。
14. 在塔的底部以刷子刷上融化牛奶巧克力，並撒入少許焦糖榛果粒與鹽之花。
15. 以擠花袋填入香草鹽之花流心焦糖（每個塔約擠入 15 公克）。接著填滿檸檬酸奶餡。
16. 加熱檸檬汁，均勻刷在烤好的瑪德蓮上，擺在塔中央。將蛋白霜放入擠花袋，以直徑 3 公分的擠花嘴擠出能完全蓋住瑪德蓮的球狀。擠花收尾時，最上頭要拉出優雅的尖頂。
17. 用噴槍小心地幫蛋白霜上色一圈。
18. 尖端部分以金箔、半顆烘烤過的榛果與檸檬皮絲作為裝飾。
19. 品嚐前先在常溫下退冰 30 分鐘。

FRANÇOIS PERRET
Le Ritz, Paris

—

TARTE AU CITRON EN LÉGÈRETÉ

輕盈檸檬塔

份量	準備時間	烘烤時間	靜置時間
10 個	2 小時	30 分鐘	1 小時

甜塔皮
奶油（含塔圈抹油用）.............................150 公克
糖粉..95 公克
杏仁粉..30 公克
蛋...1 顆
鹽之花...1 公克
香草莢...1/2 根
T55 麵粉..250 公克

檸檬奶餡
黃檸檬汁...184 公克
黃檸檬皮（以一般削皮器或 Microplane® 刨刀刨
　取）...2 顆
砂糖..184 公克
蛋..170 公克
奶油..260 公克

杏仁檸檬奶餡
蛋..1/2 顆
砂糖..40 公克
杏仁粉..40 公克
檸檬奶餡..90 公克

打發蛋白
吉利丁片（2 公克）.......................................1 片
蛋白..150 公克
砂糖..110 公克
沾點油的廚房紙巾（塔圈和烤盤抹油用）

甜塔皮
1. 混合軟化的奶油與糖粉、杏仁粉。加入蛋、鹽之花與香草籽。
2. 接著加入過篩好的麵粉輕拌，直到均勻成團。取出後包覆保鮮膜，冷藏 1 小時使麵團變硬。
3. 用擀麵棍將塔皮擀成 2 公釐厚。放入塔模，以 160℃ 烘烤 20 分鐘。

檸檬奶餡
4. 鍋內加熱檸檬皮、檸檬汁以及一半的砂糖。
5. 將蛋與剩下一半的糖打至泛白，接著倒入步驟 4 的熱檸檬汁。
6. 全部一起倒回鍋中，以卡士達醬的方式熬煮。煮滾後繼續加熱 3 分鐘，同時不斷攪拌。
7. 奶餡過濾後倒入奶油裡，以均質機均質。

杏仁檸檬奶餡
8. 混合蛋與糖打至泛白，接著拌入杏仁粉，以及 90 公克的檸檬奶餡（剩下的留作塔皮灌餡時使用）。混合均勻後填入預烤好的塔皮內。放入烤箱以 160℃ 烤 4 分鐘。

打發蛋白
9. 吉利丁片以冷水浸泡並瀝乾。
10. 攪拌機裝上球狀頭，慢速打發蛋白與糖，小心不要打過發。拌入融化的吉利丁後，裝入擠花袋。
11. 在高 1.5 公分的塔圈內抹油，並放在同樣抹好油的烤盤上。
12. 在塔圈裡擠入打發蛋白，往下壓緊並用 L 形抹刀抹平表面。放進蒸汽烤箱以 80℃ 烤 3 分鐘。若沒有蒸氣烤箱，可以用微波爐以最強火力加熱數秒（不能超過約 15-20 秒）。烤好後脫模放涼，再用切模挖出不同大小的圓孔。

組裝
13. 在杏仁檸檬奶餡上，擠上檸檬奶餡直到填滿塔皮，抹平表面。擺上打發蛋白，用剩下的檸檬奶餡填滿孔洞。

FRANÇOIS DAUBINET
Maison Fauchon, Paris

TARTE CITRON & YUZU
柚子檸檬塔

份量	準備時間	烘烤時間	靜置時間
8-10 人份	2 小時 45 分鐘	3 小時 45 分鐘	15 小時

檸檬果凍
（前一天製作）
水 ·····················25 公克
砂糖 ···················25 公克
黃檸檬果泥····175 公克
百香果果泥····175 公克
泡水瀝乾吉利丁 ·········
·························· 2.5 片

糖漬檸檬皮
（前一天製作）
有機黃檸檬···········3 顆
水 ····················300 公克
砂糖 ··············240 公克

帶皮杏仁甜塔皮
奶油 ···············140 公克
過篩糖粉·········90 公克
帶皮杏仁粉·······35 公克
鹽 ·······················3 公克
T45 麵粉 ······ 230 公克
全蛋 ···············45 公克

黃檸檬果糊
有機黃檸檬··· 150 公克
水 ·····················50 公克
砂糖（1）·······50 公克
檸檬汁············25 公克
砂糖（2）·····12.5 公克
NH 果膠··············1 公克

檸檬柚子輕盈奶餡
奶油 ···············180 公克
黃檸檬果泥···100 公克
柚子果泥····40 公克
全脂牛奶·········60 公克

砂糖·············120 公克
綠檸檬皮········20 公克
全蛋 ···············170 公克
吉利丁片············3 片
可可脂·········40 公克
鹽 ·····················2 公克

瑞士蛋白霜
蛋白 ···············150 公克
砂糖 ············250 公克

完成·裝飾
檸檬切片（去除白色
內果皮）··········適量

檸檬果凍（前一天製作）
1. 加熱水、砂糖與果泥至
80℃，加入吉利丁。過濾後
以 4℃冷藏保存。

糖漬檸檬皮（前一天製作）
2. 削下檸檬果皮並切成細絲。
放入冷水中煮滾後瀝乾，重
複三次此步驟以去除苦味，
沖洗乾淨。
3. 將水與砂糖煮成糖漿，加
入去除苦味的檸檬皮加熱
至 85℃。包上保鮮膜置於
常溫保存，隔天再次加熱到
85℃，保存備用。

帶皮杏仁甜塔皮
4. 將恢復至室溫的軟化奶油與
糖粉打成乳霜狀，加入杏仁
粉與鹽。接著依序倒入麵粉
與蛋輕拌，但不要出筋。冷
藏後擀成 2 公釐厚，入模。
再次冷藏。
5. 放入烤箱以 160℃烘烤 16 分
鐘。

黃檸檬果糊
6. 將檸檬切成四等份，去籽。
加入冷水中煮滾後瀝乾，重
複三次此步驟以去除苦味。
取出瀝乾。
7. 混合水與砂糖（1），放入檸
檬浸漬。加入檸檬汁以及事
先混合好的砂糖（2）與果
膠，煮滾。放入食物調理機
絞碎。裝入擠花袋。

檸檬柚子輕盈奶餡
8. 奶油切成塊狀，冷凍。
9. 將兩種果泥與牛奶一起煮
滾。混合砂糖、綠檸檬皮和
全蛋。以製作卡士達醬的方
式熬煮奶餡，過濾後加入泡
水瀝乾的吉利丁。
10. 加入可可脂、冷凍奶油、
鹽，一起均質。完成後以
4℃冷藏保存。

瑞士蛋白霜
11. 隔水加熱蛋白與砂糖至
55℃。放入攪拌機內打發，
持續攪打直到蛋白霜降溫。
12. 在烘焙紙上擠出球狀的蛋白
霜。放入烤箱以 130℃烤 30
分鐘，再降溫至 70℃烤 3
小時烘乾。

組裝與完成
13. 在烤好的塔皮內擠上檸檬果
糊，接著填入檸檬柚子輕盈
奶餡直到與塔緣同高，放入
冷藏（至少 2 小時）。
14. 稍微加熱檸檬果凍使其融
化，倒在輕盈奶餡上至完全
覆蓋表面，形成保護膜。冷
藏 1 小時等待凝固。
15. 最後以蛋白霜、糖漬檸檬與
檸檬切片裝飾。

LA TARTE AU CITRON

LEMON EXCESS

香濃檸檬塔

為何如此簡單？

· 不用製作塔皮，也不需要烤箱。

· 檸檬奶餡是絕對不會失敗的（我們對你有信心……）

· 不會因為蛋白霜搞得人生好難，只要使用添加了馬斯卡彭的打發鮮奶油取代即可。

· 便於保存在冰箱，只須在上桌前提早幾個小時準備，一切安心。

份量	準備時間
6 人份	35 分鐘

原味沙布列餅乾	300 公克
融化奶油	5 湯匙
榛果泥	3 湯匙
有機黃檸檬	5 顆
有機綠檸檬	1 顆
蛋	4 顆
砂糖	150 公克
奶油	100 公克
馬斯卡彭乳酪	150 公克
鮮奶油	250 公克
過篩糖粉	4 湯匙
烤過的榛果	適量
檸檬皮	適量

1. 在餐盤上擺放方形塔圈。將沙布列餅乾放入攪拌機稍微打碎，加入融化奶油攪拌製成酥菠蘿。填入塔圈底部壓緊，再抹上薄薄一層榛果泥，冷藏保存。

2. 刮下檸檬皮後擠汁，全部一起放入鍋內。

3. 將蛋打成蛋液，與糖一起倒入鍋內。以小火加熱並輕輕攪拌直到變稠。待奶餡質地滑順且稍微帶有稠度後離火，放置常溫 5 分鐘並持續攪拌，再加入切塊奶油，均質。將檸檬奶餡填入塔圈，放入冷藏。

4. 用橡皮刮刀先將馬斯卡彭乳酪攪軟，加入鮮奶油一起打發成香緹，中途加入糖粉。均勻擠在奶餡上，再次放進冷藏保存。

5. 脫模，並趁冰涼的時候上桌。分切成大塊，最後均勻撒上烘烤過的榛果碎與檸檬皮。

實用美味建議

· 可以自行調整塔皮的奶油用量，只要達到酥菠蘿的質地且兩者完全融合即可。

· 注意：不要取用浮在榛果泥上層的油，而是下層膏狀質地的部分。記得下手不要太重，它的味道可是相當濃郁。

LA TARTE TATIN
反烤蘋果塔

反烤蘋果塔以逆向觀點思考人生！這個上下顛倒的有趣
甜點，無論在一般家庭的餐桌上或高級餐廳裡都能發現
它的蹤影。結合了入口即化的蘋果、焦糖與塔皮，儘管
看似簡單卻別出心裁，讓 7 歲到 77 歲的美食愛好者無不
為之傾倒。

歷史

關於反烤蘋果塔的起源有許多天馬行空的版本，但至少都有一個共通點：塔丁姐妹（譯註：反烤蘋果塔原文為 Tarte Tatin，即「塔丁塔」）。她們經營位於拉莫特伯夫龍（Lamotte-Beuvron）車站旁的旅館，在 20 世紀初成為該甜點的誕生地。如今已無從得知她們將蘋果放在塔皮下面是因為歪打正著，還是出自厲害的直覺；但可以確定的是，由於這座旅館正對著車站，是前往索洛涅（Sologne）森林打獵的富裕巴黎人必經之處，如此絕佳的地理位置使得反烤蘋果塔得以成為當時美食圈知名的甜點。據說對此分外眼紅的「Maxim's」的老闆路易‧沃達布勒（Louis Vaudable）於是派出手下一位甜點師扮成園丁進入飯店工作，就只為了得到蘋果塔的食譜（腦筋動得真快啊！）

組成

反烤蘋果塔的迷人之處在於厚實的蘋果切塊焦糖化得恰到好處且入口即化。塔皮依據不同口味和做法可分為油酥塔皮或千層塔皮，讓人在品嚐軟嫩的水果之餘享受對比的口感，為整體的美味加分。正統派多半喜歡直接享用而不做任何搭配，但有些愛好者則喜歡為這款糖度豐富的甜點加入一點清爽的感覺，例如搭配打發鮮奶油，或一球冰淇淋。

今日

反烤蘋果塔如今受到前所未有的歡迎，是人們不僅會從店裡購買也會自己製作的人氣甜點之一。它的名字已經成為「反烤塔派」的代名詞，也衍生出其他可烘烤水果的變化版本。特別是鳳梨由於能夠保形且糖分夠高，使它相當適合進行焦糖化處理。另一方面，現今的反烤蘋果塔也會利用日本的平面削菜機將蘋果切成「薄片」，經過仔細的折疊或捲起形成幾何構圖，並以焦糖增添美觀度；有時還會加入酥脆的口感，例如果仁糖、酥波蘿或單純的烘烤榛果。我們也經常會在盤式甜點中看到它美麗的身影。

NINA
MÉTAYER
妮娜·梅塔耶

Café Pouchkine, Paris

———

年僅 28 歲卻擁有異於常人的優秀經歷，足以讓這位出色的年輕女性打入封閉的甜點圈，也成為當中最具「票房保證」的核心人物。妮娜·梅塔耶堪稱是同一世代的現代甜點師表率，她喜愛旅行、充滿好奇心，歷經在許多國家不同的工作經驗後，加入了卡蜜兒·勒賽克（Camille Lesecq）在 Le Meurice 酒店的甜點團隊，當時正是由亞尼克·阿列諾（Yannick Alléno）領軍的時期。隨後她進入 Hotel Raphael Paris 在阿蒙汀娜·夏諾（Amandine Chaignot）身邊擔任甜點主廚，之後更負責主掌尚·方思瓦·皮耶居（Jean-françois Piège）餐廳的甜點，這間餐廳在開幕不到六個月就摘下了米其林二星。她充滿藝術性的精緻甜點曾獲得無數獎項肯定，如今接下了華麗宏偉的「Cafés Pouchkine」的甜點主廚一職。這名有著俄羅斯血統的年輕女孩以其無比鮮明的個性，完美體現了這間高級甜點店的法俄混血精神（譯注：她已於 2019 年初離開，前往倫敦開店）。

關於反烤蘋果塔的幾個問題

您對反烤蘋果塔最早的印象？

我生長於亞爾薩斯，非常喜歡酒館裡道地的「古早味」反烤蘋果塔，有著大塊的焦糖化蘋果，尤其用來搭配的奶霜就是那種簡單濃稠、無糖的法式酸奶油。

———

您建議如何選擇蘋果來製作出美味的反烤蘋果塔？

看個人喜好。如果喜歡入口即化的，我會建議金黃蘋果；如果像我一樣偏好有口感的，就選擇較爽脆的小皇后（Reinettes）蘋果。注意不要選到會完全融化成果糊的品種，例如克洛夏（Clochard）。

———

反烤蘋果塔應該要避免的事？

我不喜歡所有組成元素彷彿都各自分離的反烤蘋果塔，那種塔皮掉在盤子一端，而蘋果已經落到另一端的感覺讓人很討厭！（笑）為了避免這種情況，必須全部一起烘烤，並讓彼此能夠黏合，例如使用焦糖奶餡就很符合反烤蘋果塔的精神。如果中間使用杏仁奶餡或卡士達醬就有點偏離主題了：雖然好吃，但它不能算是反烤蘋果塔。

LA TARTE TATIN

LA TARTE TATIN
步驟詳解

TARTE AUX POMMES TATIN

反烤蘋果塔

BY NINA MÉTAYER

Café Pouchkine, Paris

———

份量	準備時間	烘烤時間	靜置時間
8 個	2 小時 30 分鐘	1 小時	20 小時

香草打發甘納許（前一天製作）
鮮奶油 ………………………… 260 公克
吉利丁片 …………………………… 1/2 片
白巧克力 …………………………… 57 公克
香草精 ……………………………… 2 公克

杏仁榛果酥菠蘿
奶油 ………………………………… 100 公克
二砂 ………………………………… 50 公克
穆斯科瓦多黑糖 ………………… 50 公克
鹽之花 …………………………… 1.5 公克
麵粉 ………………………………… 90 公克
杏仁粉 ……………………………… 50 公克
榛果粉 ……………………………… 50 公克

重組沙布列
法芙娜奇想系列杏仁巧克力 ·· 170 公克
杏仁榛果酥菠蘿 ………………… 310 公克
可可巴芮脆片 …………………… 110 公克
鹽之花 ……………………………… 1 公克
香草粉 …………………………… 0.5 公克

焦糖內餡
鮮奶油 ………………………… 220 公克
香草籽 …………………………… 0.5 公克
葡萄糖 ……………………………… 20 公克
砂糖 ………………………………… 125 公克
蛋黃 ………………………………… 55 公克
吉利丁片 …………………………… 1 片
鹽之花 ……………………………… 1 公克

液態焦糖
砂糖 ………………………………… 525 公克
水 …………………………………… 225 公克

烤蘋果
金黃蘋果 …………………………… 6 顆
液態焦糖 ………………………… 200 公克
蘋果白蘭地（Calvados）……… 50 公克

焦糖輕盈奶餡
焦糖內餡 ………………………… 300 公克
法式酸奶油（crème épaisse）·· 75 公克

金色亮面
櫻桃酒 ……………………………… 適量
金粉 ………………………………… 適量

完成 · 裝飾
鏡面果膠 …………………………… 適量
榛果 ………………………………… 適量
金箔 ………………………………… 適量

香草打發甘納許（前一天製作）

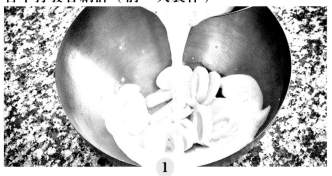

加熱一半的鮮奶油，加入吉利丁。接著分次倒入白巧克力中，均質乳化。

加入剩下的鮮奶油與香草精。均質並至少置於 4℃ 冷藏 12 小時。

杏仁榛果酥菠蘿

將材料放進攪拌機，以槳狀頭混合。先從奶油、兩種糖、鹽之花開始混合。

再加入所有粉類。

以最低限度攪打麵團，避免出筋以保持酥脆。將酥皮剝成碎塊鋪平在烤盤上，放進烤箱以 155℃ 烘烤 20 分鐘，烤至金黃色。

再次弄碎，並用擀麵棍擀壓成更細的質地。

重組沙布列

隔水加熱融化杏仁巧克力。加入杏仁榛果酥菠蘿、可可巴芮脆片、鹽之花與香草粉混合。

在每個直徑 8 公分的塔模內填入 40 公克沙布列，以湯匙壓平。

焦糖內餡

加熱鮮奶油、香草籽與葡萄糖。另外將砂糖乾煮成焦糖後，加入先前的熱鮮奶油以停止焦化。

煮滾，倒入蛋黃中混合。

液態焦糖

重新倒回鍋中，以製作英式蛋奶醬的方式煮至82℃。加入吉利丁後過濾，再加入鹽之花。放入4℃冷藏4小時。

將糖乾煮為焦糖後，加入溫水停止焦化。常溫保存備用。

烤蘋果

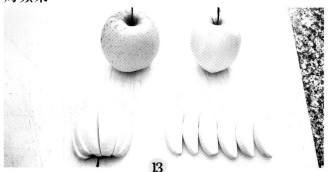

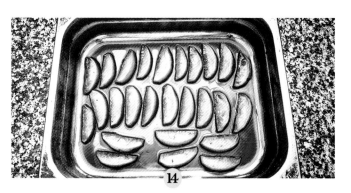

蘋果削皮，每顆切成12等份，去籽。

在長型淺盤中加入混合好的液態焦糖與蘋果白蘭地。放進蘋果片，用錫箔紙密封包覆盤子，放進烤箱以180℃烤40分鐘。

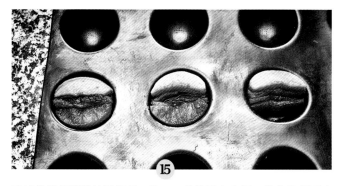

出爐後將烤蘋果的汁瀝乾。取6-8片排列在直徑6公分的半圓矽膠模裡。超出的部分以刀子修平。冷凍保存。

焦糖輕盈奶餡

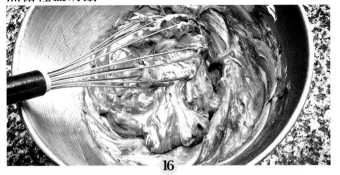

16

混合法式酸奶油與焦糖內餡。

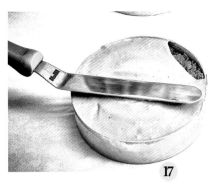

17

將塔模填滿,抹平表面。冷凍 4 小時直到冰硬。

組裝

18

脫模後,在奶餡表面以噴槍噴上金色亮面(混合櫻桃酒與金粉)。

19

將烤蘋果脫模,放在塔的中央,表面抹上鏡面果膠。

20

攪拌機裝上球狀頭,打發香草甘納許。以 103 號花嘴在烤蘋果周圍擠上一圈甘納許擠花。

21

烘烤榛果並切成四塊,擺放幾片在打發甘納許上。以金箔裝飾。

主廚建議

· 法芙娜奇想系列杏仁巧克力的外觀為小圓片狀,由可可脂與杏仁粉製成。在烘焙材料專賣店就可以找到,而且無可取代。

· 也可以用食用金色噴霧(專賣店有售)來取代金色亮面。

重點材料

蘋果

——

在巧克力登上王座之前,蘋果曾君臨法式甜點界。不得不說它確實擁有一切條件——容易種植,且很好保存。大部分的品種無論生食或熬煮都一樣美味,可以毫無顧忌地用來加工。從塔需要的果醬到果糊,萬用的蘋果能夠扮演任何角色。根據生長環境的不同,其滋味可酸可甜,甚至具備了跟其他風味結盟的優良條件;肉桂、杏仁、核桃、西洋梨、香草……配對成功的名單可謂無窮無盡。然而在這般美好景象背後,卻存在一道陰影:如今市面上販售的蘋果大部分都經過人工處理而失去原有的靈魂,只為了讓美麗的外觀和光澤度能更持久。因此,現在我們比以前更需要優先選擇有機產品,可能的話以在地小農生產的為主(蘋果很重,在運送過程中也會增加二氧化碳的排放量)。別忘了:即使外觀沒那麼漂亮也沒關係!

焦糖

——

焦糖堪稱神聖的美食發明,世界上的奇蹟之一。它好比魔法般的增味劑,除了焦糖糖漿或焦糖醬,與最知名的搭檔鹽味奶油結合後更是化身究極的美味。只可惜它的超級甜味可以輕易動搖甜點的味道平衡,因此使用上必須控制得宜。就製作方面,坦白說確實令人相當頭痛,在過程中充滿了重重難關。例如焦糖可能結塊(要做出漂亮的焦糖,結晶化意味著徹底失敗),煮製時也很容易不均勻(一邊焦了,另一邊卻還沒融化);即便有時希望液態一點,或反過來想要脆一點的焦糖,卻未必總是能得到預期的結果。煮焦糖不僅需要耐心更要謹慎,不然極有可能導致嚴重的燙傷。

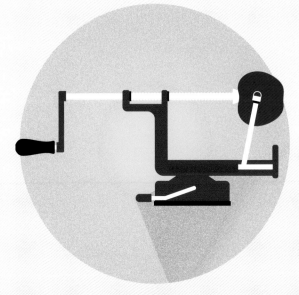

反烤蘋果塔模

各位朋友們請注意，用來製作反烤蘋果塔的模具必須具備兩大特色：

- 能夠直接進烤箱。
- 能夠密封，不會讓焦糖流出。

為了進烤箱加熱，模具底部必須夠厚，以確保蘋果可以逐步且穩定地焦糖化（底部太薄可能會讓蘋果在烤熟之前就先燒焦）。請徹底忘記扣環式或其他底部可拆卸的模具吧！它們只會讓焦糖在烤箱裡流得到處都是（災難一場）。話雖如此，但真的有必要投資購買一個特殊模具嗎？假如是你真正的反烤蘋果塔愛好者，那又有何不可；如果不是，簡單的焗烤模就很足夠了。值得注意的是也有一些反烤蘋果塔專用模會附上大小合適的盤子，讓令人害怕搞砸的脫模步驟變得容易多了。

削蘋果機

這個外觀奇妙的機器看似只會在 1920 年代的科幻電影中出現，卻擁有令人無比驚訝的精巧設計——只需要旋轉把手就能將蘋果削皮、去芯，並切成整齊的薄片。這是有所保證的，畢竟這個機器十分吹毛求疵，有一點不對就會拒絕工作；因此蘋果一定要正確固定，且形狀最好相對規則。也就是說，如果你的花園裡有很多棵蘋果樹，削蘋果機是必不可少的，能夠大幅節省削皮與切片的時間（更何況它略帶滑稽的外觀，使用起來也格外有趣）。

成功的小秘訣

- 選適合的蘋果，不要選焦糖化時會變成果泥的品種。如果不知道怎麼挑，不妨請教果農！

- 預烤蘋果對於成功焦糖化相當重要，也是反烤蘋果塔的關鍵。不要為了節省時間耍小聰明全部一次烘烤，有沒有預烤過結果可是大不相同。

- 務必確定焦糖化蘋果的中心有熟透。最好相信自己的判斷，而不是食譜上指定的時間。

- 假如不是自己製作塔皮，請盡量選擇高品質、含有新鮮奶油的塔皮。

翻轉反烤蘋果塔

- 可以在反烤蘋果塔裡加點開心果、腰果、松子等堅果類，除了添增美味，還能增加品嚐時的香脆口感。

- 除了蘋果以外，也可以用其他水果取代。注意要挑選焦糖化之後不會爛掉的水果（所以千萬不要選覆盆子）。鳳梨、西洋梨、李子都是很好的選擇。

- 對於那些喜歡改造甜點的烘焙狂來說，反烤蘋果塔很適合做各種嘗試──酥菠蘿、焦糖化蘋果、打發鮮奶油，都可以作為美麗的盤式反烤蘋果塔的基礎元素。

- 加入一點花園裡的香草植物，例如百里香、迷迭香、風輪草或薰衣草，裝飾成田園風。

- 如果是喜歡酒香的享樂主義者，可以用蘭姆冰酒搭配反烤蘋果塔享用。

362 反烤蘋果塔 *Patisserie*

創意變化食譜

索洛涅蘋果塔

by 凱文・拉寇特

KEVIN LACOTE

KL Pâtisserie, Paris

———

反烤蘋果塔

by 博奴瓦・卡斯特爾

BENOÎT CASTEL

Paris

———

反烤蘋果塔

by 威廉・拉曼尼爾

WILLIAM LAMAGNÈRE

La Closerie des Lilas, Paris

———

快速簡易食譜

反烤黃香李塔

KEVIN LACOTE
KL Pâtisserie, Paris

POMME SOLOGNOTE

索洛涅蘋果塔

份量	準備時間	烘烤時間	靜置時間
4 人份 x 3 個	*1 小時 45 分鐘*	*1 小時*	*27 小時*

蘋果酒醋焦糖
（前一天製作）
葡萄糖............56 公克
香草莢..................1 根
砂糖.............300 公克
蘋果酒醋........75 公克
鮮奶油..........100 公克

八角焦糖
砂糖.............200 公克
八角..................1 顆

烤蘋果片
金黃蘋果（Tentation）
.........................9 顆
奶油..................10 公克
八角焦糖粉..........適量

杏仁奶餡
奶油..............100 公克
砂糖..............100 公克
蛋..................100 公克
杏仁粉...........100 公克
琥珀蘭姆酒......10 公克

甜塔皮
軟化奶油......240 公克
糖粉..............150 公克
杏仁粉............60 公克
蛋..................90 公克
鹽.......................1 公克
香草莢（取出籽）....1 根
T55 麵粉......400 公克

蘋果丁
蜂蜜...............20 公克
金黃蘋果（Tentation）
.........................2 顆
香草莢..................1 根
澳洲青蘋果（Granny
Smith）............1 顆
黃檸檬皮...........1/2 顆

完成・裝飾
鏡面果膠............適量
糖粉......................適量

蘋果酒醋焦糖
（前一天製作）
1. 鍋內加熱葡萄糖、香草莢
   與砂糖，混合均勻。待糖開
   始焦糖化後，倒入蘋果酒醋
   停止焦化。加入煮滾的鮮奶
   油，放涼後以保鮮膜貼緊表
   面包覆，冷藏 24 小時。

八角焦糖
2. 把糖煮成焦糖，加入八角。
   倒在烘焙紙上使其冷卻，用
   均質機打成粉末。

烤蘋果片
3. 將蘋果削皮，切成薄片。模
   具內以毛刷塗上融化奶油，
   在底部撒上八角焦糖。將蘋
   果排成螺旋狀後，刷上奶油
   並撒上八角焦糖。包上保鮮
   膜，放進烤箱先以 120℃ 烤
   40 分鐘。等待 5 分鐘後，再
   以 170℃ 烤乾 3 分鐘。

杏仁奶餡
4. 按順序混合所有材料，直到
   成為均勻的乳霜狀。

甜塔皮
5. 混合軟化奶油與糖粉，再加
   入杏仁粉、蛋、鹽、香草籽、
   麵粉拌勻。將麵團擀成 3 公
   釐厚，冷藏靜置 3 小時。

6. 將麵團裁切成直徑 20 公分
   的圓片，放入事先塗抹奶
   油、直徑 16 公分的塔圈內。
   塔底戳出小洞，放進烤箱以
   170℃ 烤 6 分鐘。接著擠入杏
   仁奶餡，以 170℃ 續烤 9 分
   鐘。

蘋果丁
7. 鍋內煮滾蜂蜜。加入金黃
   蘋果丁與香草籽翻炒至焦糖
   化，放涼。
8. 將事先切成細丁保存的青蘋
   果與步驟 7 混合，再加入半
   顆檸檬皮。

組裝與完成
9. 將蘋果酒醋焦糖裝進擠花
   袋，擠在烤好的杏仁奶餡
   上。依序撒上蘋果丁，以及
   冷卻的烤蘋果片。用毛刷在
   表面刷上鏡面果膠。
10. 將紙托裁出空心圓，置於
    塔的中心上方處撒上糖粉。
11. 最後擺上三片青蘋果切片作
    為裝飾。

LA TARTE TATIN

BENOÎT CASTEL

Paris

LA TARTE TATIN

反烤蘋果塔

份量	準備時間	烘烤時間	靜置時間
8 個	1 小時 15 分鐘	1 小時 25 分鐘	48 小時

蘋果果膠（提前兩天製作，會有剩）

蘋果皮	500 公克
水	1000 公克
砂糖	500 公克
植物凝膠	30 克

烤蘋果

砂糖	388 公克
薑粉	12 公克
博斯科普蘋果（Boskoop）	8 顆

布列塔尼沙布列

蛋黃	34 公克
奶油	103 公克
砂糖	31 公克
麵粉	56 公克
馬鈴薯澱粉	56 公克
馬爾頓（Maldon）天然海鹽	2 公克

香草香緹

鮮奶油	200 公克
依思尼法式酸奶油	200 公克
糖粉	20 公克
香草莢	1/2 根

蘋果果膠（提前兩天製作）

1. 將所有蘋果皮放入大鍋裡加水煮滾。離火並靜置浸泡一晚，過濾後留下汁液。加入糖煮至 50℃，混入植物凝膠。均質並冷藏一晚。

烤蘋果

2. 混合糖與薑粉。用削蘋果機將蘋果削皮、去核，以取得完整漂亮的圓柱狀。再用切模切成直徑 7 公分的圓。

3. 將蘋果放在圓形矽膠模內，撒入糖與薑粉混合。放入烤箱以 160℃烤 20 分鐘。出爐後從表面壓緊讓蘋果浸泡更多汁液，續烤 20 分鐘。放涼後，冷凍保存。

布列塔尼沙布列

4. 將蛋黃以微波爐加熱數秒使之變硬，均質打碎。攪拌機裝上槳狀頭攪打奶油，加入糖攪拌均勻。接著混入麵粉、馬鈴薯澱粉、鹽與粉狀蛋黃。攪拌均勻後，冷藏 1 小時。

5. 將麵團擀成 9 公釐厚，以切模切成直徑 6 公分的圓片，放入直徑 7 公分的圓形矽膠模內。放入烤箱以 145℃烤 45 分鐘。

香草香緹

6. 在攪拌機裡混合鮮奶油與法式酸奶油，加入糖粉和香草籽一起打發。冷藏保存備用。

組裝

7. 將烤蘋果的底部切平。加熱融化蘋果果膠，將烤蘋果的光滑面朝上放在烤架上，淋上果膠。待多餘果膠流乾後，置於沙布列上。用聖多諾黑擠花嘴擠上紡錘狀香草香緹。冷藏保存。

註：使用削蘋果機可以讓蘋果削皮、去芯、切片後，仍然保持既有的形狀。

WILLIAM LAMAGNÈRE
La Closerie des Lilas, Paris

—

TARTE TATIN

反烤蘋果塔

份量	準備時間	烘烤時間	靜置時間
8 人份	1 小時 30 分鐘	1 小時 50 分鐘	8 小時

千層派皮

夏朗德 AOP 認證奶油	375 公克
T45 麵粉	125 公克
T55 麵粉	500 公克
水	250 公克
鹽	13 公克
糖粉	適量

香草杜絲巧克力香緹

吉利丁片	1 片
鮮奶油（含脂量 35%）	275 公克
香草莢的籽	1 根
法芙娜杜絲金黃巧克力	55 公克

鹹奶油橄欖油焦糖

砂糖	200 公克
半鹽奶油	50 公克
普羅旺斯地區萊博 AOP 認證黑橄欖油（來自 Jean-Marie Cornille 製油坊）	25 公克

組裝

紅粉佳人蘋果（Pink Lady®）	10 顆
普羅旺斯地區萊博 AOP 黑橄欖油	40 公克
乾燥香草莢	1 根

千層派皮

1. 攪拌機裝上槳狀頭，混合奶油與 T45 麵粉，製作折疊用奶油。放在烘焙紙上整形成四方形，包覆保鮮膜並冷藏保存。
2. 攪拌機裝上槳狀頭，混合 T55 麵粉、冷水與鹽，製作千層基礎調和麵團。整形成球狀後包覆保鮮膜，冷藏保存至少 2 小時。
3. 將折疊用奶油擀成邊長 25 公分的正方形，中間放上千層基礎調和麵團，將四邊奶油稍微壓薄後往內包覆，開始折疊。進行四次雙折，每次折疊都要間隔休息 30 分鐘。冷藏靜置 1 小時。
4. 將千層麵團擀成約 4 公釐厚，裁切為直徑 19 公分的圓片。放在鋪有黑色帶孔矽膠烤墊的網洞烤盤上，上面覆蓋一層烘焙紙，再壓上一層網洞烤盤防止千層過度膨脹。放進烤箱以 160℃ 烤 20 分鐘，取下覆蓋的烤盤與烘焙紙後翻面朝上。均勻撒上糖粉，再以 222℃ 烤 3-4 分鐘使表面完全融化並焦糖化。完成後保存備用。

香草杜絲巧克力香緹

5. 將吉利丁放入冰水中泡軟。同時加熱一半的鮮奶油與香草籽，加入瀝乾吉利丁。分三次倒入金黃巧克力中，以均質機打至乳化。加入剩下的冰鮮奶油，以保鮮膜緊貼表面包覆，冷藏至少 3 小時，最好是一整晚。

鹹奶油橄欖油焦糖

6. 在鍋內逐次加入糖乾煮成褐色焦糖。拌入半鹽奶油。
7. 將奶油焦糖倒入直徑 8 公分、高 6 公分的矽膠圓模內，淋上 25 公克的黑橄欖油。

組裝

8. 蘋果削皮，利用日本平面削菜機把蘋果切成薄長片。將薄片捲起放入模具裡。淋上 25 公克的黑橄欖油。
9. 放入烤箱以 160℃ 烤 45 分鐘。從頂部壓扁，再蓋上烘焙紙與烤架烤 45 分鐘，完成後靜置常溫放涼。理想上是前一天先做好，隔天脫模，直接放在經過焦糖化的千層圓派皮上。
10. 為反烤蘋果塔刷上剩下的橄欖油，使其有亮澤感。
11. 打發香草杜絲巧克力香緹。用沾過熱水的刮板將香緹塑成紡錘狀擺在蘋果塔上。最後以乾燥香草莢裝飾。

LA TARTE TATIN

MIRATATIN

反烤黃香李塔

為何如此簡單？

· 用黃香李代替蘋果，不需要削皮，也不需要切塊。

· 假如你使用現成塔皮，這個塔幾乎就自動完成了。

份量	準備時間	烘烤時間
6 人份	30 分鐘	約 20 分鐘

法國 AOP 認證奶油·······················100 公克
砂糖··100 公克
開心果碎（含裝飾用）·····················4 湯匙
純奶油油酥塔皮······························1 片
去核黃香李（非當季的冷凍水果）···········1 公斤
檸檬汁··適量
香草冰淇淋或法式酸奶油·····················適量

1. 在可烘烤的容器裡融化奶油。倒入糖，使其緩慢地焦糖化。加入開心果碎輕輕攪拌裹上焦糖。

2. 均勻鋪上黃香李，靜置 10 多分鐘糖漬，使黃香李開始焦糖化且流失水分。加入少許檸檬汁（記得試吃調整酸度），蓋上油酥塔皮，中間刺個小洞，讓烘烤時水氣能夠蒸散。

3. 放進烤箱以 180℃烤 20 多分鐘（隨時留意烘烤情況），直到塔皮均勻上色。

4. 脫模並翻轉塔皮。撒上開心果碎，搭配法式酸奶油或香草冰淇淋享用。

實用美味建議

· 檸檬可以平衡焦糖的甜度。請依據個人口味調整用量。

· 假如黃香李在焦糖化時流出太多汁液，可以先舀出一些再放入烤箱。這些美味的糖漿很適合搭配優格一起享用！

· 也可以搭配優質的全脂鮮奶油品嚐（而不是超市那些低脂且風味不佳的鮮奶油）。

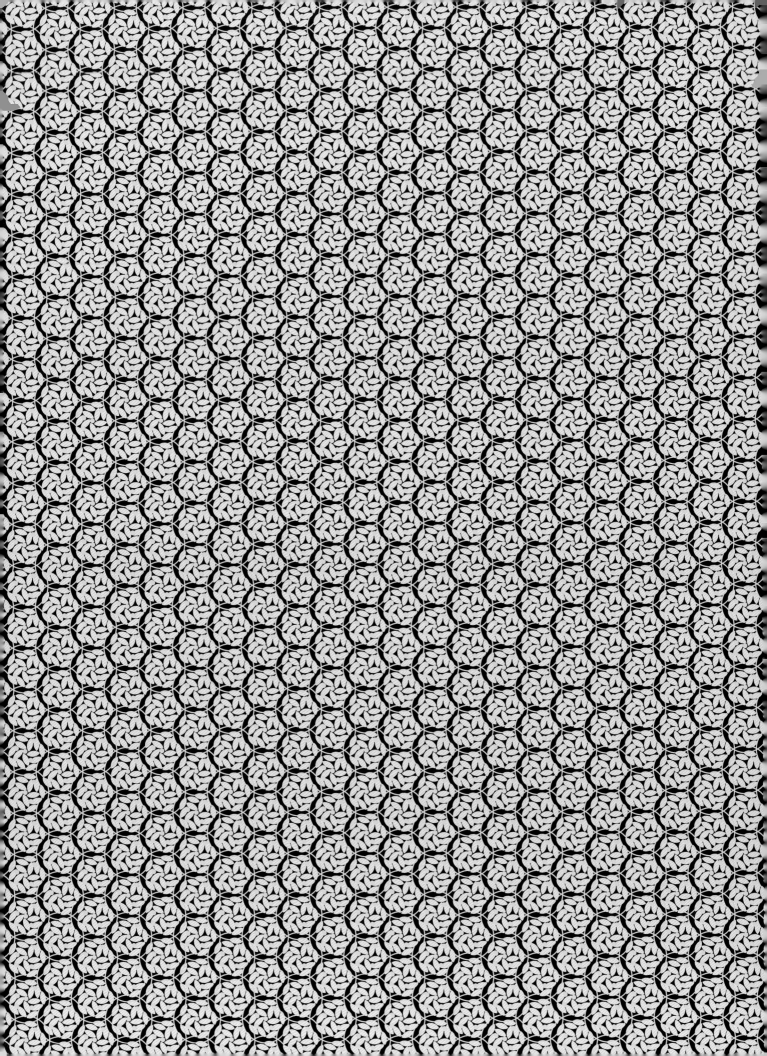

LE VACHERIN
冰淇淋蛋糕

作為冰淇淋甜點之王，巴洛克式的華麗裝飾與冰涼美味口感深深吸引著愛好者們。由蛋白霜、打發鮮奶油、冰淇淋或雪酪組成的冰淇淋蛋糕四季皆宜，在節慶時分可以加入巧克力、柑橘類或糖漬栗子，抑或是在春暖花開的時節搭配當季盛產的水果。好消息是，冰淇淋大師們對冰淇淋蛋糕的現代化不遺餘力，意味著我們將能大快朵頤。

LE VACHERIN

歷史

今日普遍以蛋白霜為外殼的冰淇淋蛋糕，過去則通常會使用餅皮或奴軋汀（nougatine）。因此在皮耶·拉岡於 1900 年出版的《甜點的歷史與地理備忘錄》裡所記載的冰淇淋蛋糕主要不是由蛋白霜殼組成，而是由錐狀的餅皮構成。蛋白霜雖然也有出場，卻是用來裝飾「冰凍」甜點的。然而無論外觀如何，冰淇淋蛋糕的夾心永遠都是冰淇淋與香緹奶油。這個美麗的甜點取名自阿爾卑斯山區出產的同名乳酪「vacherin」，由於包覆乳酪的杉木盒子形狀與冰淇淋蛋糕外型相似而得名。自 20 世紀初冰淇淋開始普及以後（冷凍技術萬歲），冰淇淋蛋糕受歡迎的程度也日益增長。它從一開始就是為節慶而生的蛋糕，總是在特殊場合時享用。

造型

冰淇淋蛋糕的巴洛克式本質體現在螺旋狀的奶餡擠花以及各種裝飾，尤其是糖漬水果都一再增添其豐富性。它誇張華麗的外型也許就是為何科農斯基（Curnonsky）會賦予它「女士們的甜點」這樣的稱呼（女性朋友們，請把這當作是種讚美吧！）

今日

即使這個週日才有幸享用的美麗甜點如今已經退居二線，它仍舊是冰淇淋系甜點的不敗之王。許多冰淇淋工藝師依然時常向它致敬，並賦予其煥然一新的樣貌。利用擠花的方式可以呈現極為細膩的造型，營造出優雅別緻又不失現代感的氛圍；一些當代的冰淇淋師會以特別的口味例如香蕉咖哩、椰子葡萄柚創作出令人驚豔的冰淇淋蛋糕，而在豪華飯店裡，則會以盤式甜點或仙境般的花瓣蛋白霜來呈現。就讓我們擺脫老派的冰淇淋蛋糕，給予它應有的現代風情吧！

馬克辛・費德希克熱愛花朵的美學。他是個純粹的藝術家，知道如何將品嚐甜點化為至高的味覺饗宴。他曾在「Le Meurice」接受卡蜜兒・勒賽克（Camille Lesecq）以及賽提克・葛雷（Cédric Grolet）的栽培，而後者更是幫助費德希克快速崛起的重大功臣。隨後他一進入 Le George V 就擔任飯店的第二餐廳「L'Orangerie」的甜點主廚，跟隨主廚大衛・比才（David Bizet）一起工作；其傑出的表現以及令人屏息的優雅創作，理當值得託付重任，負責掌管整間飯店的甜點部門。天生溫柔與友善又不畏艱難的個性，以及對花草與植物的熱愛，無疑都使得費德希克成為他的世代中最受期待的甜點師之一。

關於冰淇淋蛋糕的幾個問題

您記憶中的第一個冰淇淋蛋糕？

在我童年記憶裡，家裡很少出現冰淇淋蛋糕，反而比較常吃熱烤阿拉斯加（omlette norvégienne）。我第一次品嚐的冰淇淋蛋糕就是「Le Meurice」的三星餐廳甜點主廚卡蜜兒・勒賽克的盤式甜點。橘子香草風味雖然簡單卻超好吃，這從此也成為我心目中冰淇淋蛋糕的楷模。

———

您喜歡冰淇淋蛋糕的哪個部分？

我必須老實說：我害怕蛋白霜（笑）！我覺得大塊的蛋白霜太乾，又超級甜。吃了這樣的東西你只會想一直喝水。所以冰淇淋蛋糕的最大挑戰，就是要做出沒那麼厚重的蛋白霜。它的功用在於調味，而非讓甜點變得過乾，尤其一定要極力避免讓蛋白霜在齒間產生「嘎吱作響」的可怕感覺；只需要帶來恰好咬碎的口感，然後入口即化。這也是為什麼我設計出極薄的蛋白霜花瓣，它能夠在嘴裡輕輕化開。

———

如何做出一個超棒的冰淇淋蛋糕？

我的秘訣就是要讓蛋白霜超級薄，或者也可以像卡蜜兒・勒賽克那樣做成半圓形。我們甚至還會拿出模型用的精細工具，去將蛋白霜磨得更薄（笑）！然而，冰淇淋蛋糕其實只有三個很簡單的基本元素，無論季節都有合適的搭配。建議可以用些許酸味減輕蛋白霜的甜味，例如白乳酪慕斯就能帶來新鮮美妙的乳酸味。

LE VACHERIN

LE VACHERIN AGRUMES HERBES FRAÎCHES

柑橘清新香草冰淇淋蛋糕

BY MAXIME FRÉDÉRIC

Le George V, Paris

份量	準備時間	烘烤時間	靜置時間
10 個	2 小時 30 分鐘	3 小時＋蛋白霜烤製	12 小時

尼泊爾葡萄柚花椒莓白乳酪慕斯（前一天製作）

白乳酪·······················240 公克
柚子汁·························12 公克
尼泊爾葡萄柚花椒莓粉（Timut Pepper）····················· 2 公克
鮮奶油·······················150 公克
蛋白···························· 60 公克
塔塔粉·························12 公克
蛋白粉·························12 公克
砂糖···························· 24 公克

柑橘風味糖

砂糖···························100 公克
綠檸檬皮························2 顆

葡萄柚皮······················2 顆

蛋白霜花瓣

蛋白···························100 公克
塔塔粉·························1 茶匙
砂糖···························100 公克
糖粉···························100 公克
柑橘風味糖····················適量

柑橘清新香草雪酪

牛奶···························130 公克
水·····························280 公克
砂糖····························80 公克
綠檸檬汁······················150 公克
羅勒···························· 10 公克

薄荷···························· 10 公克
龍蒿···························· 12 公克
細葉香芹······················ 10 公克
香菜···························· 10 公克

黑檸檬沙布列

奶油···························135 公克
橄欖油·························· 70 公克
糖粉····························45 公克
鹽······························· 3 公克
鹽之花·························· 1 公克
黑檸檬粉（或 2 小撮黃檸檬皮）·······
·······························20 公克
麵粉···························125 公克
馬鈴薯澱粉····················25 公克

柑橘果凍（1 顆 20 公克）

砂糖····························15 公克
葡萄柚汁（不含果肉）·········225 公克
綠檸檬汁······················ 75 公克
綠檸檬皮························1 顆
葡萄柚皮························1 顆
吉利丁片·······················5 片

完成・裝飾

葡萄柚·························· 10 顆
橄欖油·························· 20 公克
手指檸檬果肉··················100 公克
尼泊爾葡萄柚花椒莓粉············適量

尼泊爾葡萄柚花椒莓白乳酪慕斯（前一天製作）

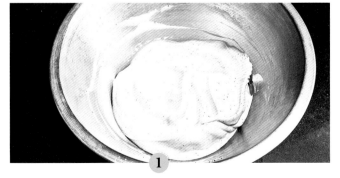

混合白乳酪、柚子汁、葡萄柚花椒莓粉。

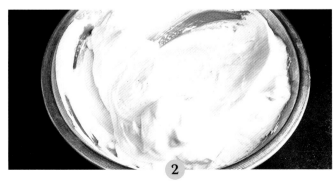

打發鮮奶油。將糖與塔塔粉、蛋白粉混合，加入蛋白中一起打發，製作蛋白霜。

混合蛋白霜與白乳酪，再加入打發鮮奶油。

像製作乾乳酪一樣，將奶餡放在篩網裡一晚讓水分瀝乾。

柑橘風味糖

混合所有材料，放進烤箱直到烤乾。以細篩網過篩取其粉末，篩網上的粗粒也保留下來備用。總共會取得細糖以及顆粒，用來撒在蛋白霜花瓣上。

蛋白霜花瓣

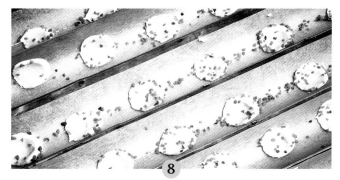

打發蛋白與塔塔粉，再加入砂糖打至質地緊實。用橡皮刮刀拌入糖粉。

將烘焙紙裁切成條狀，抹上薄薄一層油。擠上小球蛋白霜，用抹刀抹平。

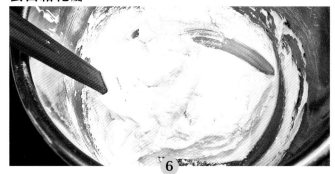

撒上柑橘風味糖，並將烘焙紙放入圓弧狀模具內。以烤箱 50-80℃烤 2 小時。

柑橘清新香草雪酪

加熱牛奶、水與糖煮成糖漿。

加入綠檸檬汁與新鮮香草，一起均質。

11

將步驟 10 裝進雪酪機或 Pacojet® 冷凍粉碎料理器裡攪打成雪酪。

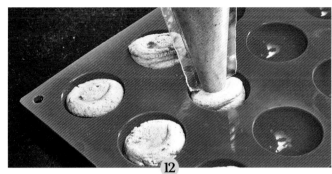

12

將雪酪擠進半圓矽膠模內約八分滿。

黑檸檬沙布列

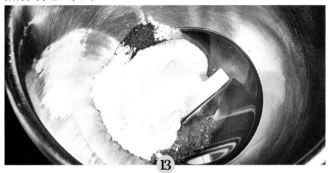

13

將奶油、橄欖油、糖粉、鹽、鹽之花、黑檸檬粉攪拌至乳化。

14

加入麵粉與澱粉，用攪拌機混合均勻。

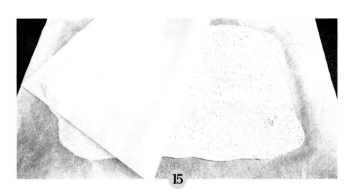

15

將麵團夾在兩張烘焙紙間，擀成 3 公釐厚，厚度應盡可能平均。

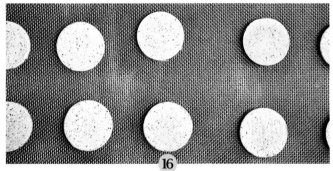

16

裁切成直徑 5 公分的圓，以烤箱 170℃烤 8-10 分鐘。出爐後以切模再裁切一次，因為烘烤過後會有些微膨脹。

柑橘果凍

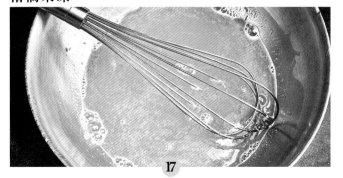

17

在鍋內以小火加熱糖、果汁與果皮，不要過度加熱。加入泡水瀝乾後的吉利丁。

組裝與完成

18

準備葡萄柚切片（要去除白色內果皮部分），在直徑 6 公分的塔圈中排列成玫瑰花瓣形狀（一個塔圈約十來片）。

19

淋上柑橘果凍後，放入冷藏定型。

20

將定型的葡萄柚放在盤子中間，滴上幾滴橄欖油。撒上手指檸檬果肉與適量的尼泊爾葡萄柚花椒莓粉。

21

在湯勺內以擠花袋填入白乳酪慕斯，中間預留空間放雪酪。

22

放入半圓形雪酪。

23

將黑檸檬沙布列放在上面，抹勻邊緣。

24

用小噴槍稍微在湯勺邊緣加熱後，以抹刀脫模。

25

將圓頂以餅乾朝下的方式放在葡萄柚上，最後用蛋白霜花瓣裝飾出漂亮的花朵。

主廚建議

- 塔塔粉是製酒過程中產生的天然成分，會自然凝結在酒桶周圍。它可以穩定且幫助打發的蛋增量。在烘焙材料專賣店或美國超市都能買到，因為它在美國很常使用。

- 乾燥黑檸檬可以在亞洲雜貨店找到。

- 製作蛋白霜薄片時必須混合均勻，如此一來才能確保質地光滑且不會混入太多空氣，讓蛋白霜更堅固。

LE VACHERIN

重點材料

穩定劑與葡萄糖粉

幾乎所有冰淇淋類食譜中都能看到這兩種神奇的材料。它們大致上有著相同的用途：讓冰淇淋奶餡保持滑順，否則可能會結塊，硬得如混凝土一般。而造成冰淇淋硬梆梆的罪魁禍首是誰？就是水！

從澱粉提煉出來的葡萄糖，擁有比糖更強的「吸水」能力，因此它可以在不增加甜度的情況下提高冰淇淋的乾性成分比例。至於穩定劑則是用來阻止冰產生結晶化的添加物，同時增進乳化以及保存效果。兩者在使用上都要小心過量！特別要注意的是，製作雪酪和冰淇淋會需要不同的穩定劑。

冰淇淋與雪酪

製作冰淇淋是以英式蛋奶醬為基底，再利用冰淇淋機攪打與冷凍。比起雪酪，冰淇淋的油脂含量更為豐富且口感濃郁滑順（因為油脂含量較高，而水分含量較低）。常見的傳統口味有香草、巧克力、榛果或咖啡。

雪酪則來自東方，由水組成，簡直是清爽的代名詞！當然它多半以水果為基底製成，但也可以添加任何口味的糖漿：薄荷、馬鞭草，或是咖啡與可可。

> **幾個可以避免使用葡萄糖與穩定劑的簡易方法：**
> - 在配方裡加入一點奶粉，可以增強乾性成分比例，並減少冰淇淋當中的水分含量。
> - 以蜂蜜取代部分的糖。
> - 冰淇淋機攪打完成後，趁質地還柔軟時盡快享用。

蛋白霜

冰淇淋蛋糕使用的是傳統的「法式」蛋白霜。蛋白加入砂糖打發後，以橡皮刮刀拌入糖粉，由於在烤過之後質地相對穩固，可以作為冰淇淋甜點中維持形狀的基礎結構。製作蛋白霜的困難之處在於如何避免產生顆粒；新手常犯的錯誤就是將蛋白打過發，導致質地不夠均勻平滑，帶有輕微的顆粒感，甚至有部分蛋白變回液態，沈澱在底部。一旦變成這樣即使是老奶奶的祖傳秘方也救不回來，只能全部重頭來過——這便是甜點師所要面對的嚴格定律。

冰淇淋機

如果要想做出美麗的冰淇淋甜點，讓我們面對現實吧：你必須要有一台冰淇淋機！渦輪驅動的專業冰淇淋機能同時冷卻並乳化冰淇淋，非常實用，在半小時之內就能得到完美的成果。如今它的價格相對實惠，只是操作起來有點笨重，而且非常佔空間。因此比較適合需要大量製作冰淇淋的業者使用。

現代的雪酪機在操作上也相當容易，對於偶爾才製作冰淇淋的人來說簡直是完美的發明。只需要把雪酪機的容器冰凍幾小時，再把材料放進去，就會藉由攪拌逐漸成形，而不必再像過去一樣直接放進冷凍庫裡。

另一個不容忽視的存在則是 Pacojet® 冷凍粉碎料理器。它是主廚之友，能將任何材料變成美味的冰淇淋，但是對非專業人士來說卻是代價高昂（而且真正的冰淇淋愛好者並不認同用 Pacojet® 可以做出正統的雪酪或冰淇淋）。

橡皮刮刀

這是所有優秀甜點師必備，也是製作冰淇淋蛋糕用來軟化冰淇淋時不可或缺的道具。實際上，它有彈性的材質能使攪拌更為均勻，而且不會破壞餡料的質地，在製作甘納許或是蛋白霜等打發類材料時（成功蛋糕、達克瓦茲）也是必不可少的。

此外，橡皮刮刀在混合兩種細緻材料時——比方說卡士達醬與打發鮮奶油——也能派上用場。對業餘人士而言，這是最簡單又實用的必要配備（假如你從來沒有試過橡皮刮刀的話，趕快去買一支，你就能體會到它的重要性了）。

LE VACHERIN

成功的小秘訣

- 提前一兩天製作蛋白霜，以免當天操作步驟太多而手忙腳亂。

- 如果是自製冰淇淋與雪酪，別忘了它們是需要「熟成」的（在放入冰淇淋機攪拌前最好靜置一晚）。其味道與口感將無可比擬。

- 假如不是自製，請購買最優質的冰淇淋或雪酪。用超市廉價的冰淇淋是不可能做出好吃的冰淇淋蛋糕的！

- 可以準備醬汁或庫利來搭配冰淇淋蛋糕，會有畫龍點睛的效果。

- 注意品嚐時的溫度：太冷，會嚐不到味道；太熱，就準備跟冰淇淋蛋糕說再見！

翻轉冰淇淋蛋糕

- 如果不想做出「老媽的冰淇淋蛋糕」的感覺，就別侷限在香草與巧克力口味。挑戰你最喜愛的冰淇淋店的新口味吧！

- 如果自製冰淇淋與雪酪的話，試著結合一點異國風味：巧克力配東加豆、咖啡配小荳蔻、綠蘋果與蒔蘿、柑橘類與胡椒……

- 蛋白霜與其用擠花，不如試著在烤盤上平鋪薄薄一層去烤，然後直接撥成小塊裝飾，呈現出搖滾的風格！

- 可以加入乾燥的水果粉（黑醋栗、藍莓），替蛋白霜或奶餡添加風味與上色。這類材料在有機店就可以買到。

- 可以使用竹炭粉，打造別出心裁的黑色蛋白霜。

創意變化食譜

米卡朵冰淇淋蛋糕

by 傑賀米・許內爾

JÉRÉMIE RUNEL

La Fabrique Givrée, Aubenas

——

巴黎第十區冰淇淋蛋糕

by 亨利・吉特

HENRI GUITTET

Glaces Glazed, Paris

——

冰淇淋三重奏

by 艾曼紐・希翁

EMMANUEL RYON

Une Glace à Paris, Paris

——

快速簡易食譜

速成咖啡蘭姆酒冰淇淋蛋糕

JÉRÉMIE RUNEL
La Fabrique Givrée, Aubenas

VACHERIN « MIKADO »

米卡朵冰淇淋蛋糕

份量	準備時間	烘烤時間	靜置時間	冷凍時間
6-8 人份	2 小時	2 小時	12 小時	4 小時

蛋白霜（前一天製作）

蛋白	50 公克
特砂	35 公克
糖粉	45 公克
抹茶粉	3 公克
杏仁粉	10 公克

覆盆子紅醋栗雪酪（前一天製作）

特砂	65 公克
刺槐豆粉（非必要）	2 公克
水	85 公克
紅醋栗（均質打碎並過濾）	125 公克
覆盆子（均質打碎並過濾）	225 公克

檸檬馬鞭草雪酪（前一天製作）

水	130 公克
新鮮檸檬馬鞭草葉	4 公克
特砂	120 公克
刺槐豆粉（非必要）	2 公克
黃檸檬汁（過濾）	160 公克

完成・裝飾

抹茶粉	適量

蛋白霜（前一天製作）

1. 在攪拌機內打發蛋白，分次加入特砂，攪打到呈現刮鬍泡狀的質感。過篩糖粉、杏仁粉與抹茶粉，用橡皮刮刀輕輕混入打發蛋白中。在烘焙紙上以鉛筆畫出一個直徑 12 公分的圓。將蛋白霜裝進擠花袋，以星形或圓形花嘴在畫好的圈內擠成圓盤狀。放入烤箱以 85℃烤 2 小時。以防潮狀態保存。

覆盆子紅醋栗雪酪（前一天製作）

2. 混合特砂與刺槐豆粉。與水一起加熱，煮滾後放涼。加入紅醋栗與覆盆子果肉，冷藏保存。

檸檬馬鞭草雪酪（前一天製作）

3. 將水煮滾，放入檸檬馬鞭草葉浸泡 10 分鐘。過濾後，加入特砂與刺槐豆粉再次煮滾。放涼後加入過濾檸檬汁，冷藏保存。

組裝與完成

4. 前一天做好所有準備後，當日就可以開始組裝。準備一個可以放進冷凍庫的托盤，鋪上烘焙紙。將檸檬馬鞭草雪酪放入冰淇淋機內攪打後裝進擠花袋，以小圓花嘴在托盤上擠成條狀。操作時請盡量迅速，避免雪酪融化。完成後放入冷凍保存。

5. 準備一個直徑 16 公分的圈模或矽膠模，事先放進冷凍庫。將覆盆子紅醋栗雪酪放入冰淇淋機內攪打，再以擠花嘴擠滿圈模的邊緣（此步驟可以避免冰淇淋蛋糕邊緣有氣泡產生）。

6. 將蛋白霜置於底部，接著在圈模內填滿覆盆子紅醋栗雪酪，冷凍 4 小時後脫模。檸檬馬鞭草雪酪切成小條，裝飾在蛋糕上。撒上抹茶粉後放入冷凍保存。品嚐前請先移至冷藏解凍 20 分鐘，才會是最理想的口感。

HENRI GUITTET
Glaces Glazed, Paris

———

VACHERIN PARISIEN DU 10^e

巴黎第十區冰淇淋蛋糕

份量	準備時間	烘烤時間	熟成時間	浸泡時間	冷凍時間
6 人份 x 4 個	1 小時 50 分鐘	1 小時 30 分鐘	6-12 小時	24 小時	12 小時

椰子八朔橘雪酪（提前兩天製作）

水	630 公克
葡萄糖	290 公克
砂糖	675 公克
椰子果泥	2000 公克
水	850 公克
八朔橘子汁	220 公克

智利巫毒冰淇淋：焦糖香蕉咖哩風味（提前兩天製作）

香蕉	600 公克
深色蔗糖	500 公克
水	120 公克
有機檸檬汁	50 公克
海盜咖哩香料（Poudre Curry Corsaire）	5 公克
蛋黃	350 公克
砂糖	790 公克
全脂牛奶	2900 公克
鮮奶油（含脂量 35%）	380 公克

小荳蔻香緹（提前兩天製作）

小荳蔻	0.25 公克
鮮奶油（含脂量 35%）	100 公克

蛋白霜（前一天製作）

蛋白	20 公克
砂糖	30 公克

法式蛋白霜（前一天製作）

蛋白	400 公克
砂糖	200 公克

椰子八朔橘雪酪（提前兩天製作）

1. 製作糖漿：混合水與葡萄糖，加熱至 40℃ 時加入砂糖。繼續加熱到微滾後，均質混合。盡可能快速冷卻到 4℃，並維持此溫度熟成 6 至 12 小時。
2. 組裝當天：將糖漿倒入椰子果泥中，加入水與八朔橘子汁均質。放入冰淇淋機中攪打，以 -18℃ 冷凍保存。

智利巫毒冰淇淋：焦糖香蕉咖哩風味（提前兩天製作）

3. 香蕉剝皮，與蔗糖、水、檸檬汁一同放入烤箱以 210℃ 烤至焦糖化。將香蕉打成泥狀，與咖哩香料均質混勻。
4. 將蛋黃與糖打至泛白。牛奶與鮮奶油一起煮滾，待降溫到 35℃ 時倒入打好的蛋糊混合，再全部回鍋加熱至 85℃。過濾並倒進步驟 3，均質。
5. 盡可能快速降溫到 4℃。放入 4℃ 冷藏熟成 6 至 12 小時。
6. 組裝當天：均質混勻後放入冰淇淋機內攪打。以 -18℃ 冷凍保存。

小荳蔻香緹（提前兩天製作）

7. 將炒過的小荳蔻與鮮奶油放入小鍋內煮滾，接著立刻覆蓋上保鮮膜，放入冰箱內靜置 24 小時。
8. 過濾並打發。

蛋白霜（前一天製作）

9. 混合蛋白與糖，隔水加熱至 62℃。放入攪拌機內快速打發成質地緊緻光滑的蛋白霜。分三次輕輕拌入小荳蔻香緹裡。

法式蛋白霜（前一天製作）

10. 攪拌機以中速打發蛋白，分三次混入砂糖，直到呈現光滑質地。在矽膠烤墊上準備兩個直徑 24 公分、高 5 公分的圈模，以及邊長 5 公分的正方形框模。在模具中分別擠入蛋白霜，放入旋風烤箱以 110-115℃ 烘烤 90 分鐘。

組裝（前一天開始準備）

11. 準備一個直徑 24 公分、高度 5 公分的圈模。底層先放一片法式蛋白霜圓片，再倒入攪打好的智利巫毒冰淇淋直到 2.5 公分高。蓋上第二層法式蛋白霜，以椰子八朔橘雪酪填滿剩餘的高度，用刮刀抹平表面。冷凍靜置一晚。
12. 脫模，整體抹上薄薄一層小荳蔻香緹。冷凍成形後，在側邊與頂部貼上蛋白霜塊作為裝飾。

LE VACHERIN

EMMANUEL RYON
Une Glace à Paris, Paris

—

VACHERIN TRILOGIE
冰淇淋三重奏

份量	準備時間	烘烤時間	靜置時間
4 人份 x 3 個	2 小時 15 分鐘	1 小時	15 小時

開心果冰淇淋奶餡
全脂牛奶 ………… 1036 公克
鮮奶油 ……………… 250 公克
開心果膏 …………… 100 公克
轉化糖漿 …………… 120 公克
蛋黃 ………………… 100 公克
二砂 ………………… 100 公克
脫脂奶粉 …………… 70 公克
葡萄糖粉 …………… 70 公克
穩定劑 ……………… 8 公克

粉紅葡萄柚雪酪
水 …………………… 560 公克
香草莢 ……………… 2 根
二砂 ………………… 500 公克
葡萄糖粉 …………… 200 公克
雪酪用穩定劑 ……… 12 公克
新鮮粉紅葡萄柚汁 ……………
………………………… 1000 公克

西洋梨雪酪
水 …………………… 200 公克
二砂 ………………… 280 公克
葡萄糖粉 …………… 50 公克
雪酪穩定劑 ………… 7 公克
西洋梨果肉（含糖量 10%）
………………………… 1000 公克
西洋梨酒 …………… 40 公克

法式蛋白霜
蛋白 ………………… 500 公克
砂糖 ……………………………
… 100 + 50 + 350 公克
糖粉 ………………… 500 公克

義式蛋白霜
砂糖 ………………… 200 公克
葡萄糖 ……………… 20 公克
水 …………………… 80 公克
蛋白 ………………… 100 公克

完成・裝飾
小顆蛋白霜 ………… 適量
糖漬黃檸檬皮 ……… 適量

開心果冰淇淋奶餡
1. 將牛奶、鮮奶油、開心果膏與轉化糖漿一起煮滾。
2. 在混合好的糖、奶粉、葡萄糖粉、穩定劑中加入蛋黃，一起打至泛白。加熱所有材料到 85℃，過濾後均質 1 分鐘。以 3℃冷藏快速冷卻，至少熟成 4 小時。取出後再度均質，放入冰淇淋機攪打。

粉紅葡萄柚雪酪
3. 將水與切開的香草莢、香草籽一起煮滾。加入糖、葡萄糖粉、穩定劑，混勻加熱至 100℃。接著倒進葡萄柚汁裡混合，過濾、均質之後，重新放入香草莢，置於 3℃冷藏快速降溫，熟成至少 4 小時。再次過濾、均質，放入冰淇淋機攪打成雪酪。

西洋梨雪酪
4. 將水煮滾，加入糖、葡萄糖粉、穩定劑加熱至 100℃。接著倒進西洋梨果肉裡，均質並以 3℃冷藏快速冷卻。取出加入西洋梨酒，熟成至少 4 小時。再度均質後，放入冰淇淋機攪打成雪酪。

法式蛋白霜
5. 在攪拌機內先倒入蛋白與 100 公克砂糖一起打發，中途加入 50 公克，結束前再加入 350 公克，接著加入過篩糖粉。以 10 號擠花嘴在烘焙紙上擠出兩個直徑 16 公分的圓盤，另外用 9 號星形擠花嘴擠出 6 公分長的蛋白霜條。放進旋風烤箱以 100℃烘烤約 1 小時。

義式蛋白霜
6. 將糖與葡萄糖、水一起加熱至 120℃。倒入打成慕斯狀的蛋白中，繼續打發直到完全冷卻。

組裝
7. 將一半的開心果冰淇淋奶餡鋪於塑膠長方形淺盤，放入冷凍庫。接著放上等量的粉紅葡萄柚雪酪再次冷凍，最後放上等量的西洋梨雪酪。
8. 準備一個直徑 16 公分、高 6 公分的圈模，先放入透明塑膠圍邊，底部擺上一片烤好的法式蛋白霜圓片。用塑膠刮板挖起堆疊好的冰淇淋雪酪填入中間，放上第二層蛋白霜圓片。再次填入冰淇淋雪酪直到填滿模具，冷凍後脫模。
9. 用三個擠花袋與聖多諾黑擠花嘴，在蛋糕上方逐一以「人」字擠上開心果冰淇淋、葡萄柚雪酪以及西洋梨雪酪作為裝飾。冷凍後脫模。

完成
10. 將烤好的法式蛋白霜條黏在蛋糕外緣。將義式蛋白霜裝進擠花袋，以 9 號星形花嘴在蛋白霜條之間填滿螺旋狀擠花。最後在蛋糕頂部邊緣也擠上一圈蛋白霜，並以糖漬黃檸檬皮與小蛋白霜球裝飾。

LE VACHERIN

快速簡易
食譜

VACHERINS RHUM-CAFÉ VITE FAITS

速成咖啡蘭姆酒
冰淇淋蛋糕

為何如此簡單？

· 這個只靠組裝完成的冰淇淋蛋糕，不需要任何技術性準備。只要買好美味的冰淇淋，
以及您喜愛的甜點師所做的蛋白霜，就可以開始組裝了！

· 假如最後一刻才出門採買，卻找不到咖啡冰淇淋的話呢？

不妨換個冰淇淋、裝飾、或口味——這個配方，沒有什麼硬性規定。

· 矽膠製的馬芬蛋糕模不僅很好脫模，也比較容易保持美麗的外型，讓你脫模零壓力！

份量 6 個	準備時間 50 分鐘	冷凍時間 2 小時

（美味的）咖啡冰淇淋 ·························· 1 公升
小荳蔻（非必要）······························· 1 顆
現成蛋白霜（可從麵包店購入）··············· 2 大塊
馬斯卡彭乳酪 ································· 2 湯匙
全脂鮮奶油（要夠冰）······················· 50 厘升
過篩糖粉 ····································· 25 公克
琥珀蘭姆酒································ 1 湯匙
可可碎···································· 適量

1. 將冰淇淋從冷凍庫中取出，使其軟化。
2. 取出小荳蔻內的黑色籽，盡可能地磨成細粉。用橡皮刮刀輔助把冰淇淋攪軟，接著拌入小荳蔻粉直到均勻為止。
3. 取六個矽膠馬芬模，在底部塞入高 1 公分的蛋白霜碎片。接著填入咖啡冰淇淋並抹平表面。冷凍至少 2 小時。
4. 以打蛋器攪軟馬斯卡彭乳酪，加入冰涼的鮮奶油混合均勻。打發成香緹，中途依序拌入糖粉與蘭姆酒。放入擠花袋。
5. 將冰淇淋蛋糕脫模後倒放，以蘭姆酒香緹與可可碎裝飾。

實用美味建議

· 如果連組裝都懶的話，可以直接在盤子內擠出美麗的紡錘狀冰淇淋球，再撒上碎蛋白霜，擠上香緹奶餡。

· 可以使用現成的香緹，如此一來就不需要加蘭姆酒了。

· 小荳蔻並非必要，卻能為咖啡帶來難以言喻的清爽感。試試看吧！

食譜索引

2000層派
(Pierre Hermé)
150

阿里巴巴
(Christophe Michalak)
28

香草蘭姆巴巴
(Nicolas Bacheyre)
18

鳳梨可樂達巴巴
(William Lamagnère)
26

綠竹抹茶歐培拉
(Sadaharu Aoki)
208

黑森林
120

黑傑克
(Nicolas Bernardé)
114

黑森林劈柴蛋糕
(Laurent Duchêne)
118

草莓紫蘇起司蛋糕
(Nicolas Paciello)
50

紅石榴蕎麥起司蛋糕
(Jonathan Blot)
48

桃子費塔起司蛋糕
54

葡萄柚起司蛋糕
(François Perret)
40

柚子薄荷起司蛋糕
(Nicolas Bacheyre)
52

莊園巧克力閃電泡芙
(Carl Marletti)
62

黑芝麻閃電泡芙
(Erwan Blanche & Sébastien Bruno) 74

摩卡八角閃電泡芙
(Yann Couvreur)
70

百香果閃電泡芙
(Cédric Grolet)
72

巧克力石榴閃電泡芙
76

熱情偽巴巴
32

香草法式布丁塔
(Mori Yoshida)
94

大溪地香草法式布丁塔
(François Daubinet)
96

帕林內法式布丁塔
(Pascal Caffet)
92

焦糖法式布丁塔
(Nicolas Haelewyn)
84

糖漬櫻桃花
(Nicolas Haelewyn)
116

黑森林
(Michaël Bartocetti)
106

法式草莓蛋糕
(Yann Couvreur)
128

法式草莓蛋糕
(Sébastien Dégardin)
136

法式草莓蛋糕
(Angelo Musa)
138

法式草莓蛋糕
(Hugues Pouget)
140

零壓力草莓蛋糕
142

偉大巴薩姆
(Olivier Haustraete)
320

香濃檸檬塔
348

蕎麥馬達加斯加香草千層
(Yann Couvreur)
160

香草焦糖千層
(Carl Marletti)
162

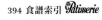
招牌香草千層
(Michaël Bartocetti)
164

迷你小姐
256

反烤黃香李塔
370

小豆峰
(Olivier Haustraete)
182

蒙布朗
(Claire Heitzler)
174

蒙布朗
(Mori Yoshida)
186

新鮮蒙布朗
188

翻轉蒙布朗
(Christophe Appert)
184